Las matemáticas del cosmos

DRAKONTOS

Director:
JOSÉ MANUEL SÁNCHEZ RON

Las matemáticas del cosmos

Ian Stewart

Traducción castellana de Laura Sánchez

CRÍTICA
BARCELONA

Primera edición: febrero de 2017
Primera edición en esta nueva presentación: octubre de 2024

Las matemáticas del cosmos
Ian Stewart

Título original: *Calculating the Cosmos. How Mathematics Unveils the Universe*

Av. Diagonal, 662-664, 08034 Barcelona (España)
Crítica es un sello editorial de Editorial Planeta, S. A.

editorial@ed-critica.es
www.ed-critica.es

ISBN: 978-84-9199-617-0
Depósito legal: B. 14.698-2024
Impresión y encuadernación: Rotoprint
Printed in Spain - Impreso en España

PEFC Certificado
Este libro procede de bosques gestionados de forma sostenible
PEFC
PEFC/14-38-00305
www.pefc.es

Prólogo

«¿Por qué? Porque lo he calculado.»

Respuesta de Isaac Newton a Edmond Halley cuando
le preguntó cómo sabía que la ley de la inversa del
cuadrado implica que la órbita de un planeta es una elipse.
Citada en *Los grandes matemáticos*,
HERBERT WESTREN TURNBULL

El 12 de noviembre de 2014, un alienígena inteligente que hubiera observado el sistema solar habría sido testigo de un evento desconcertante. Durante meses, una máquina minúscula siguió pasivamente, como inactiva, a un cometa a lo largo de su ruta alrededor del Sol. De repente, la máquina se despertó y escupió una máquina todavía más pequeña. Esta descendió hacia la superficie de carbón negro del cometa, la golpeó y... rebotó. Cuando finalmente se detuvo, se cayó sobre uno de sus lados y se atascó contra un precipicio.

El alienígena, al deducir que el aterrizaje no había ido como se esperaba, quizá no se quedase demasiado impresionado, pero el ingeniero responsable de las dos máquinas había logrado un hito sin precedentes: aterrizar una sonda espacial en un cometa. La máquina más grande era *Rosetta*, la más pequeña *Philae*, y el cometa era 67P/Churyumov-Gerasimenko. La misión fue llevada a cabo por la Agencia Espacial Europea y solo en llegar tardó más de diez años. A pesar del brusco aterrizaje, *Philae* consiguió la mayoría de sus objetivos científicos y envió información vital. *Rosetta* continúa activa según lo planeado.

¿Por qué aterrizar sobre un cometa? Los cometas son fascinantes por derecho propio y cualquier novedad que podamos descubrir sobre ellos es útil a la ciencia básica. En un plano más práctico, los cometas se acercan a la Tierra de vez en cuando, y una colisión podría provocar una enorme devastación, por lo que conviene averiguar de qué están hechos. Aunque se pudiera modificar la órbita de un cuerpo sólido lanzándole un cohete o un misil nuclear, si el cuerpo fuera esponjoso, este podría romperse y el problema empeoraría. Sin embargo, hay una tercera razón. Los cometas contienen material que se remonta al origen del sistema solar, de modo que pueden proporcionarnos pistas útiles sobre cómo nació nuestro mundo.

Los astrónomos creen que los cometas son bolas de nieve sucias, hielo cubierto por una fina capa de polvo. *Philae* se las arregló para confirmar esto en el cometa 67P antes de que sus baterías se descargasen y se quedara en silencio. Si la Tierra se formó a su distancia actual del Sol, tiene más agua de la que debería. ¿De dónde viene el agua extra? Una posibilidad fascinante es que llegara por el bombardeo de millones de cometas cuando el sistema solar se estaba formando. El hielo se fundió y nacieron los océanos. Puede que, sorprendentemente, haya un modo de comprobar esta teoría. El agua está hecha de hidrógeno y oxígeno. El hidrógeno aparece en tres formas atómicas distintas, conocidas como isótopos. Las tres tienen el mismo número de protones y electrones (uno de cada), pero diferente número de neutrones. El hidrógeno ordinario no tiene neutrones, el deuterio tiene uno y el tritio tiene dos. Si los océanos de

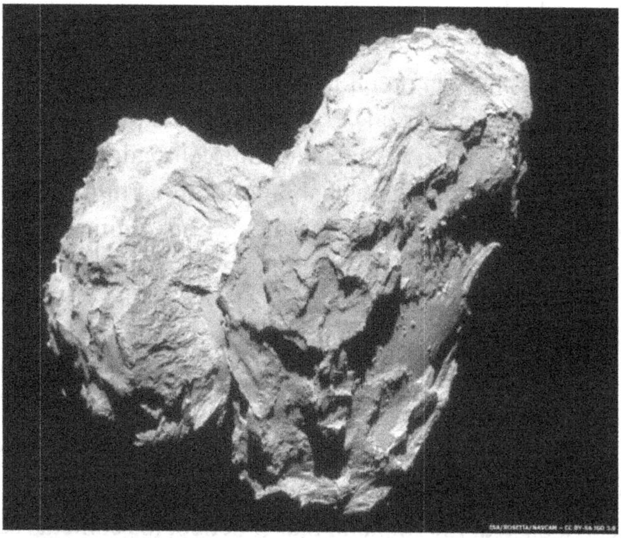

El cometa «patito de goma» 67P, imagen tomada por *Rosetta*.

la Tierra provienen de los cometas, la proporción de estos isótopos en los océanos y en la corteza, cuyas rocas también contienen gran cantidad de agua en su composición química, debería ser similar a las proporciones en los cometas.

El análisis de *Philae* muestra que, en comparación con la Tierra, 67P tiene una proporción de deuterio mucho mayor. Se necesita más información sobre otros cometas para estar seguros, pero la teoría del origen «cometario» de los océanos está empezando a tambalearse. Los asteroides son una apuesta mejor.

La misión *Rosetta* es solo un ejemplo de la creciente habilidad del ser humano para enviar máquinas al espacio, ya sea para exploración científica o para uso diario. Esta nueva tecnología ha ampliado nuestras aspiraciones científicas. Hasta ahora, nuestras sondas espaciales han visitado todos los planetas del sistema solar y algunos cuerpos más pequeños, y nos han enviado sus instantáneas vacacionales.

El progreso ha sido rápido. Los astronautas estadounidenses aterrizaron en la Luna en 1969. La nave espacial *Pioneer 10*, lanzada en 1972, visitó Júpiter y continuó más allá del sistema solar. *Pioneer 11* la siguió en 1973 y también visitó Saturno. En 1977, *Voyager 1* y *Voyager 2* partieron a explorar esos mundos y los planetas todavía más lejanos, Urano y Neptuno. Otra nave, lanzada por diferentes naciones o grupos de naciones, ha visitado Mercurio, Venus y Marte. Algunas incluso han aterrizado en Venus y Marte, y han enviado valiosa información. Cuando escribo esto en 2015, hay cinco sondas en órbita[1] y dos[2] vehículos de superficie que exploran Marte. *Cassini* está en órbita alrededor de Saturno; la nave espacial *Dawn* orbita el antiguo asteroide, recientemente ascendido a planeta enano, Ceres, y la nave *New Horizons* acaba de pasar por el planeta enano más famoso del sistema solar, Plutón, y nos ha enviado imágenes asombrosas de él. Su información nos ayudará a resolver los misterios de este cuerpo enigmático y sus cinco lunas. Ya ha mostrado que Plutón es ligeramente más grande que Eris, un planeta enano mucho más distante que previamente se pensaba que era mayor. Plutón fue reclasificado como planeta enano para excluir a Eris del estatus de planeta, aunque ahora descubrimos que no era necesario habernos tomado esa molestia.

El 14 de julio de 2015, la sonda espacial de la NASA, *New Horizons*, envió a la Tierra esta imagen histórica de Plutón, la primera en la que aparecen con claridad las características del planeta enano.

También estamos empezando a explorar cuerpos menores pero igual de fascinantes: lunas, asteroides y cometas. Quizá no sea *Star Trek*, pero la frontera final se está abriendo.

La exploración espacial es una ciencia básica y, mientras la mayoría de nosotros estamos intrigados por los nuevos descubrimientos, algunos prefieren que sus impuestos produzcan rendimientos más terrenales. En lo que se refiere al día a día, nuestra habilidad para crear modelos matemáticos precisos de cuerpos que interactúan bajo la gravedad ha ofrecido al mundo una gama de maravillas tecnológicas que dependen de satélites artificiales: televisión por satélite, una red telefónica internacional muy eficiente, satélites meteorológicos, satélites de observación de las tormentas magnéticas del Sol, satélites que observan el medio ambiente y mapean el globo, e incluso satélites de navegación para los coches, gracias al Sistema de Posicionamiento Global (GPS, por sus siglas en inglés: *global positioning system*).

Estos logros habrían asombrado a las generaciones anteriores. Incluso en la década de 1930, la mayoría de las personas pensaba que ningún ser humano podría poner un pie en la Luna. (Hoy en día un montón de teóricos de la conspiración bastante ingenuos todavía creen que nadie lo ha puesto, pero mejor no hablemos de ellos.) Incluso hubo vehementes discusiones acerca de la simple posibilidad de realizar viajes espaciales.[3] Algunas personas defendieron que los cohetes no funcionarían en el espacio porque «no hay nada ahí que les oponga resistencia», ignorando la tercera ley del movimiento de Newton: para toda acción hay una reacción igual en sentido opuesto.[4]

Científicos serios afirmaron categóricamente que un cohete no funcionaría nunca porque necesitaría mucho combustible, luego más combustible para levantar el combustible, luego más combustible que levantase... y eso a pesar de que ya una imagen del siglo XIV del *Huolongjing* (Manual de Dragón de Fuego) chino de Jiao Yu representa un dragón de fuego o lo que se conoce como cohete multietapa. Esta arma naval china lanzaba impulsores desechables a una plataforma superior en forma de cabeza de dragón cargada con flechas de fuego que salían disparadas de su boca. Conrad Haas hizo el primer experimento europeo con cohetes multietapa en 1551. Los pioneros en cohetes del siglo XX indicaron que en la primera etapa un cohete multietapa sería capaz de alcanzar una segunda etapa con su combustible, y entonces dejaría caer todo el exceso de peso de la ya acabada primera etapa. Konstantin Tsiolkovsky publicó cálculos detallados y realistas sobre la exploración del sistema solar en 1911.

Pues bien, llegamos a la Luna a pesar de los detractores, aplicando precisamente las ideas que ellos estaban demasiado ciegos para contemplar. Hasta ahora, solo hemos explorado nuestra región local del espacio, que parece insignificante comparada con la vasta envergadura del universo. Todavía no hemos hecho aterrizar a seres humanos en otro planeta, e incluso la estrella más cercana parece totalmente fuera de nuestro alcance. Con la tecnología existente, se necesitarían siglos para llegar hasta allí, incluso si pudiéramos construir una nave espacial fiable. Pero estamos en camino.

Estos avances en la exploración espacial y su utilización no solo dependen de una tecnología inteligente, sino también de una extensa serie de descubrimientos científicos que se remontan al menos hasta la época de los babilonios, hace tres milenios. Las matemáticas se encuentran en el corazón de estos avances. La ingeniería también es vital, por supuesto, y fueron precisos descubrimientos en muchas otras disciplinas científicas para fabricar los materiales necesarios y ensamblarlos de manera que formaran una sonda espacial que funcionase, pero me concentraré en cómo las matemáticas han mejorado nuestro conocimiento del universo.

La historia de la exploración espacial y la historia de las matemáticas han ido de la mano desde el principio de los tiempos. Las matemáticas han resultado esenciales para comprender el Sol, la Luna, los planetas, las estrellas y el amplio abanico de objetos que forman el cosmos, el universo considerado a gran escala. Durante cuatro mil años, las matemáticas han sido nuestro método más efectivo para comprender, registrar y predecir sucesos cósmicos. De hecho, en algunas culturas, como en la antigua India de alrededor del año 500, las matemáticas eran una subrama de la astronomía. Y al revés, los fenómenos astronómicos han influido en el desarrollo de las matemáticas durante tres milenios, inspirando de todo, desde las predicciones babilónicas de eclipses hasta el cálculo, el caos y la curvatura del espacio-tiempo.

Inicialmente, el principal papel astronómico de las matemáticas era registrar observaciones y realizar cálculos útiles sobre fenómenos como eclipses solares, en los que la Luna temporalmente tapa al Sol, o eclipses lunares, cuando la sombra de la Tierra oculta la Luna. Pensando en la geometría del sistema solar, las pioneros de la astronomía se dieron cuenta de que la Tierra rota alrededor del Sol, aun cuando visto desde aquí parece que sea al revés. En la Antigüedad también combinaron las observaciones con la geometría para estimar el tamaño de la Tierra y la distancia a la Luna y al Sol.

Patrones astronómicos más profundos empezaron a emerger alrededor de 1600, cuando Johannes Kepler descubrió tres regularidades matemáticas, «leyes», en las órbitas de los planetas. En 1679, Isaac Newton reinterpretó las leyes de Kepler para formular una teoría ambiciosa que describía no solo cómo se mueven los planetas del sistema solar, sino el movimiento de cualquier sistema de cuerpos celestes. Esta fue su teoría de la gravedad, uno de los descubrimientos centrales de su revolucionario *Philosophiae Naturalis Principia Mathematica* (*Principios matemáticos de filosofía natural*). Las leyes de la gravedad de Newton describen cómo se atraen entre sí los cuerpos en el universo.

Combinando la gravedad con otras leyes matemáticas sobre el movimiento de los cuerpos, enunciadas por Galileo un siglo antes, Newton explicó y predijo numerosos fenómenos celestiales. De manera más general, cambió cómo pensamos en el mundo natural, creando una revolución científica todavía vigente hoy en día. Newton mostró que los fenómenos naturales con frecuencia siguen patrones matemáticos y, al comprender estos patrones, podemos mejorar nuestra comprensión de la naturaleza. En la época de Newton, las leyes matemáticas explicaban qué pasaba en los cielos, pero estas no tenían otros usos prácticos que la navegación.

Todo cambió cuando el satélite *Sputnik* de la Unión Soviética entró en una órbita terrestre baja en 1957, dando el pistoletazo de salida de la carrera espacial. Cuando vemos el fútbol en la televisión por satélite, series o documentales científicos, estamos contemplando en el mundo real los frutos de la perspicacia de Newton.

Inicialmente, sus éxitos llevaron a que se impusiera una visión del cosmos como la de un universo que funcionaba como un mecanismo de relojería, en el cual todo seguía majestuosamente unas rutas trazadas en los albores de la creación. Por ejemplo, se creía que el sistema solar fue creado en un estado bastante parecido al actual, con los mismos planetas moviéndose a lo largo de órbitas casi circulares. Cierto es que todo se movió un poco: los progresos en observaciones astronómicas de largos períodos lo han dejado muy claro. Pero había una creencia extendida de que nada había cambiado, cambiaba o cambiaría de modo drástico durante innumerables eras. En la religión europea era impensable que la perfecta creación de Dios pudiese haber sido diferente en el pasado. La visión mecánica de un cosmos regular y predecible persistió durante trescientos años.

Pero ya no. Las innovaciones recientes en matemáticas, como la teoría del caos, junto con los potentes ordenadores actuales, capaces de calcular números relevantes a una velocidad sin precedentes, han cambiado enormemente nuestra visión del cosmos. El modelo de mecanismo de relojería del sistema solar sigue siendo válido durante períodos cortos de tiempo, y en astronomía un millón de años normalmente es corto, pero nuestro patio trasero cósmico se descubre ahora como un lugar donde los cuerpos celestes migraron y migrarán de una órbita a otra. Sí, hay períodos largos de tiempo de comportamiento regular, pero de vez en cuando son interrumpidos por estallidos de actividad salvaje. Las leyes inmutables que dieron lugar a la noción de un universo-reloj también pueden causar cambios repentinos y un comportamiento muy errático.

Los escenarios que los astrónomos conciben ahora son con frecuencia dramáticos. Durante la formación del sistema solar, por ejemplo, cuerpos celestes enteros colisionaron con consecuencias apocalípticas. Un día, en un futuro lejano, probablemente lo harán de nuevo. Hay una pequeña posibilidad de que Mercurio o Venus estén sentenciados, pero no sabemos cuál. Podrían ser los dos, y podrían llevarnos con ellos. Una colisión de ese tipo probablemente llevó a la formación de la Luna. Suena como algo de ciencia ficción y lo es... pero del mejor tipo, ciencia ficción «dura» en la cual solo la nueva invención fantástica va más allá de la ciencia conocida. Excepto que no hay una invención fantástica, solo un descubrimiento matemático inesperado.

Las matemáticas han instruido nuestro conocimiento del cosmos en todas las escalas: el origen y el movimiento de la Luna, los movimientos y formas de los planetas y las lunas que los acompañan, las complejidades de los asteroides, cometas y objetos del cinturón de Kuiper y el agotador baile celestial de todo el sistema solar. Nos han enseñado que las interacciones con Júpiter pueden arrojar asteroides a Marte, y por tanto a la Tierra, por qué Saturno no es el único que posee anillos, cómo se formaron estos y por qué se comportan como lo hacen, con trenzas, ondas y extraños radios que rotan. Nos han mostrado que los anillos de los planetas pueden escupir lunas, de una en una.

El mecanismo de relojería ha dado paso a los fuegos artificiales.

Desde un punto de vista cósmico, el sistema solar es simplemente un montón insignificante de rocas entre cuatrillones. Cuando contemplamos el universo a mayor escala, las matemáticas desempeñan un papel más crucial. Los experimentos no son posibles casi nunca y las observaciones directas son difíciles, de modo que, en lugar de ello, tenemos que hacer inferencias indirectas. Las personas con convicciones anticiencia a menudo atacan esta característica como un tipo de debilidad. En realidad, una de las grandes fortalezas de la ciencia es la habilidad para inferir cosas que no podemos observar directamente a partir de las que sí podemos. La existencia del átomo fue establecida de manera concluyente mucho antes de que ingeniosos microscopios nos permitieran verlos, e incluso «verlos» depende de una serie de inferencias sobre cómo se forman las imágenes que nos conciernen.

Las matemáticas son un potente motor de inferencia: nos permiten deducir las consecuencias de hipótesis alternativas buscando sus implicaciones lógicas. Juntarlas con la física nuclear, que ya tiene un alto componente matemático, nos ayuda a explicar las dinámicas de las estrellas, y sus muchos tipos, sus diferentes constituciones químicas y nucleares, sus retorcidos campos magnéticos y sus manchas solares oscuras. Proporciona conocimiento sobre la tendencia de las estrellas a agruparse en vastas galaxias, separadas por vacíos más vastos todavía, y explica por qué las galaxias tienen esas formas tan interesantes. Nos dice por qué las galaxias se combinan para formar cúmulos de galaxias, separados por vacíos todavía mayores.

Aun hay una escala mayor, la del universo como un todo. Este es el reino de la cosmología. Aquí la fuente de inspiración racional de la humanidad es casi por completo matemática. Podemos observar algunos aspectos del universo, pero no podemos experimentar sobre ellos como un todo. Las matemáticas nos ayudan a interpretar observaciones, permitiéndonos comparaciones «y si» entre teorías alternativas. Pero incluso en este aspecto, el punto de partida estaba más cerca de casa. La teoría general de la relatividad de Einstein, en la que la fuerza de la gravedad es reemplazada por la curvatura del espacio-tiempo, reemplaza a la física newtoniana. Los geómetras y filósofos de la Antigüedad lo habrían aprobado: la dinámica se reducía a geometría. Einstein vio sus teorías verificadas por dos de sus propias predicciones: cambios en la órbita de Mercurio, conocidos pero desconcertantes, y la desviación de la luz por el Sol, observada durante un eclipse solar en 1919. Pero no podía haberse dado cuenta de que su teoría llevaría al descubrimiento de uno de los objetos más extraños de todo el universo: los agujeros negros, tan grandes que ni siquiera la luz puede escapar de su atracción gravitatoria.

Definitivamente falló al no reconocer una consecuencia potencial de su teoría: el Big Bang. Esta es la propuesta de que el universo se originó a partir de un único punto, en algún momento, en un pasado distante, hace alrededor de 13.800 millones de años según las estimaciones actuales, en algo así como una explosión gigantesca. Pero fue el espacio-tiempo lo que explotó, no alguna otra cosa explotó en el espacio-tiempo. La primera evidencia de esta teoría fue el descubrimiento de Edwin Hubble de que el universo se expande. Hagamos todo el recorrido hacia atrás en el tiempo, todo se colapsa en un punto; ahora reiniciemos el tiempo en la dirección normal para volver aquí y ahora.

Einstein se lamentó de que podía haber predicho esto si hubiese creído en sus propias ecuaciones. Por esto podemos estar seguros de que no se lo esperaba.

En ciencia, nuevas respuestas desvelan nuevos misterios. Uno de los más grandes es la materia oscura, un tipo de materia completamente nueva que parece ser necesaria para conciliar las observaciones de cómo giran las galaxias con lo que conocemos de la gravedad. Sin embargo, en la búsqueda de materia oscura se ha fracasado de manera rotunda. Además, para que el cosmos cobre algo de sentido, se requieren otros dos complementos de la teoría original del Big Bang. Uno es la inflación cósmica, un efecto que provocó que el universo inicial creciese una cantidad verdaderamente enorme en un instante de tiempo verdaderamente pequeño. Se necesita para explicar por qué la distribución de la materia en el universo actual es casi, pero no del todo, uniforme. La otra es la energía oscura, una fuerza misteriosa que provoca que el universo se expanda a un ritmo cada vez más rápido.

El Big Bang es aceptado por la mayoría de los cosmólogos, pero solo cuando estos tres extras (materia oscura, inflación cósmica, energía oscura) se añaden a la mezcla. Sin embargo, como veremos, cada una de estas *dei ex machina* acarrea una multitud de problemas. La cosmología moderna parece que ya no es tan segura como hace una década y quizá haya una revolución en camino.

Las leyes de la gravedad de Newton no fueron los primeros patrones matemáticos que se discernieron en los cielos, pero concretaron el enfoque completo, además de haber llegado más lejos que cualquier otro descubrimiento anterior. Constituyen un tema central de *Las matemáticas del cosmos*, un descubrimiento clave que recae en el corazón del libro. En concreto, hay patrones matemáticos en los movimientos y estructuras tanto de cuerpos celestes como de cuerpos terrestres, desde las partículas de polvo más pequeñas hasta el universo como un todo. Comprender estos patrones nos permite no solo explicar el cosmos, sino también explorarlo, explotarlo y protegernos de él.

Se podría decir que el mayor avance ha sido darse cuenta de que hay patrones. A partir de esto, ya se sabe qué buscar, y aunque sea difícil encontrar las respuestas, los problemas se convierten en un tema de procedimientos. A menudo hay que inventarse ideas matemáticas completamente nuevas, pero no digo que esto sea fácil o directo, porque es una carrera de fondo y todavía se está corriendo.

El planteamiento de Newton también desencadenó un reflejo estándar. Tan pronto como el último descubrimiento sale del cascarón, los matemáticos empiezan a preguntarse si una idea similar resolvería otros problemas. El deseo de hacer todo más general es propio de la psique matemática. No está bien echarle la culpa a Nicolas Bourbaki[5] y la «matemática moderna»: se remonta a Euclides y Pitágoras. A partir de este reflejo, nació la física matemática. Los contemporáneos de Newton, principalmente en la Europa continental, aplicaron los mismos principios con los que habían profundizado en el cosmos para comprender el calor, el sonido, la luz, la elasticidad y más tarde la electricidad y el magnetismo. Y el mensaje sonó incluso más claro:

La naturaleza tiene leyes.
Estas son matemáticas.
Podemos encontrarlas.
Podemos utilizarlas.

Por supuesto, no fue tan simple.

1

Atracción a distancia

Macavity, Macavity, no hay nadie como Macavity. Ha roto toda ley humana, rompe la ley de la gravedad.

THOMAS STEARNS ELIOT,
El libro de los gatos habilidosos del viejo Possum

¿Por qué se caen las cosas?

Algunas no se caen. Macavity, obviamente, no, ni el Sol, la Luna y casi todo lo que se encuentra «ahí arriba» en el cielo. Aunque a veces caen rocas del cielo, como descubrieron los dinosaurios para su consternación. Aquí abajo, si se quiere ser quisquilloso, los insectos, los pájaros y los murciélagos vuelan, pero no indefinidamente. Prácticamente todo lo demás se cae, a menos que algo lo esté sujetando. Pero ahí arriba, nada lo sujeta, y aun así no se cae.

Lo de ahí arriba parece muy diferente de lo de aquí abajo.

Se necesitó un golpe de genialidad para darse cuenta de que lo que hace que los objetos terrestres caigan es lo mismo que hace que los objetos celestiales se mantengan en el aire. Es bien sabido que Newton comparó una manzana que se caía con la Luna, y que se dio cuenta de que la Luna se mantenía en lo alto porque, a diferencia de la manzana, también se movía lateralmente.[1] En realidad, la Luna cae de manera perpetua, pero la superficie de la Tierra también lo hace en el mismo sentido a la misma velocidad. Así, la Luna puede caer por siempre, pero al rotar alrededor de la Tierra nunca la golpeará.

La diferencia real no era que las manzanas se caían y las Lunas no, sino que las manzanas no se mueven lateralmente lo bastante rápido como para esquivar la Tierra.

Newton era matemático (y físico, químico y místico), de modo que hizo algunos cálculos para confirmar esta idea radical. Calculó las fuerzas que deben actuar sobre la manzana y la Luna para hacerlas seguir rutas separadas. Teniendo en cuenta la diferencia de sus masas, las fuerzas resultaron ser idénticas. Esto lo convenció de que la Tierra tiene que atraer hacia ella tanto a la manzana como a la Luna. Era natural suponer que existe el mismo tipo de atracción para cualquier par de cuerpos, terrestres o celestes. Newton expresó estas fuerzas de atracción en una ecuación matemática, una ley de la naturaleza.

Una consecuencia importante es que no solo la Tierra atrae a la manzana, también la manzana atrae a la Tierra. Y la Luna y todo en el universo. Pero el efecto de la manzana sobre la Tierra es demasiado pequeño para medirlo, a diferencia del efecto de la Tierra sobre la manzana.

Este descubrimiento supuso un gran triunfo, ofreció un vínculo preciso y profundo entre las matemáticas y el mundo natural. También tuvo otra implicación importante, que se pierde fácilmente entre los tecnicismos matemáticos: a pesar de las apariencias, lo de «ahí arriba» es en algunas consideraciones vitales, lo mismo que lo de «aquí abajo». Las leyes son idénticas. Lo que difiere es el contexto en el cual se aplican.

Llamamos a la misteriosa fuerza de Newton «gravedad». Podemos calcular sus efectos con una precisión exquisita, pero todavía no la entendemos.

Durante mucho tiempo, pensábamos que sí. Alrededor del año 350 a. C., el filósofo griego Aristóteles dio una razón simple de por qué los objetos caen: están buscando su lugar de reposo natural.

Para evitar el razonamiento circular, también explicó qué significaba «natural». Afirmaba que todo está hecho de cuatro elementos básicos: tierra, agua, aire y fuego. El lugar de reposo natural de la tierra y el agua está en el centro del universo, el cual, por supuesto, coincide con el centro de la Tierra. Como prueba de ello, la Tierra no se mueve; vivimos en ella, de lo contrario, lo notaríamos. Como la tierra es más pesada que el agua (se hunde, ¿verdad?), las regiones más bajas están ocupadas por tierra, una esfera. Después viene un caparazón esférico de agua, luego uno de aire (el aire es más ligero que el agua, las burbujas se elevan). Sobre todo ello, pero más bajo que la esfera celestial en la que está la Luna, está el reino del fuego. Todos los otros cuerpos tienden a ascender o caer según las proporciones en las cuales se dan estos cuatro elementos.

Esta teoría llevó a Aristóteles a discutir que la velocidad de un cuerpo al caer es proporcional a su peso (las plumas caen más lentamente que las piedras) e inversamente proporcional a la densidad del medio que lo rodea (las piedras caen más rápido en el aire que en el agua). Una vez alcanzado su estado de reposo natural, el cuerpo permanece ahí, moviéndose solo cuando se le aplican fuerzas.

En lo que a teorías respecta, no era tan mala. En concreto, concuerda con la experiencia diaria. Sobre mi escritorio, mientras escribo, hay una primera edición de la novela *Triplanetaria*, citada en el epigrama del capítulo 2. Si la dejo sola, se queda donde está. Si le aplico una fuerza (le doy un empujón), se mueve algunos centímetros, ralentizándose a medida que lo hace, y finalmente se para.

Aristóteles tenía razón.

Y así lo pareció durante casi dos mil años. La física aristotélica, aunque ampliamente debatida, fue aceptada por casi todos los intelectuales hasta el final del siglo XVI. Una excepción fue el académico árabe al-Hasan ibn al-Haytham (Alhacén), quien argumentó en contra de la visión aristotélica por motivos geométricos en el siglo XI. Pero incluso hoy en día, la física aristotélica encaja con nuestra intuición más de lo que lo hacen las ideas de Galileo y Newton que la reemplazaron.

Para el pensamiento moderno, la teoría de Aristóteles tenía grandes lagunas. Una es el peso. ¿Por qué una pluma es más ligera que una piedra? Otra es la fricción. Supongamos que coloco mi copia de *Triplanetaria* en una pista de hielo y le doy el mismo empujón. ¿Qué sucedería? Iría más lejos, mucho más lejos si la coloco en un par de patines. La fricción hace que un cuerpo se mueva más lentamente en un medio viscoso, pegajoso. En el día a día, la fricción está por todas partes y por este motivo la física aristotélica encaja con nuestra intuición mejor que la física de Galileo o Newton. Nuestro cerebro ha desarrollado un modelo interno de movimiento con fricción incorporada.

Ahora sabemos que un cuerpo cae hacia la Tierra porque la gravedad del planeta tira de él. Pero ¿qué es la gravedad? Newton pensaba que era una fuerza, pero no explicó cómo surgía. Tan solo estaba. Actuaba a distancia sin nada entre medias. Tampoco explicó cómo ocurría, tan solo lo hacía. Einstein reemplazó la fuerza por la curvatura espacio-tiempo, dejando como irrelevante «la acción a distancia», y escribió ecuaciones sobre la afectación de la curva por la distribución de la materia, pero no explicó por qué la curvatura se comporta así.

Durante milenios, antes de que nadie se diera cuenta de la existencia de la gravedad, se habían calculado diversos aspectos del cosmos, como los eclipses, pero una vez se descubrió el papel de la gravedad, nuestra capacidad para calcular el cosmos aumentó de forma considerable. El subtítulo de Newton para el Libro 3 de *Principia*, que describe sus leyes de movimiento y la gravedad, era *El sistema del mundo*. Se trataba solo de una ligera exageración. La fuerza de la gravedad y la manera con que los cuerpos responden a las fuerzas constituyen el núcleo de la mayoría de los cálculos cósmicos. Así que antes de que lleguemos a los últimos descubrimientos, tales como de qué forma escupen lunas los planetas con anillos, o cómo empezó el universo, sería mejor aclarar algunas ideas básicas sobre la gravedad.

Antes de la invención de la luz en las calles, la Luna y las estrellas eran tan familiares para la mayoría de la gente como los ríos, los árboles y las montañas. Cuando el Sol se ponía, las estrellas salían. La Luna marcaba su propio ritmo, y a veces aparecía durante el día tan pálida como un fantasma, pero brillaba mucho más vivamente de noche. Aunque había algunos patrones. Cualquiera que observara la Luna durante unos meses, incluso de modo casual, rápidamente se daría cuenta de que seguía un ritmo regular, cambiando la forma de una media luna fina a un círculo y volviendo a empezar de nuevo cada 28 días. También se desplaza de manera notable de una noche a la siguiente, trazando un camino repetitivo y cerrado en el firmamento.

Las estrellas también tienen su propio ritmo. Dan vueltas, una vez al día, alrededor de un punto fijo en el cielo, como si estuvieran pintadas en el interior de un tazón rotatorio. El *Génesis* habla del firmamento del Cielo. La palabra hebrea traducida como «firmamento» significa tazón, cuenco.

Si se observa el cielo durante unos meses, también resulta obvio que cinco estrellas, incluida algunas de las más brillantes, no giran como la mayoría de las estrellas «fijas». En lugar de estar sujetas al tazón, reptan lentamente por él. Los griegos asociaron estas pecas de luz errantes con Hermes (mensajero de los dioses), Afrodita (diosa del amor), Ares (dios de la guerra), Zeus (rey de los dioses) y Cronos (dios de la agricultura). Las deidades romanas correspondientes les han dado sus actuales nombres: Mercurio, Venus, Marte, Júpiter y Saturno. Los griegos les llamaron planetas, «vagabundos», de ahí el nombre moderno de planetas, de los cuales ahora reconocemos tres más: la Tierra, Urano y Neptuno. Sus rutas eran extrañas, aparentemente impredecibles. Algunos se movían relativamente rápido, mientras que otros lo hacían lentamente. Algunos incluso daban una vuelta sobre sí mismos a medida que los meses pasaban.

La mayoría de las personas aceptaban las luces por lo que eran, del mismo modo que aceptaban la existencia de ríos, árboles y montañas. Pero algunos se hacían preguntas. ¿Qué son esas luces? ¿Por qué están ahí? ¿Cómo y por qué se mueven? ¿Por qué algunas muestran patrones mientras que otras los rompen?

Los sumerios y los babilonios proporcionaron información básica de observaciones. Escribieron sobre tablas de barro en una escritura conocida como cuneiforme. Entre las tablas de los babilonios que han encontrado los arqueólogos hay catálogos de estrellas que detallan la posición de estas en el cielo. Datan de alrededor de 1200 a. C., pero probablemente son copias de tablas todavía más antiguas de los sumerios. Los filósofos y geómetras griegos que siguieron su senda eran más conscientes de la necesidad de lógica, prueba y teoría. Buscaban patrones —el culto pitagórico llevó esta actitud al extremo—, pues creían que el universo entero estaba dirigido por números. Hoy la mayoría de los científicos estarían de acuerdo, aunque no en todos los detalles.

El geómetra griego que tuvo más influencia en el pensamiento astronómico de generaciones posteriores fue el astrónomo y geógrafo Claudio Ptolomeo. Su primer trabajo se conoce como *Almagesto*, la traducción árabe de su título original, que primero se llamó *Composición matemática*, se transformó en *La gran composición,* hasta que se conoció como *al-Majisti*, el más grande. El *Almagesto* presenta una teoría desarrollada del movimiento planetario basado en lo que los griegos consideraban las más perfectas de las formas geométricas: las circunferencias y las esferas.

Los planetas, en realidad, no se mueven trazando una circunferencia. Esto no habría dicho nada a los babilonios, porque no encajaba con sus tablas. Los griegos fueron más lejos, preguntándose qué encajaría. La respuesta de Ptolomeo fue: combinaciones de circunferencias trazadas sobre superficies esféricas. La esfera más recóndita, el «deferente», está centrada en la Tierra. Los ejes de la segunda esfera, o «epiciclo», están fijados a la esfera interior. Cada par de esferas está desconectado de los otros pares. No era una idea nueva. Dos siglos antes, Aristóteles, basándose en ideas todavía más tempranas del mismo tipo, había propuesto un sistema complejo de 55 esferas concéntricas, con los ejes de cada esfera fijos en la esfera justo interior. La modificación de Ptolomeo utilizaba menos esferas y era más precisa, pero todavía resultaba bastante complicada. Ambas llevaban a la pregunta de si las esferas existían realmente, si se trataba de ficciones convenientes o si en la realidad sucedía algo completamente diferente.

Durante los siguientes mil años y más, Europa se volcó en temas teológicos y filosóficos, basando la mayoría de su comprensión del mundo natural en lo que Aristóteles había dicho alrededor del año 350 a. C. Se creía que el universo era geocéntrico, que todo él giraba en torno a una Tierra estacionaria. La antorcha de la innovación en astronomía y matemáticas pasó a Arabia, India y China. Sin embargo, con el amanecer del Renacimiento italiano, volvió a Europa. Posteriormente, tres gigantes de la ciencia jugaron un papel fundamental en el avance del conocimiento astronómico: Galileo, Kepler y Newton. El elenco de secundarios fue enorme.

Galileo es famoso por las mejoras que introdujo en el telescopio, con el que descubrió que el Sol tiene manchas, que Júpiter posee (al menos) cuatro lunas, que Venus presenta fases como la Luna y que hay algo extraño en Saturno. Más tarde se descubrió su sistema de anillos. Estas evidencias lo llevaron a rechazar la teoría geocéntrica y a adoptar la teoría heliocéntrica rival de Nicolás Copérnico, según la cual los planetas y la Tierra giran alrededor del Sol, lo que ocasionó problemas a Galileo con la Iglesia de Roma. También hizo un descubrimiento en apariencia más modesto, pero definitivamente más importante: un patrón matemático en el movimiento de objetos como las balas de cañón. Aquí abajo, un cuerpo que se mueva libremente o bien acelera (cuando cae) o se ralentiza (cuando sube) en una cantidad que es la misma durante un pequeño período de tiempo fijado. En resumen, la aceleración del cuerpo es constante. Al ca-

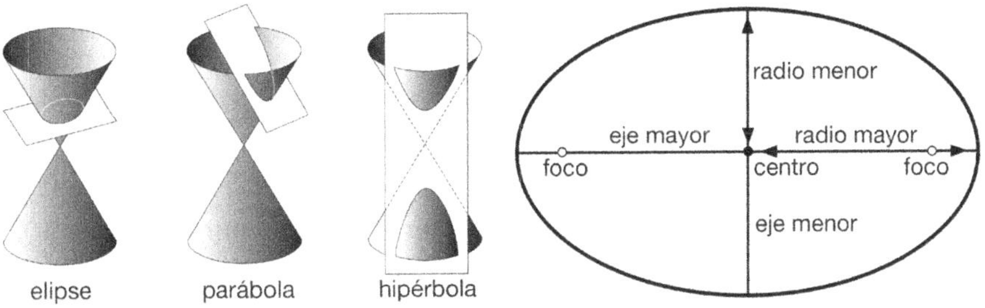

A la izquierda, secciones cónicas. A la derecha, características básicas de la elipse.

recer de relojes precisos, Galileo observó estos efectos haciendo rodar bolas por superficies ligeramente inclinadas.

La siguiente figura clave es Kepler. Su jefe, Tycho Brahe, había realizado medidas muy precisas de la posición de Marte. Cuando este murió, Kepler heredó su puesto de astrónomo del emperador del Sacro Imperio Romano Rodolfo II, además de sus observaciones, y se puso a calcular la verdadera forma de la órbita de Marte. Después de cincuenta fracasos, dedujo que tenía forma de elipse, de óvalo, como una circunferencia aplastada. El Sol se encuentra en un punto especial, el foco de la elipse.

Las elipses eran familiares para los geómetras griegos de la Antigüedad, quienes las definieron como secciones planas de un cono. Dependiendo del ángulo del plano relativo al cono, estas «secciones cónicas» incluyen círculos, elipses, parábolas e hipérbolas.

Cuando un planeta se mueve a lo largo de una elipse, su distancia al Sol varía. Al acercarse al Sol, acelera; cuando está más distante, va más lento. Fue una sorpresa que estos efectos se confabularan para crear una órbita que tiene exactamente la misma forma en ambos extremos. Kepler no se lo esperaba, y durante mucho tiempo se convenció a sí mismo de que lo de la elipse debía ser una respuesta errónea.

La forma y el tamaño de una elipse están determinados por dos longitudes: el eje mayor, que es la línea más larga entre dos puntos de la elipse, y el eje menor, que es perpendicular al eje mayor; una circunferencia es un tipo especial de elipse en la que estas dos distancias son iguales, que resulta ser el diámetro de la circunferencia. Con finalidades astronómicas, el radio es una medida más natural: el radio de una órbita circular es la distancia del planeta al Sol y las cantidades correspondientes para una elipse se llaman radio mayor y radio menor. A menudo se hace referencia a estas con los complicados términos de semieje mayor y semieje menor, porque cortan los ejes por la mitad. Menos intuitiva pero muy importante es la excentricidad de la elipse, que cuantifica lo larga y estrecha que es. La excentricidad es 0 para una circunferencia y para un radio mayor fijo se hace infinitamente grande a medida que el radio menor tiende a cero.[2]

El tamaño y la forma de una órbita elíptica pueden caracterizarse por dos números; la elección habitual es el radio mayor y la excentricidad. El radio menor se puede hallar a partir de estos. La órbita de la Tierra tiene un radio mayor de 149,6 millones de kilómetros y una excentricidad de 0,0167. El radio menor es de 149,58 millones de kilómetros, de modo que la órbita es casi un círculo, como indica su muy pequeña excentricidad. El plano de la órbita de la Tierra tiene un nombre especial: eclíptica.

La localización espacial de cualquier otra órbita elíptica del Sol puede caracterizarse por tres números más, todos ángulos. Uno es la inclinación del plano de la órbita respecto a la eclíptica. El segundo da la dirección del eje mayor en el plano. El tercero da la dirección de la recta resultado del corte de los dos planos. Finalmente, necesitamos saber dónde está el planeta en la órbita, lo cual requiere un ángulo más. De modo que indicar la órbita del planeta y su posición en ella requiere dos números y cuatro ángulos, seis elementos de la órbita. Un objetivo importante de la astronomía en sus inicios era calcular los elementos de la órbita de todos los planetas y asteroides que se descubrían. Dados estos números, se puede predecir su movimiento futuro, al menos hasta que los efectos combinados de otros cuerpos perturben la órbita de manera significativa.

Kepler finalmente dio con un conjunto de tres elegantes patrones matemáticos, sus leyes del movimiento planetario. La primera afirma que la órbita de un planeta es una elipse con el Sol en uno de los focos. La segunda dice que la recta del Sol al planeta recorre áreas iguales en períodos de tiempo iguales. Y la tercera indica que el cuadrado del período de revolución es proporcional al cubo de la distancia.

Newton reformuló las observaciones de Galileo sobre cuerpos en movimiento libre como las tres leyes del movimiento. La primera afirma que los cuerpos continúan moviéndose en línea recta a una velocidad constante a menos que una fuerza actúe sobre ellos. La segunda afirma que la aceleración de cualquier cuerpo multiplicada por su masa es igual a la fuerza que actúa sobre ella. La tercera afirma que toda acción produce una reacción igual y en sentido contrario. En 1687, Newton reformuló las leyes planetarias de Kepler como una regla general del movimiento de los cuerpos celestes: la ley de la gravitación, una fórmula matemática para la fuerza de la gravedad con la que cualquier cuerpo atrae a otro.

De hecho, dedujo su ley sobre esta fuerza a partir de las leyes de Kepler haciendo una suposición: el Sol ejerce una fuerza atractiva, siempre dirigida hacia su centro. Con esta suposición, Newton probó que la fuerza es inversamente proporcional al cuadrado de la distancia, lo que de un modo sofisticado quiere decir que, por ejemplo, multiplicando la masa de cualquier cuerpo por tres también se triplica la fuerza, pero multiplicando la distancia entre ellos por tres la fuerza se reduce a un noveno. Newton también probó lo contrario: esta «ley del cuadrado de la inversa» de atracción implica las tres leyes de Kepler.

El mérito de la ley de la gravedad se atribuye a Newton, pero la idea no fue originalmente de él. Kepler dedujo algo parecido por analogía con la luz, pero pensaba que la gravedad empujaba a los planetas alrededor de sus órbitas. Ismaël Bullialdus no estaba de acuerdo y argumentaba que la fuerza de la gravedad debe ser inversamente proporcional al cuadrado de la distancia. En una conferencia en la Royal Society en 1666, Robert Hooke dijo que todos los cuerpos se mueven en línea recta a menos que una fuerza actúe sobre ellos, todos los cuerpos se atraen los unos a los otros gravitacionalmente y la fuerza de la gravedad decrece con la distancia mediante una fórmula que «yo mismo no he descubierto». En 1679 se decidió por una ley de la inversa del cuadrado para la atracción y escribió a Newton sobre ello.[3] De modo que Hooke se molestó de forma clara cuando esto exactamente apareció en *Principia,* incluso aunque Newton lo mencionase por ello, junto con Halley y Christopher Wren.

Hooke sí que aceptó que Newton fue el único que había deducido que las órbitas cerradas eran elípticas. Newton sabía que la ley de la inversa del cuadrado también permitía órbitas parabólicas e hiperbólicas, pero estas no eran curvas cerradas, de modo que el movimiento no se repetía periódicamente. Órbitas de estos tipos también tienen aplicaciones astronómicas, principalmente en los cometas.

La ley de Newton va más allá que la de Kepler debido a una característica más, una predicción más que un teorema. Newton se dio cuenta de que la Tierra atrae a la Luna, por lo que parece razonable que la Luna también debería atraer a la Tierra. Son como dos bailarines de *country*, dándose la mano y girando y girando. Cada bailarín siente la fuerza ejercida por el otro tirando de sus brazos. Cada bailarín se mantiene en su sitio por esa fuerza; si se dejaran ir, acabarían dando vueltas por el suelo de la pista. Sin embargo, la Tierra es mucho más grande que la Luna, como un hombre gordo bailando con un niño pequeño. El hombre parece que gira en el sitio mientras que el niño da vueltas alrededor. Pero si se observa con cuidado, se verá que el hombre gordo también está dando vueltas, que sus pies se mueven formando una pequeña circunferencia y que el centro sobre el cual rota está ligeramente más cerca del niño que si estuviera dando vueltas solo.

Este razonamiento llevó a Newton a proponer que todo cuerpo en el universo atrae a cualquier otro cuerpo. Las leyes de Kepler se aplican solo a dos cuerpos: el Sol y el planeta. Las leyes de Newton se aplican a cualquier sistema de cuerpos cualesquiera que sean, porque proporciona tanto la magnitud como la dirección de todas las fuerzas que se dan. Introducidas en las leyes del movimiento, la combinación de todas estas fuerzas determina la aceleración de cada cuerpo, y por consiguiente la velocidad y la posición en cualquier momento. El enunciado de la ley universal de gravitación fue un momento épico en la historia y el desarrollo de la ciencia, al revelar la maquinaria matemática escondida que mantiene al universo en marcha.

Las leyes de Newton del movimiento y la gravitación desencadenaron una alianza duradera entre la astronomía y las matemáticas, conduciéndonos a la mayoría de las cosas que ahora conocemos sobre el cosmos. Pero incluso cuando se entiende de qué van las leyes, no es sencillo aplicarlas a problemas específicos. La fuerza de la gravitación, en concreto, es «no lineal», un término técnico cuyas principales implicaciones son que las ecuaciones no se pueden resolver con fórmulas agradables. Es más, ni desagradables.

Tras Newton, los matemáticos salvaron este obstáculo trabajando también con problemas muy artificiales (aunque fascinantes), tales como la ley de Titius-Bode perfectamente. Una vez se conoció su órbita, y las observaciones anteriores se pudieron asociar con el nuevo cuerpo celeste, se hizo evidente que ya se había visto antes, pero se había identificado erróneamente como una estrella o un cometa. De hecho, se puede ver si se tiene una vista aguda, y ya había sido una de las «estrellas» del catálogo de Hiparco de 128 a. C. y más tarde del *Almagesto* de Ptolomeo. John Flamsteed lo avistó seis veces en 1690, pensó que era una estrella y la llamó 34 Tauri. Pierre Lemonnier la avistó doce veces entre 1750 y 1769. Aunque Urano es un planeta, se mueve tan lentamente que es fácil no notar los cambios en su posición.

Hasta aquí, el papel principal de las matemáticas en la comprensión del sistema solar ha sido principalmente descriptivo, reduciendo extensas series de observaciones a órbitas elípticas sencillas. La única predicción debida a las matemáticas fue el pronóstico de la posición de un planeta en el cielo en fechas futuras. Pero, a medida que pasaba el tiempo y se acumulaban las observaciones, parecía cada vez más que Urano no estaba en el lugar correcto. Alexis Bouvard, un estudiante de Laplace, hizo numerosas observaciones de gran precisión de Júpiter, Saturno y Urano, y descubrió ocho cometas. Sus tablas de movimiento de Júpiter y Saturno resultaron ser muy precisas, pero Urano se aleja constantemente de la localización pronosticada. Bouvard sugirió que un planeta todavía más distante podría estar perturbando la órbita de Urano.

«Perturbar» significa aquí «tener un efecto sobre». Si podemos expresar ese efecto matemáticamente en términos de la órbita de este hipotético nuevo planeta, podríamos trabajar hacia atrás para deducirla. Luego los astrónomos sabrían dónde mirar, y si la predicción estaba basada en hechos, podrían encontrar el nuevo planeta. El mayor inconveniente de este enfoque es que el movimiento de Urano está influido de manera significativa por el Sol, Júpiter y Saturno. El resto de los cuerpos del sistema podrían ignorarse, pero todavía nos quedan cinco cuerpos con los que lidiar. No se conocen fórmulas exactas para tres cuerpos, y para cinco aún es más difícil.

Por fortuna, los matemáticos de la época ya habían pensado un modo inteligente de abordar este tema. Matemáticamente, la perturbación de un sistema es un nuevo efecto que cambia las soluciones de sus ecuaciones. Por ejemplo, el movimiento de un péndulo bajo la gravedad en el vacío tiene una solución elegante: el péndulo repite las mismas oscilaciones una y otra vez. Si hay resistencia del aire, sin embargo, la ecuación del movimiento cambia para incluir esta fuerza de resistencia extra. Esto es una perturbación del modelo del péndulo y destruye las oscilaciones periódicas, que disminuyen hasta que finalmente el péndulo se detiene.

Las perturbaciones llevan a ecuaciones más complejas, que normalmente son más difíciles de resolver. Pero a veces se puede utilizar la propia perturbación para averiguar cómo cambian las soluciones. Para hacerlo, escribimos las ecuaciones para diferenciar entre la solución sin perturbar y la perturbada. Si la perturbación es pequeña, podemos obtener fórmulas que aproximan esta diferencia ignorando términos en las ecuaciones que son mucho más pequeños que la perturbación. Este truco simplifica las ecuaciones lo suficiente como para resolverlas explícitamente. La solución resultante no es exacta, pero es lo bastante buena en la práctica.

Si Urano fuese el único planeta, su órbita sería una elipse perfecta. Sin embargo, esta órbita ideal está perturbada por Júpiter, Saturno y cualquier otro cuerpo del sistema solar que conocemos. Sus campos gravitacionales combinados cambian la órbita de Urano y este cambio puede describirse como una variación lenta en los elementos de la órbita de la elipse de Urano. Para una buena aproximación, Urano siempre se mueve a lo largo de una elipse, pero ya no es siempre la misma elipse. Las perturbaciones cambian lentamente de forma e inclinación.

De este modo podemos calcular cómo se movería Urano si tenemos en cuenta todos los cuerpos importantes que lo perturban. Las observaciones muestran que, de hecho, Urano no sigue esta órbita pronosticada, sino que se desvía gradualmente de un modo que podemos medir, por lo que añadimos una perturbación hipotética debida a un planeta X desconocido, calculamos la nueva órbita perturbada, la igualamos a la observada y deducimos los elementos de la órbita del planeta X.

En 1843, gracias a un gran logro computacional, John Adams calculó los elementos orbitales del hipotético nuevo cuerpo celeste. En 1845, Urbain Le Verrier realizaba cálculos similares de manera independiente.

Adams envió sus predicciones a George Airy, el astrónomo real británico en ese momento, pidiéndole que buscase el planeta pronosticado. Airy estaba preocupado por algunos aspectos del cálculo, erróneamente como se reveló, pero Adams fue incapaz de tranquilizarlo, por lo que no se hizo nada. En 1846, Le Verrier publicó su propia predicción, que de nuevo despertó poco interés, hasta que Airy se dio cuenta de que ambos matemáticos había llegado a resultados muy parecidos. Dio instrucciones a Jame Challis, director del observatorio de Cambridge, para buscar el nuevo planeta, pero Challis fracasó en su intento de descubrirlo.

Poco después, sin embargo, Johann Galle divisó un punto de luz tenue alrededor de un grado más allá de la predicción de Le Verrier y doce grados de la de Adams. Luego, Challis se dio cuenta de que había observado el nuevo planeta en dos ocasiones, pero no tenía un mapa de estrellas actualizado y, a causa de este descuido, lo había perdido. El punto de luz de Galle era otro planeta nuevo, más tarde llamado Neptuno. Su descubrimiento fue un triunfo importante de la mecánica celeste. A partir de entonces, los matemáticos podían revelar la existencia de cuerpos celestes desconocidos y no solo codificar las órbitas de los conocidos.

Así que el sistema solar podía presumir de tener ocho planetas y un número de «planetas menores» o asteroides (véase el capítulo 5) que aumentaba rápidamente. Pero incluso antes del descubrimiento de Neptuno, algunos astrónomos, entre ellos Bouvard y Peter Hansen, estaban convencidos de que un único cuerpo nuevo no podía explicar las anomalías en el movimiento de Urano. En lugar de esto, creían que las discrepancias eran evidencias de dos planetas nuevos. Esta idea estuvo sobrevolando durante otros noventa años.

Percival Lowell fundó un observatorio en Flagstaff, Arizona, en 1894, y doce años más tarde decidió desenmarañar de una vez por todas las anomalías en la órbita de Urano, empezando un proyecto que llamó Planeta X, donde X es la incógnita matemática, no el número romano (que en todo caso debería haber sido IX). En cierto modo, Lowell había arruinado su reputación científica promoviendo la idea de los «canales» en Marte, y quería recobrarla: un planeta nuevo resultaría ideal. Utilizó métodos matemáticos para predecir dónde estaría ese cuerpo celeste hipotético y luego hizo una búsqueda sistemática sin resultado. Lo intentó de nuevo en 1914-1916, pero no encontró nada.

Mientras tanto, Edward Pickering, director del Observatorio del Harvard College, había elaborado su propia predicción: Planeta O, a una distancia de 52 UA. Por entonces, el astrónomo británico Philip Cowell había declarado que toda la búsqueda era una misión imposible: las supuestas anomalías en el movimiento de Urano podían explicarse por otras razones.

Lowell murió en 1916. Una disputa legal entre su viuda y el observatorio terminó con la búsqueda del Planeta X hasta 1925, cuando el hermano de Lowell, George, compró un nuevo telescopio. A Clyde Tombaugh se le asignó el trabajo de fotografiar regiones del cielo nocturno dos veces, con dos semanas de diferencia. Un artefacto óptico comparaba las dos imágenes y cualquier cosa que hubiese cambiado de posición habría parpadeado, llamando la atención del movimiento. Tomó una tercera imagen para resolver cualquier duda. A principios de 1930, estaba examinando un área en Géminis y algo parpadeó. Estaba a seis grados de una localización sugerida por Lowell, cuya predicción parecía que se mantenía. Una vez se identificó el objeto como un nuevo planeta, una búsqueda en los archivos mostró que había sido fotografiado en 1915 pero no se reconoció como tal.

El nuevo cuerpo celeste fue llamado Plutón; sus dos primeras letras son las iniciales de Lowell.

Plutón resultó ser mucho más pequeño de lo que se esperaba, con una masa de solo una décima parte la de la Tierra. Eso implicaba que no podía explicar las anomalías que habían llevado a Lowell y otros a predecir su existencia. Cuando se confirmó su pequeña masa en 1978, algunos astrónomos reanudaron la búsqueda del Planeta X, creyendo que Plutón era una pista falsa y que un planeta desconocido más grande debía de estar ahí afuera en alguna parte. Cuando Myles Standish utilizó los datos del vuelo de reconocimiento de Neptuno de *Voyager* en 1989 para refinar la cifra de la masa de Neptuno, las anomalías en la órbita de Urano desaparecieron. La predicción de Lowell fue solo una afortunada coincidencia.

Plutón es raro. Su órbita está inclinada 17° respecto a la eclíptica y es tan excéntrico que durante un tiempo está más cerca del Sol que Neptuno. Sin embargo, no es posible que colisionen por dos razones. Una es el ángulo entre sus planos orbitales; sus órbitas cruzan solo sobre la línea donde sus planos se encuentran. Incluso entonces, ambos cuerpos deberían pasar a través del mismo punto de esta línea al mismo tiempo. Aquí es donde aparece la segunda razón. Plutón está bloqueado en una resonancia 2:3 con Neptuno. Por lo tanto, los dos cuerpos repiten fundamentalmente los mismos movimientos cada dos órbitas de Plutón y tres de Neptuno, esto es, cada 495 años. Como no han colisionado en el pasado, no lo harán en el futuro, al menos no hasta que una reorganización a gran escala de otros cuerpos del sistema solar perturbe su amigable relación.

Los astrónomos continuaron buscando nuevos cuerpos en el sistema solar externo. Descubrieron que Plutón tiene una luna comparativamente grande, Caronte, pero no se avistó nada más allá de la órbita de Neptuno. En 1992, apareció un pequeño cuerpo bautizado como (15760) 1992 QB_1. Era tan extraño que su nombre sigue siendo el mismo (la propuesta de llamarlo «Smiley» fue rechazada porque ese nombre ya se había usado para un asteroide), pero resultó ser el primero de un grupo de objetos transneptunianos (TNO, del inglés *trans-Neptunian objects*), de los cuales se conocen más de 1.500. Entre ellos hay un puñado de cuerpos más grandes, aunque más pequeños que Plutón; el mayor es Eris, seguido por Makemake, Haumea y 2007 OR_{10}.

Todos estos objetos son demasiado ligeros y están demasiado lejos para que se puedan predecir a partir de sus efectos gravitacionales sobre otros cuerpos y fueron descubiertos buscando en imágenes. Pero tienen algunas características matemáticas dignas de atención, relacionadas con los efectos de otros cuerpos sobre ellos. A una distancia de entre 30 y 55 UA se encuentra el cinturón de Kuiper; la mayoría de sus miembros están en órbitas aproximadamente circulares cerca de la eclíptica. Algunos de estos TNO tienen órbitas en resonancia con Neptuno. Los que están en resonancia 2:3 se llaman plutinos, porque entre ellos está incluido Plutón. Los que están en resonancia 1:2, un período dos veces el de Neptuno, se llaman twotinos. El resto son objetos clásicos del cinturón de Kuiper, o cubewanos.[4] También tienen órbitas aproximadamente circulares y no sufren perturbaciones importantes debido a Neptuno. Más allá está el disco disperso y, en él, cuerpos parecidos a asteroides se mueven en órbitas excéntricas, a menudo con un ángulo de inclinación grande respecto a la eclíptica. Entre ellos están Eris y Sedna.

A medida que se iban encontrando más TNO, algunos astrónomos empezaron a pensar que tenía poco sentido llamar planeta a Plutón y no a Eris, del que se creía que era ligeramente mayor. Irónicamente, las imágenes de *New Horizons* mostraron que Eris era ligeramente más pequeño que Plutón.[5] Pero una vez que otros TNO fuesen clasificados como planetas, algunos serían más pequeños que el asteroide (o planeta menor) Ceres. Después de un intenso debate, la Unión Astronómica Internacional degradó a Plutón al estatus de planeta enano, y a él se unieron Ceres, Haumea, Makemake y Eris. Las nuevas definiciones de los términos «planeta» y «planeta enano» fueron cuidadosamente confeccionadas para hacer entrar con calzador los cuerpos concernientes en estas dos clasificaciones. Sin embargo, no está todavía claro si Haumea, Makemake y Eris encajan realmente en la definición. También se sospecha que en el cinturón de Kuiper hay algunos centenares más de planetas enanos y hasta diez mil en el disco disperso.

Cuando un nuevo truco científico funciona, es sensato emplearlo solo en problemas similares. En la predicción de la existencia y localización de Neptuno, el truco de la perturbación funcionó magníficamente. Se intentó con Plutón, y también parecía funcionar magníficamente, hasta que los astrónomos se dieron cuenta de que era demasiado pequeño como para crear las anomalías que se emplearon para predecir su existencia.

El truco fracasó estrepitosamente con un planeta llamado Vulcano. Este no es el planeta de la ficción *Star Trek*, hogar de Mr. Spock, que según el escritor de ciencia ficción James Blish orbita en torno a la estrella 40 Eridani A. Se trata de un planeta ficticio que orbita una estrella oscura y bastante ordinaria conocida por los escritores de ciencia ficción como el Sol. Vulcano nos enseña varias lecciones sobre ciencia; no solo la obvia de que se pueden cometer errores, sino un aspecto más general que nos conciencia de que los errores del pasado pueden evitar que los repitamos. Su predicción está vinculada a la introducción de la relatividad como una mejora de la física newtoniana. Pero profundizaremos en esa historia más adelante.

Neptuno fue descubierto debido a las anomalías en la órbita de Urano. Vulcano se proponía para explicar las anomalías en la órbita de Mercurio, y quien lo propuso no era otro que Le Verrier, en trabajos anteriores a los de Neptuno. En 1840, el director del observatorio de París, François Arago, quería aplicar la gravitación newtoniana a la órbita de Mercurio y pidió a Le Verrier que realizase los cálculos necesarios. Cuando Mercurio pasara por delante del Sol, un suceso llamado «tránsito», podía probarse la teoría observando los tiempos desde que el tránsito empezara hasta que acabase. Hubo un tránsito en 1843 y Le Verrier completó sus cálculos con un poco de antelación, haciendo posible predecir los tiempos. A su pesar, las observaciones y la teoría no concordaron. De modo que Le Verrier volvió a su punto de partida, preparando un modelo más preciso basado en numerosas observaciones y catorce tránsitos. Y en 1859, se había dado cuenta, y publicado, de un pequeño pero desconcertante aspecto del movimiento de Mercurio que explicaba su error original.

El punto en el que la elipse de la órbita de Mercurio estaba más cerca del Sol, conocida como el perihelio, es una característica bien definida. A medida que el tiempo pasa, el perihelio de Mercurio rota lentamente en comparación con el fondo de estrellas distantes («fijas»). De hecho, la órbita entera pivota lentamente con el Sol en su foco: el término técnico que define esto es precesión. Un resultado matemático conocido como teorema de Newton de las órbitas giratorias[6] predice este efecto como una consecuencia de las perturbaciones debidas a otros planetas. Sin embargo, cuando Le Verrier comparó las observaciones con este teorema, los números resultantes fueron ligeramente erróneos. La teoría newtoniana predecía que el perihelio de Mercurio debería tener una precesión de 532″ (segundos de arco) cada cien años, pero la cifra observada era de 575″. Algo estaba provocando una precesión extra de 43″ por siglo. Le Verrier sugirió que el responsable era algún planeta por descubrir, en una órbita más cercana al Sol que Mercurio, y lo llamó Vulcano, como el dios romano del fuego.

El resplandor del Sol sobrepasaría cualquier luz reflejada desde un planeta en una órbita tan cercana, de manera que el único modo práctico de observar Vulcano sería durante un tránsito. Entonces debería ser visible como un minúsculo punto negro. El astrónomo aficionado Edmond Lescarbault divulgó rápidamente que había encontrado dicho punto, que no era una marca del Sol porque se movía a una velocidad diferente. Le Verrier anunció el descubrimiento de Vulcano en 1860 y debido a esto fue premiado con la Legión de Honor.

Desafortunadamente para Le Verrier y Lescarbault, un astrónomo mejor equipado, Emmanuel Liais, también había observado el Sol por deseo del gobierno de Brasil y no había visto nada de esto. Su reputación estaba en juego y negó que dicho tránsito hubiese ocurrido. Las discusiones fueron acaloradas y confusas. Cuando Le Verrier murió en 1877 todavía creía que había descubierto otro planeta. Sin el respaldo de Le Verrier, la teoría de Vulcano perdió fuerza, y pronto el consenso fue claro: Lescarbault se había equivocado. La predicción de Le Verrier seguía sin verificarse y había un escepticismo generalizado. El interés se desvaneció casi totalmente en 1915, cuando Einstein utilizó su nueva teoría de la relatividad general para obtener una precesión de 42,98″ sin ninguna suposición de un planeta nuevo. La relatividad se hizo valer y Vulcano fue descartado.

Todavía no sabemos seguro si hay cuerpos entre Mercurio y el Sol o no, aunque si hubiera uno, tendría que ser muy pequeño. Henry Courten reanalizó las imágenes del eclipse solar de 1970 y afirmó que había detectado al menos siete de esos cuerpos. Sus órbitas no podían determinarse y las afirmaciones no han sido confirmadas. Pero la búsqueda de vulcanoides, como se les llama, continúa.[7]

5

Policía celeste

> Los dinosaurios no tenían un programa espacial, por lo que no están aquí para hablar sobre este problema. Nosotros estamos y tenemos el poder de hacer algo al respecto. No quiero ser la vergüenza de la galaxia, haber tenido el poder de desviar un asteroide, no hacerlo y acabar extinguidos.
>
> NEIL DE GRASSE TYSON, *Crónicas del espacio*

Perseguido por una flota de naves de guerra interestelares disparando flechas fulminantes de energía pura, una pequeña banda de valientes guerrilleros busca refugio en un cinturón de asteroides, abriéndose paso bruscamente a través de una ventisca de rocas del tamaño de Manhattan que se precipitan y chocan constantemente unas contra otras. Las naves avanzan mientras fulminan las rocas más pequeñas con rayos láser y reciben numerosos golpes de fragmentos aún más pequeños. En una ingeniosa maniobra, la nave a la fuga da una vuelta sobre sí misma y se zambulle en un profundo túnel en el centro del cráter. Pero sus preocupaciones tan solo acaban de empezar...

Es una imagen cinematográfica imponente.

Pero un sinsentido. No la flota de naves, las flechas de energía o los rebeldes intergalácticos. Ni siquiera el gusano monstruoso que acecha al final del túnel. Eso quizá podría pasar algún día. Es la ventisca de rocas que se precipitan. Imposible.

Esa metáfora mal escogida lo estropea todo. Cinturón.

Érase una vez el sistema solar, como se entendía entonces, carente de cinturón. En lugar de este, había un hueco. Según la ley de Titius-Bode, debería haber un planeta entre Marte y Júpiter, pero no lo había. Si hubiese habido uno, en la Antigüedad ya se habría asociado a otro dios con él.

Cuando se descubrió Urano, encajaba tan bien en el patrón matemático de la ley de Titius-Bode que los astrónomos se animaron a rellenar el hueco entre Marte y Júpiter. Como vimos en el capítulo anterior, tuvieron éxito. El barón Franz Xaver von Zach fundó la Vereinigte Astronomische Gesellschaft (Sociedad Astronómica Unida) en 1800, con 25 miembros, entre ellos Maskelyne, Charles Messier, William Herschel y Heinrich Olbers. Debido a su dedicación a ordenar el rebelde sistema solar, el grupo comenzó a ser conocido como la *Himmelspolizei* (policía celeste). Cada observador tenía asignada una franja de quince grados de la eclíptica y la tarea de buscar en esa región el planeta perdido.

Como es bastante común en estos asuntos, la aproximación sistemática y organizada fue superada por una persona ajena afortunada: Giuseppe Piazzi, catedrático de astronomía en la Universidad de Palermo, en Sicilia. Él no buscaba el planeta, estaba buscando una estrella, la 87.ª del catálogo del sr. La Caille. A principios de 1801, cerca de la estrella que buscaba, vio un punto de luz que no coincidía con nada de lo que figuraba en los catálogos de estrellas. Siguió observando a ese intruso y comprobó que se movía. Su descubrimiento estaba exactamente donde la ley de Titius-Bode lo necesitaba. Lo llamó Ceres por la diosa romana de las cosechas, que también era la diosa patrona de Sicilia. Al principio pensaba que había avistado un nuevo cometa, pero carecía de la característica coma o cabellera. «Se me ocurrió varias veces que podría ser algo mejor que un cometa», escribió. En concreto, un planeta.

Ceres es bastante pequeño para los estándares planetarios y los astrónomos casi lo pierden de nuevo. Disponían de muy pocos datos sobre su órbita y, antes de que pudiesen obtener más medidas, el movimiento de la Tierra llevó la línea de visión del nuevo cuerpo demasiado cerca del Sol, de modo que su tenue luz fue anulada por el resplandor de este. Se esperaba que reapareciese unos meses más tarde, pero las observaciones eran tan escasas que la posición probable era muy incierta. Como no deseaban empezar la búsqueda de nuevo, los astrónomos pidieron a la comunidad científica que les proporcionase una predicción más fiable. Carl Friedrich Gauss, por aquel entonces relativamente desconocido para la mayoría, venció el reto. Inventó un nuevo modo de deducir la órbita a partir de tres o más observaciones, ahora conocido como el método de Gauss. Cuando Ceres reapareció como debía con medio grado respecto a la posición pronosticada, la reputación de Gauss de gran matemático se confirmó. En 1807, fue nombrado profesor de astronomía y director del observatorio en la Universidad de Gotinga, donde permaneció el resto de su vida.

Para predecir dónde reaparecería Ceres, Gauss inventó varias técnicas importantes de aproximación numérica. Entre ellas había una versión de lo que ahora llamamos la transformada rápida de Fourier, redescubierta en 1965 por James Cooley y John Tukey. Las ideas de Gauss sobre el tema se descubrieron póstumamente entre sus papeles no publicados. Él veía este método como una forma de interpolación trigonométrica, insertando nuevos puntos de información entre los existentes de una manera delicada. En la actualidad es un algoritmo vital para el procesamiento de señales utilizado en escáneres médicos y cámaras digitales. Tal es la potencia de las matemáticas, y lo que el físico Eugene Wigner llamó su «efectividad irrazonable».[1]

Basándose en este éxito, Gauss desarrolló una teoría completa del movimiento de pequeños asteroides perturbados por planetas grandes que vio la luz en 1809 como *Theoria Motus Corporum Coelestium in Sectionibus Conicis Solem Ambientum* (Teoría del movimiento de cuerpos celestes moviéndose en secciones cónicas alrededor del Sol). En este trabajo, Gauss refinó y mejoró un método estadístico introducido por Legendre en 1805, ahora llamado «método de los mínimos cuadrados». También afirmó que había tenido la idea antes, en 1795, pero, como de costumbre, Gauss no la había publicado. Este método se emplea para deducir valores más precisos a partir de una serie de medidas, cada una sujeta a errores aleatorios. En su forma más simple, selecciona el valor que minimiza el error total. Se emplean versiones más elaboradas del método para encajar en una recta los datos sobre cómo una variable se relaciona con otra o para tratar asuntos similares para muchas variables. Los estadísticos recurren a dichos métodos de manera habitual.

Cuando los elementos orbitales de Ceres fueron seguros, de modo que este podía encontrarse siempre que fuera necesario, resultó que no estaba solo. Cuerpos similares, de tamaño parecido o más pequeños, tenían órbitas aproximadas. Cuanto mejor fuera el telescopio, más cuerpos pequeños se podían ver.

Más tarde, en 1801, uno de los policías celestes, Olbers, divisó uno de esos objetos y lo llamó Pallas. Rápidamente elaboró una ingeniosa explicación para la ausencia de un planeta grande pero la presencia de dos (o más). Había habido una vez un planeta grande en esta órbita, pero se habría roto por la colisión con un cometa o por una explosión volcánica. Durante un tiempo esta idea parecía factible, porque se encontraban cada vez más «fragmentos»: Juno (1804), Vesta (1807), Astraea (1845), Hebe, Iris y Flora (1847), Metis (1848), Hygeia (1849), Parthenope, Victoria y Egeria (1850), etcétera.

Vesta a veces puede verse a simple vista, si las condiciones de observación son favorables, y podría haber sido descubierto ya en la Antigüedad.

Tradicionalmente, cada planeta tenía su propio símbolo, de modo que en un principio a cada uno de los cuerpos recién descubiertos se les dio también un símbolo arcano. Como los nuevos cuerpos no dejaban de aparecer, este sistema resultó ser demasiado difícil de manejar y fue reemplazado por otros más prosaicos, evolucionando al actual, básicamente un número que indica el orden del descubrimiento, un nombre o designación temporal y la fecha del descubrimiento, como por ejemplo 10 Hygeia 1849.

En un telescopio suficientemente potente, un planeta parece un círculo. Estos objetos eran tan pequeños que aparecían como puntos, al igual que las estrellas. En 1802, Herschel sugirió un nombre provisional para ellos:

> Se parecen tanto a las estrellas pequeñas que es difícil distinguirlos de ellas. Por eso, por su aspecto asteroide, si los nombro yo, los llamo asteroides, reservándome, sin embargo, la libertad de cambiar ese nombre si otro más expresivo de su naturaleza apareciese.

Durante un tiempo, muchos astrónomos continuaron llamándolos planetas o planetas menores, pero finalmente prevaleció «asteroide».

La teoría de Olbers no ha sobrevivido a la prueba del tiempo. La composición química de los asteroides no es compatible con que todos ellos sean fragmentos de un único cuerpo más grande, y su masa combinada es demasiado pequeña. Es más probable que sean deshechos cósmicos que quedaron de un potencial planeta que no llegó a formarse porque Júpiter provocaba demasiada perturbación. Las colisiones entre planetesimales en esta región eran más comunes que en ninguna otra y se rompían más rápido de lo que podían agruparse. Esto se debía a la migración de Júpiter hacia el Sol, mencionada en el capítulo 1.

El problema no era Júpiter como tal, sino sus órbitas resonantes. Estas se daban, como se comentó con anterioridad, cuando el período de un cuerpo al seguir su órbita es una fracción sencilla del período de otro cuerpo en su órbita, en este caso Júpiter. Ambos cuerpos siguen entonces un ciclo en el que acaban exactamente en las mismas posiciones relativas que ocupaban al principio. Y esto sigue sucediendo, provocando una gran perturbación. Si la razón de los períodos no es una fracción sencilla, dichos efectos se disipan. Lo que sucede exactamente depende de la fracción, pero hay dos posibilidades principales: o bien la distribución de asteroides cerca de esa órbita está concentrada, de modo que hay más de lo que es habitual en otro punto, o fueron desalojados de esa órbita todos juntos.

Si Júpiter se quedó en la misma órbita, el proceso finalmente se asentaría como asteroides concentrados cerca de resonancias estables y evitando las inestables. Pero si Júpiter empezó a moverse, como los astrónomos creen ahora que pasó, las zonas de resonancia cubrirían el cinturón de asteroides, provocando el caos. Antes de que nada pudiese asentarse en una agradable resonancia estable, la órbita que nos concierne habría dejado de estar en resonancia y todo se perturbaría de nuevo. El movimiento de Júpiter, por lo tanto, revolvería los asteroides, manteniendo su dinámica errática e incrementando las posibilidades de colisión. Los planetas interiores son evidencias de planetesimales agrupados dentro de las órbitas de planetas gigantes, lo que implica que en algún momento hubo muchísimos planetesimales. Sería probable que varios gigantes se perturbasen unos a otros, como pasó con Júpiter y Saturno, lo que cambiaría sus órbitas. Cambiar las órbitas implica propagar las zonas de resonancia, y esto desintegraría cualquier planetesimal que estuviese justo dentro de la órbita del gigante más recóndito. En resumen, los planetas interiores y dos o más gigantes implican asteroides.

Cinturón.

Según mis informaciones, nadie sabe con precisión quién empleó primero el término «cinturón de asteroides», pero sin duda ya se usaba alrededor de 1850, cuando en la traducción de Elise Otté de *Cosmos,* de Alexander von Humboldt, sobre la lluvia de meteoritos, se comentaba que algunos de estos «probablemente forman parte de un cinturón de asteroides en intersección con la órbita de la Tierra». En *A Guide to the Knowledge of the Heavens* de Robert Mann, de 1852, se afirma: «Las órbitas de los asteroides están situadas en un amplio cinturón del espacio». Y lo están. La imagen muestra la distribución de los principales asteroides, junto con las órbitas de los planetas hasta Júpiter. Un anillo enorme y borroso compuesto de miles de asteroides domina la imagen. Volveré a los hildas, troyanos y griegos más adelante.

Por esta imagen, reforzada por el término «cinturón», es probablemente por lo que las películas de *Star Wars*, y lo que es peor, los programas de televisión de divulgación científica, cuyos productores realmente deberían tener más conocimiento, representan de manera rutinaria los asteroides como un enjambre atiborrado de rocas que chocan continuamente contra otras. Esto hace que el cine sea emocionante, pero no tiene sentido. Sí, hay muchas rocas por ahí... pero también hay una cantidad verdaderamente enorme de espacio. A ojo de buen cubero, sabemos que la distancia habitual entre asteroides con un diámetro de 100 metros o más es de unos 60.000 kilómetros. Esto es aproximadamente cinco veces el diámetro de la Tierra.[2] Así que, a pesar de las películas de Hollywood, si estuviéramos en el cinturón de asteroides, no veríamos cientos de rocas flotando alrededor. Probablemente no veríamos nada.

El problema real es la imagen difusa. En un diagrama con puntos para varios cuerpos, los asteroides forman un anillo denso y punteado, de modo que esperamos que en la realidad sea igual de denso. Pero cada punto en la imagen representa una región del espacio de aproximadamente tres millones de kilómetros de diámetro. Lo mismo ocurre para características similares del sistema solar. El cinturón de Kuiper no es un cinturón, y la nube de Oort no es una nube. Ambos son espacios casi completamente vacíos. Pero tienen tanto espacio que la minúscula proporción que no es espacio está constituida por un número realmente grande de cuerpos celestes, principalmente rocas y hielo. Veremos esas dos regiones más adelante.

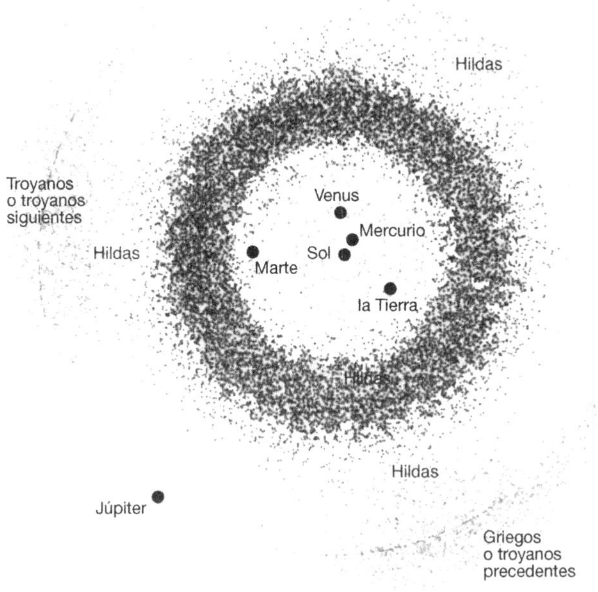

El cinturón de asteroides, junto con los tres mayores cúmulos de asteroides: hildas, troyanos y griegos. Están captados en un sistema de referencia rotatorio, de modo que Júpiter permanece fijo.

Descubrir patrones en los datos es como hacer magia negra, pero hay técnicas matemáticas que pueden ser de ayuda. Un principio básico es que las diferentes maneras de presentar o marcar los datos pueden llamar la atención sobre características diferentes.

Esta ilustración sugiere que los asteroides están desperdigados de modo bastante uniforme dentro del cinturón de asteroides principal. El anillo de puntos parece que tiene la misma densidad en todas partes, sin agujeros. Pero una vez más la imagen es engañosa. Su escala está demasiado comprimida para mostrar los detalles verdaderos, aunque, lo que es más importante, muestra la posición de los asteroides. Para ver una estructura interesante, más que los dos cúmulos etiquetados como griegos y troyanos, a los que volveré, tenemos que observar las distancias. De hecho, lo que cuenta realmente son los períodos de rotación, pero estos están relacionados con la distancia por la tercera ley de Kepler.

En 1866, un astrónomo aficionado llamado Daniel Kirkwood observó huecos en el cinturón de asteroides. Más concretamente, los asteroides raramente orbitan a ciertas distancias del Sol (midiendo las distancias según el radio mayor de la elipse orbital). La imagen de la página siguiente muestra un gráfico más moderno y más amplio del número de asteroides a una distancia dada, en el núcleo del cinturón que va de 2 a 3,5 UA. Las tres bajadas pronunciadas, en las que el número de asteroides tiende a cero, son evidentes. Otra ocurre cerca de 3,3 UA, pero no es tan obvia porque hay menos asteroides que más lejos. Estas caídas se llaman «huecos de Kirkwood».

Los huecos de Kirkwood no son obvios en otras imágenes por dos razones. Los píxeles que representan los asteroides son grandes en comparación con el tamaño de estos últimos en la escala de la imagen, y los «huecos» se dan en distancias, no en localización. Cada asteroide sigue una órbita elíptica y su distancia al Sol varía alrededor de la órbita. Los asteroides cruzan los huecos, pero no están en ellos durante mucho rato. Los ejes mayores de estas elipses apuntan en muchas direcciones diferentes. Estos hechos hacen los huecos tan difusos que pueden no ser vistos en una imagen. Sin embargo, trazamos las distancias e inmediatamente aparecen.

Kirkwood sugirió, de manera correcta, que los huecos se debían al enorme campo de gravitación de Júpiter. Esto afecta a cada asteroide en el cinturón, pero hay una diferencia significativa entre las órbitas en resonancia y las que no lo están. La caída más profunda a la izquierda de la imagen corresponde a una distancia orbital en la que el asteroide está en resonancia 3:1 con Júpiter; es decir, da tres vueltas al Sol por cada una que da Júpiter. Esta alineación repetida hace más fuerte el efecto de larga duración de la gravedad de Júpiter. En este caso, las resonancias desalojan regiones del cinturón. Las órbitas de asteroides en resonancia con Júpiter pasan a ser más alargadas y caóticas, hasta tal punto que cruzan las órbitas de planetas interiores, principalmente de Marte. Encuentros ocasionales más cercanos con Marte cambian las órbitas todavía más, lanzándolas en direcciones aleatorias. Como este efecto provoca que la zona cerca de la órbita en resonancia pierda todavía más asteroides, se crean los huecos.

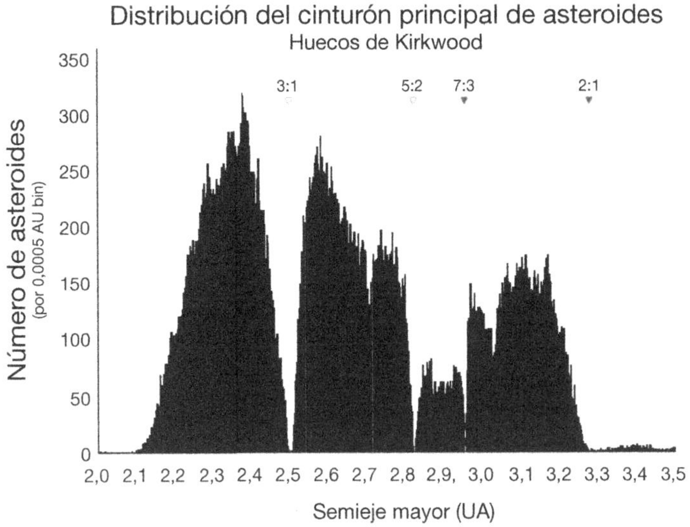

Huecos de Kirkwood en el cinturón de asteroides y resonancias asociadas con Júpiter.

Los huecos principales, con las resonancias correspondientes entre paréntesis, están a las distancias de 2,06 UA (4:1), 2,5 UA (3:1), 2,82 UA (5:2), 2,95 UA (7:3) y 3,27 UA (2:1). Las hay todavía más débiles o angostas en 1,9 UA (9:2), 2,25 UA (7:2), 2,33 UA (10:3), 2,71 UA (8:3), 3,03 UA (9:4), 3,08 UA (11:5), 3,47 UA (11:6) y 3,7 UA (5:3). De forma que las resonancias controlan la distribución de los radios mayores de los asteroides.

Del mismo modo que hay huecos, hay cúmulos. De nuevo, este término normalmente se refiere a las concentraciones cercanas a una distancia dada, no a grupos locales reales de asteroides. Como veremos a continuación, hay dos grupos genuinos: los griegos o troyanos precedentes y los troyanos o troyanos siguientes. Las resonancias a veces provocan grupos en vez de huecos, dependiendo del número que aparezca en la resonancia y de otros factores.[3]

Aunque el problema general de tres cuerpos (cómo se mueven bajo la gravitación newtoniana tres puntos de masa) es muy difícil de resolver matemáticamente, se pueden obtener resultados útiles centrándose en soluciones especiales. Una primordial es el «problema de dos cuerpos y medio», una broma matemática con un trasfondo serio. En esta configuración, dos de los cuerpos tienen una masa distinta de cero, pero el tercer cuerpo es tan pequeño que su masa es cero a todos los efectos. Un ejemplo de esto sería una mota de polvo que se moviera bajo la influencia de la Tierra y la Luna. La idea implícita en el modelo es que la mota de polvo responde a las fuerzas gravitatorias ejercidas por la Tierra y la Luna, pero es tan ligera que en realidad no ejerce fuerza sobre ninguno de los otros cuerpos. La ley de la gravedad de Newton nos dice que la mota de polvo realmente ejercería una fuerza muy pequeña, pero que esta es tan pequeña que puede ignorarse en el modelo. En la práctica, esto también es cierto para un cuerpo más pesado, como por ejemplo una luna pequeña o un asteroide, siempre y cuando la escala de tiempo sea lo suficientemente pequeña como para excluir efectos significativos de caos.

Hay una simplificación más: los dos cuerpos grandes se mueven en órbitas circulares. Esto nos permite transformar el problema completo en un marco de referencia rotatorio, respecto al cual los cuerpos grandes son estacionarios y se encuentran en un plano fijo. Imaginemos una plataforma giratoria enorme, sujetemos la Tierra y la Luna a la plataforma de modo que se sitúen en una recta que pasa a través del pivote central y en los extremos opuestos. La masa de la Tierra es alrededor de 80 veces la de la Luna. Si colocamos la Luna 80 veces más lejos del pivote central de lo que está la Tierra, el centro de masa de los dos cuerpos coincide con el pivote. Si la plataforma ahora gira a la velocidad apropiada, llevando a la Tierra y a la Luna con ella, estas siguen órbitas circulares consistentes con la gravedad newtoniana. Respecto al sistema de coordenadas de la plataforma, ambos cuerpos son estacionarios, pero experimentan la rotación como una «fuerza centrífuga». Esto no es una fuerza física genuina, sino el resultado de que los cuerpos estén pegados a la plataforma y no puedan moverse en línea recta. Pero en sus dinámicas tiene el mismo efecto, como una fuerza en ese sistema de coordenadas. Por esta razón, a menudo se hace referencia a ella como «fuerza ficticia», incluso aunque su efecto sea real.

En 1765 Euler probó que en dicho modelo puedes pegar una mota de polvo en un punto en la misma recta que une los otros dos cuerpos, de modo que los tres cuerpos se mueven en órbitas circulares consistentes con la gravedad newtoniana. En dicho punto, las fuerzas gravitatorias ejercidas por la Tierra y la Luna son anuladas por la fuerza centrífuga que experimenta la mota de polvo. De hecho, Euler encontró tres de dichos puntos. Uno de ellos, ahora llamado L1, está entre la Tierra y la Luna. L2 está en la cara más alejada de la Luna cuando esta se ve desde la Tierra. L3 está en la cara más alejada de la Tierra cuando esta se ve desde la Luna.

Estos símbolos utilizan la letra L en lugar de la E porque en 1772 Lagrange encontró dos posibles localizaciones más para la mota de polvo. No están en la recta Tierra-Luna, sino en los vértices de dos triángulos equiláteros, y para los que sus otros dos vértices son la Tierra y la Luna. En estos puntos, la mota de polvo permanece estacionaria respecto a la Tierra y la Luna. El punto de Lagrange L4 está 60° por delante de la Luna y L5 está 60° por detrás de ella. Lagrange probó que, para dos cuerpos cualesquiera, hay exactamente cinco de estos puntos.

Técnicamente, las órbitas correspondientes a L4 y L5, en general tienen radios diferentes de los otros dos cuerpos. Sin embargo, si uno de ellos es mucho más grande, por ejemplo, cuando uno es el Sol y el otro cuerpo es un planeta, entonces el centro de masas común y el cuerpo más grande casi coinciden. Las órbitas correspondientes a L4 y L5 son casi la misma que las del cuerpo con menos masa.

La geometría de los puntos de Lagrange puede averiguarse a partir de la energía de la mota de polvo. Esta consiste en su energía cinética cuan-

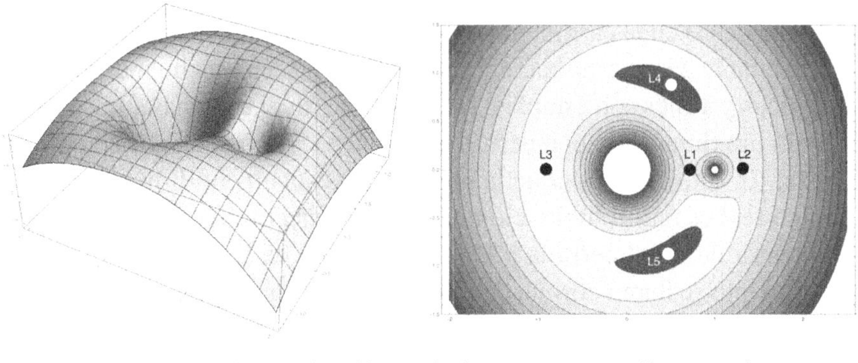

Vista gravitacional para el problema de dos cuerpos y medio en un sistema rotatorio. A la izquierda, la superficie. A la derecha, sus curvas de nivel.[4]

do rota con la plataforma, más sus energías potenciales gravitatorias correspondientes a la atracción de la Tierra y la Luna. La imagen muestra la energía total de la mota de polvo de dos modos: como una superficie curva, cuya altura representa la energía total, y como un sistema de curvas de nivel, curvas en las que la energía es constante. Podemos pensar en la superficie como en una especie de paisaje gravitacional. La mota se mueve a través del paisaje, pero a menos que alguna fuerza la altere, la conservación de la energía implica que debe quedarse en una única curva de nivel. Puede moverse hacia los lados, pero no hacia arriba y abajo.

Si la «línea» de la curva de nivel es un punto, la mota estará en equilibrio respecto a la plataforma, se queda donde se pone. Hay cinco de esos puntos, marcados en la imagen de las curvas de nivel como L1-L5. En L1, L2 y L3, la superficie tiene forma de silla de montar; en algunas direcciones el paisaje se curva hacia arriba y en otras hacia abajo. Por el contrario, tanto L4 como L5 son picos en el paisaje de energía. La diferencia importante es que esos picos (y valles, los cuales no se dan aquí) están rodeados por pequeñas curvas de nivel cerradas, que se quedan muy cerca del propio pico. Las sillas de montar son diferentes: las curvas de nivel cerca de los puntos de la silla se desvían en la distancia y, aunque finalmente se cierran, primero hacen una gran excursión.

Si la mota está ligeramente desplazada, se mueve una pequeña distancia y luego sigue la curva de nivel en la que cae. Para una silla de montar, todas esas curvas de nivel la alejan de su localización original. Por ejemplo, si la mota empieza en L2 y se mueve un poco a la derecha, cae en una enorme curva de nivel cerrada que la lleva alrededor de la Tierra, más allá de L3 en la cara alejada. Así, los equilibrios de la silla de montar son inestables: las perturbaciones iniciales se hacen mucho más grandes. Los picos y valles son estables: las curvas de nivel cercanas son cerradas y están próximas; ahí, una perturbación inicial pequeña sigue siendo pequeña. En este caso, aunque la mota ya no está en equilibrio, su movimiento real es una combinación de una pequeña oscilación alrededor de una curva de nivel cerrada y la rotación total de la plataforma. Dicho movimiento se llama «órbita de renacuajo». El tema clave es que la mota de polvo se queda cerca del pico.

(Aquí he hecho un poco de trampa, porque la imagen muestra posiciones pero no velocidades. Los cambios en la velocidad hacen el movimiento real más complicado, pero los resultados de estabilidad siguen siendo válidos. Véase el capítulo 9.)

Los puntos de Lagrange son características especiales en el paisaje gravitacional y pueden aprovecharse en misiones espaciales planeadas. En la década de 1980 hubo una avalancha de interés por las colonias espaciales: hábitats artificiales gigantes para que los humanos viviesen en ellos, cultivando su propia comida, alimentados por la luz solar. La gente podría vivir en el interior de un cilindro hueco si rotase sobre sus ejes, creando una gravedad artificial por fuerza centrífuga. Un punto de Lagrange es una localización atractiva porque está en equilibrio. Incluso en una de las inestables monturas en L1, L2 o L3, una explosión periódica del motor de un cohete evitaría que el hábitat se fuese a la deriva. Los picos L4 y L5 son todavía mejores, no necesitan tal corrección.

La naturaleza también sabe de los puntos de Lagrange, en el sentido de que hay configuraciones reales muy similares a las consideradas por Euler y Lagrange para que sus resultados funcionasen. A menudo los ejemplos reales transgreden algunas de las condiciones técnicas del modelo, por ejemplo, la partícula de polvo no necesita estar en el mismo plano que los otros dos cuerpos. Las principales características de los puntos de Lagrange son relativamente sólidas y se mantienen para cualquier modelo razonablemente similar al idealizado.

El ejemplo más espectacular es Júpiter y sus propias colonias espaciales: los asteroides conocidos como troyanos (o troyanos siguientes) y griegos (o troyanos precedentes). La imagen refleja un momento específico del sistema de referencia rotatorio que sigue a Júpiter alrededor de su órbita. Max Wolf descubrió el primero, Achilles descubrió 588 en 1906. Algunos de los 3.898 griegos y 2.049 troyanos se conocieron en 2014. Se cree que hay alrededor de un millón de griegos y troyanos de más de un kilómetro de diámetro. Los nombres son tradicionales, Johann Palisa, que calculó muchos de sus elementos orbitales, sugirió llamar a estos cuerpos con nombres de participantes en la guerra de Troya. Casi todos los griegos están cerca de L4, y la mayoría de los troyanos, cerca de L5. Sin embargo, debido a un accidente histórico, el griego Patroclo está colocado entre los troyanos, y el troyano Héctor está asediado por los grie-

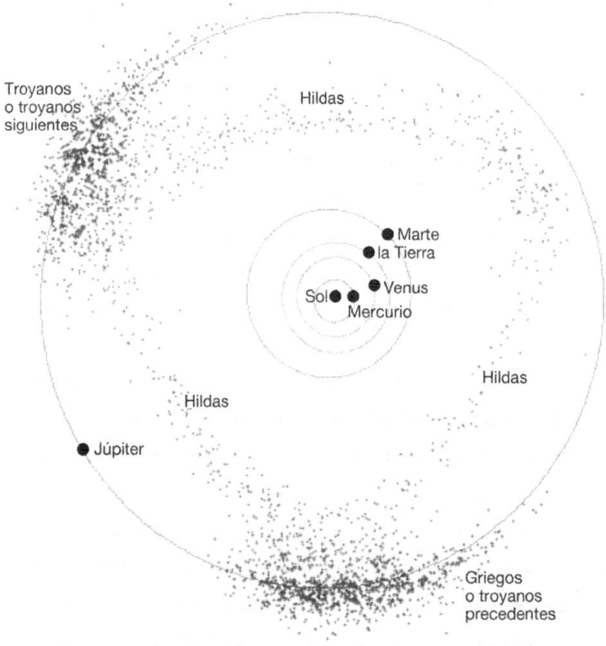

Los asteroides griegos y troyanos forman cúmulos. La familia de las hildas forma un triángulo equilátero borroso con dos vértices en L4 y L5.

gos. Aunque estos cuerpos forman grupos relativamente pequeños en la imagen, los astrónomos creen que hay tantos como asteroides regulares.

Los griegos siguen prácticamente la órbita de Júpiter, pero van 60° por delante de él, y los troyanos 60° por detrás. Como expliqué en la sección anterior, las órbitas no son idénticas a la de Júpiter, tan solo parecidas. Además, el enfoque de órbitas circulares en el mismo plano no es realista, pues muchos de estos asteroides tienen órbitas inclinadas hasta 40° respecto a la eclíptica. Los grupos permanecen apiñados porque los puntos L4 y L5 son estables en el modelo de dos cuerpos y medio y la gran masa de Júpiter los mantiene bastante estables en la dinámica real de muchos cuerpos, porque las perturbaciones desde cualquier otro punto, principalmente de Saturno, son relativamente pequeñas. Sin embargo, a largo plazo podrían ganarse o perderse algunos asteroides en cualquiera de los cúmulos.

Por razones similares, se puede esperar que otros planetas tengan sus propios troyanos (para una terminología genérica, los griegos de Júpiter son considerados troyanos honorarios). Venus tiene uno temporal, 2013 ND_{15}. La Tierra tiene un troyano más permanente, 2010 TK_7, en su punto L4. Marte presume de cinco, Urano tiene uno y Neptuno tiene al menos doce, probablemente más que Júpiter, quizá diez veces más.

¿Qué pasa con Saturno? No se le conocen asteroides troyanos, pero tiene dos satélites troyanos, los únicos conocidos. Su luna Tetis tiene dos lunas troyanas propias, Telesto y Calipso. Otra de las lunas de Saturno, Dione, tiene también dos lunas troyanas, Helena y Pollux.

Los troyanos de Júpiter están muy asociados con otro grupo de asteroides fascinante, el grupo hilda. Las hildas están en resonancia 3:2 con Júpiter y en un sistema de referencia rotatorio ocupan una región que tiene aproximadamente la forma de un triángulo equilátero con vértices en L4, L5 y un punto en la órbita de Júpiter que es diametralmente opuesta al planeta. Las hildas «circulan» lentamente respecto a los troyanos y a Júpiter.[5] A diferencia de la mayoría de los asteroides, tienen órbitas excéntricas. Fred Franklin ha sugerido que las órbitas reales proporcionan una evidencia extra de que Júpiter se formó aproximadamente un 10% más alejado del Sol y migró hacia dentro.[6] Los asteroides con órbitas circulares a esa distancia, o bien se habrían ido a medida que Júpiter migraba hacia dentro, o habrían cambiado a órbitas más excéntricas.[7]

6

El planeta que se tragó a sus hijos

> La estrella de Saturno no es una única estrella, sino una composición de tres, que casi se tocan la una a la otra, nunca cambian o se mueven la una respecto a la otra, y están colocadas en una fila a lo largo del zodíaco; la de en medio es tres veces mayor que las laterales y están situadas de esta forma: oOo.
>
> GALILEO GALILEI, *Carta a Cosme de Médici*, 30 de julio de 1610

Cuando Galileo apuntó por primera vez con su telescopio a Saturno y dibujó lo que vio, tenía el siguiente aspecto:

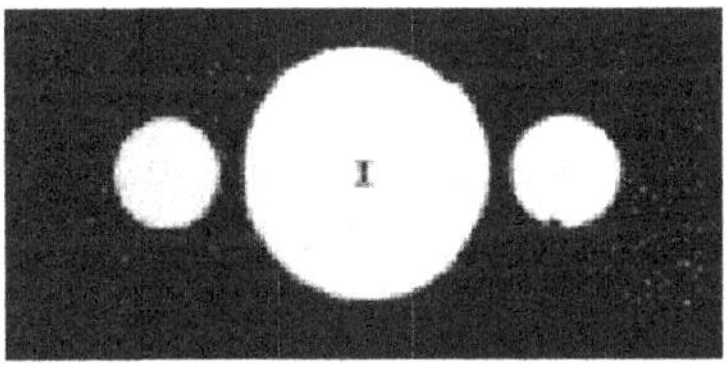

Dibujo de Saturno hecho por Galileo en 1610.

Podemos ver por qué los describía como oOo en una entusiasmada carta a su mecenas Cosme de Médici. Galileo envió las noticias de su descubrimiento a Kepler, pero como era común en la época, las escribió en forma de un anagrama: *smaismrmilmepoetaleumibunenugttauiras*. Si alguien más tarde hacía el mismo descubrimiento, Galileo podía reclamar prioridad descifrando este como: *Altissimum planetam tergeminum observavi* («He observado que el planeta más distante tiene una forma triple.»)

Desafortunadamente, Kepler lo descifró como: *Salve umbistineum geminatum Martia proles* («Salve, aridentes gemelos, hijos de Marte»). Es decir, Marte tiene dos lunas. Kepler ya había predicho esto debido a que Júpiter tenía cuatro y la Tierra una, de modo que entre medias debería haber dos, porque 1, 2, 4 es una serie geométrica. Y probablemente Saturno tendría ocho lunas. ¿Media luna para Venus? A veces la habilidad de Kepler para hallar patrones era un poco forzada. Pero debería guardarme mi desdén, porque, milagrosamente, Marte sí tiene dos lunas: Fobos y Deimos.

Cuando Galileo miró de nuevo en 1616, se dio cuenta de que su telescopio rudimentario le había engañado con una imagen borrosa que había interpretado como tres círculos. Pero aun así era bastante desconcertante. Galileo escribió que parecía que Saturno tuviera orejas.

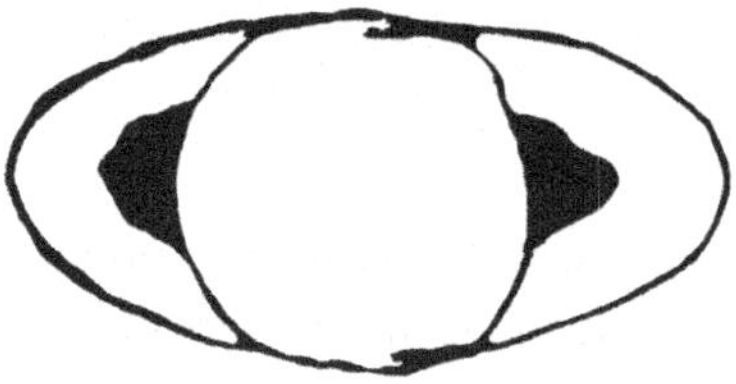

Dibujo de Saturno hecho por Galileo en 1616.

Unos años más tarde, cuando miró de nuevo, las orejas o lunas o lo que fuera, se habían desvanecido. Medio en broma, Galileo se preguntó si Saturno se había comido a sus hijos. Esto era una referencia indirecta al mito griego bastante sangriento según el cual el titán Cronos, aterrorizado por si alguno de sus hijos lo derrocaba, se los comía cuando nacían. El equivalente romano de Cronos es Saturno.

Cuando las orejas volvieron, Galileo estaba todavía más confuso.

Por supuesto, ahora sabemos la realidad al margen de las observaciones de Galileo. Saturno está rodeado por un sistema gigantesco de anillos circulares. Están inclinados respecto a la eclíptica, de modo que a medida que Saturno gira alrededor del Sol, a veces vemos los anillos por completo, y parecen ser más grandes que el planeta, como las «orejas» del dibujo. Y otras veces, los vemos de lado y desaparecen a menos que utilicemos un telescopio mucho mejor que el de Galileo.

Este hecho solo nos dice que los anillos son muy finos comparados con el planeta, pero ahora sabemos que efectivamente son muy finos, de un grosor de apenas 20 metros. Su diámetro, por el contrario, es de 360.000 kilómetros. Si los anillos de Saturno fueran tan gruesos como una pizza, serían más o menos del tamaño de Suiza. Galileo no sabía nada de eso. Pero sí que Saturno era extraño, misterioso y bastante diferente a cualquier otro planeta.

Christiaan Huygens tenía un telescopio mejor y en 1655 escribió que Saturno «está rodeado por un anillo fino y plano, que no lo toca en ningún punto, inclinado respecto a la eclíptica». Hooke incluso divisó sombras, tanto del globo sobre el anillo, como del anillo sobre el globo, que esclarecen la geometría tridimensional mostrándonos qué está enfrente de qué.

¿Son los anillos de Saturno sólidos, como el ala de un sombrero, o están compuestos por innumerables nódulos minúsculos de roca o hielo? Si son sólidos, ¿de qué material están hechos? Si no lo son, ¿por qué parecen ser rígidos, con una forma que no cambia?

Las respuestas llegaron poco a poco, en una mezcla de observaciones y análisis matemático.

Los primeros observadores vieron un único anillo ancho. Sin embargo, en 1675, Giovanni Cassini obtuvo observaciones mejores que revelaron cierta cantidad de huecos circulares que dividían el anillo total en una

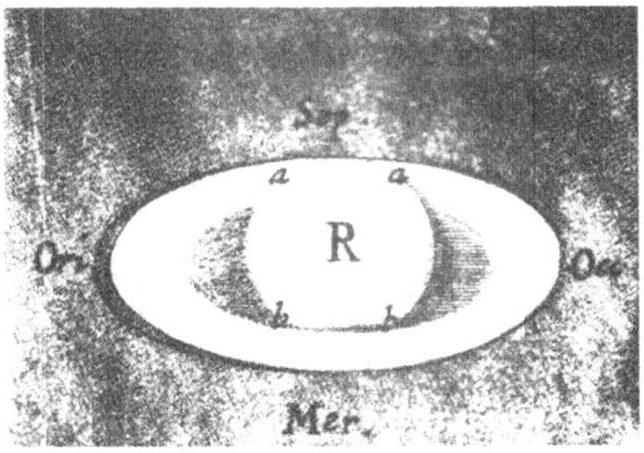

A la izquierda, dibujo de Saturno hecho por Hooke en 1666 que muestra las sombras. A la derecha, imagen moderna en la que se aprecia la división de Cassini, un notorio hueco negro en los anillos.

serie de subanillos concéntricos. El hueco más notorio es conocido como la división de Cassini. El anillo más recóndito es el anillo B; el más exterior, el anillo A. Cassini también se dio cuenta de la existencia de un anillo más débil C dentro del anillo A. Estos descubrimientos intensificaron el misterio, pero pavimentaron el camino para su solución final.

En 1787, Laplace mostró un problema de la dinámica con un anillo ancho sólido. La tercera ley de Kepler dice que cuanto más dista un cuerpo del centro de un planeta, más lentamente da vueltas. Pero las aristas interna y externa de un anillo sólido dan vueltas a la misma velocidad angular. De modo que o la arista exterior se mueve muy rápido o la interior lo hace muy despacio o las dos cosas. Esta discrepancia establece tensiones en el material del anillo y, a menos que esté hecho de un material extraordinariamente fuerte, se romperá. La solución de Laplace a esta dificultad fue elegante: sugirió que los anillos estaban compuestos por un gran número de anillos muy estrechos, que encajan uno dentro del siguiente. Cada anillo es sólido, pero sus velocidades de revolución disminuyen a medida que sus radios se hacen más grandes. Esto evitaba el problema de las tensiones, porque las aristas interior y exterior de un anillo estrecho dan vueltas casi a la misma velocidad.

Elegante, pero equivocada. En 1859, el físico matemático James Clerk Maxwell probó que un anillo sólido en rotación es inestable. Laplace había resuelto el problema de la tensión provocada por las aristas en rotación a diferentes velocidades, pero eran tensiones «cortantes», como las fuerzas entre las cartas en una baraja si las deslizas hacia los lados mientras las mantienes en una pila. Pero había otras tensiones que podían entrar en juego, por ejemplo, doblar las cartas. Maxwell probó que en un anillo sólido, cualquier perturbación ligera causada por fuentes externas aumenta, provocando que el anillo forme una onda y se doble, de modo que se rompe, como un espagueti seco (sin cocinar) que se parte cuando intentas doblarlo.

Maxwell dedujo que los anillos de Saturno deben estar compuestos de innumerables cuerpos minúsculos, todos moviéndose independientemente en círculos a cualquier velocidad matemáticamente consistente con la atracción gravitatoria ejercida sobre ellos. (Recientemente se han evidenciado algunos problemas de este tipo de modelo simplificado: véase el capítulo 18. La implicación para los modelos de anillos no está clara. Lo pospondré para discutirlo más adelante en el capítulo mencionado e informaré de los resultados convencionales aquí.)

Como todo se mueve en círculos, la organización total es simétrica rotacionalmente, por lo que la velocidad de una partícula depende solo de su distancia al centro. Suponiendo que en comparación con la de Saturno, la masa del material del anillo puede ignorarse, como ahora sabemos que es el caso, la tercera ley de Kepler nos lleva a una fórmula sencilla. La velocidad de una partícula del anillo en kilómetros por segundo es de 29,4 dividido entre la raíz cuadrada de su radio orbital, medido como un múltiplo del radio de Saturno.

Otra alternativa es que los anillos sean líquidos. Pero en 1874, Sofia Kovalevskaya, una de las grandes mujeres matemáticas, mostró que un anillo líquido también sería inestable.

En 1895, los astrónomos que realizaban observaciones ya tenían el veredicto. Los anillos de Saturno estaban compuestos de un vasto número de cuerpos pequeños. Observaciones posteriores descubrieron varios subanillos nuevos incluso más borrosos, llamados con imaginación D, E, F y G. Se nombraron por orden de su descubrimiento y su orden espacial. Leyendo hacia fuera desde el planeta es DCBAFGE. No un revoltijo como el anagrama de Galileo, pero casi.

Ningún plan militar sobrevive al contacto con el enemigo. Ninguna teoría astronómica sobrevive al contacto con observaciones mejores.

En 1977, la NASA envió dos sondas espaciales, *Voyager 1* y *2*, a un gran *tour* planetario. Los planetas del sistema solar se habían alineado por casualidad, de modo que era posible visitar los planetas exteriores de uno en uno. *Voyager 1* visitó Júpiter y Saturno; *Voyager 2* también pasó por Urano y Neptuno. Las *Voyagers* continuaron sus viajes, saliendo al espacio interestelar, definido como la región más allá de la heliopausa, donde el viento solar deja de soplar. «Interestelar» significa que el Sol ya no tiene ninguna influencia significativa más allá de una atracción gravitatoria muy débil. *Voyager 1* alcanzó esta zona de transición en 2012 y se espera que *Voyager 2* haga lo mismo en 2016. Ambas siguen enviando información. Son las misiones espaciales más exitosas de todos los tiempos.

Imágenes de los anillos D, C, B, A y F de Saturno (de izquierda a derecha) tomadas en 2007 por la nave espacial *Cassini*.

A finales de 1980, las ideas de la humanidad sobre Saturno cambiaron para siempre cuando *Voyager 1* empezó a enviar imágenes de los anillos, seis semanas antes de su aproximación más cercana al planeta. Detalles sutiles nunca vistos antes mostraron que no había cientos, sino miles de anillos distintos, muy cerca unos de otros como las pistas en un viejo disco de vinilo. No constituyó una gran sorpresa, pero otras características inesperadas resultaron al principio bastante desconcertantes. Muchos teóricos esperaban que las principales características del sistema de anillos coincidiesen con resonancias con los satélites interiores (conocidos) del planeta, pero en su conjunto no lo hacían. La división de Cassini resultó no estar vacía: había al menos cuatros anillos finos en ella.

Rich Terrile, uno de los científicos que trabajó con las imágenes, notó algo totalmente inesperado: sombras oscuras como radios borrosos de una rueda que rotaban. Nadie había visto nada antes en los anillos que no fuera que son simétricos circularmente. Un análisis cuidadoso de los radios de los anillos descubrió otro rompecabezas: un anillo no es del todo circular.

La *Voyager 2*, lanzada antes que la *Voyager 1* pero que se movía más lentamente para que pudiera continuar hacia Urano y Neptuno, confirmó estas observaciones cuando pasó por Saturno nueve meses más tarde. Cuanta más información se recibía, más elementos nuevos y desconcertantes aparecían. Algunos anillos parecían trenzados, otros tenían retorceduras extrañas y otros, incompletos, consistían en varios arcos separados con huecos entre ellos. Lunas que no se habían detectado con anterioridad se localizaron dentro de los anillos. Antes de los hallazgos de las *Voyager*, los astrónomos habían detectado nueve lunas de Saturno desde la Tierra. Pronto el número se incrementó a más de 30. En la actualidad es de 62, más un centenar o más de pequeñísimas lunas menores que residen en los anillos. De estos satélites, 53 tienen nombres oficiales.

La sonda *Cassini*, que orbita alrededor de Saturno, está proporcionando mucha información sobre el planeta, sus anillos y sus lunas.

Las lunas explican algunas características de los anillos. La principal influencia gravitatoria sobre las partículas de los anillos es el propio Saturno. La siguiente en orden de importancia son las fuerzas gravitatorias ejercidas por varias lunas, especialmente las que están cerca. De modo que, aunque las características de los anillos parecen no estar asociadas a resonancias con los satélites principales, podríamos esperar que sí lo estén con satélites más pequeños pero más cercanos. Esta predicción matemática se confirma de manera espectacular en la fina estructura de las regiones más exteriores del anillo A. Prácticamente cada característica sucede a una distancia que corresponde a la resonancia con las lunas Pandora y Prometeo, las cuales están en los lados del anillo F, una relación a la que volveremos en breve. Las resonancias relevantes, por razones matemáticas, implican dos enteros consecutivos, por ejemplo, 28:27.

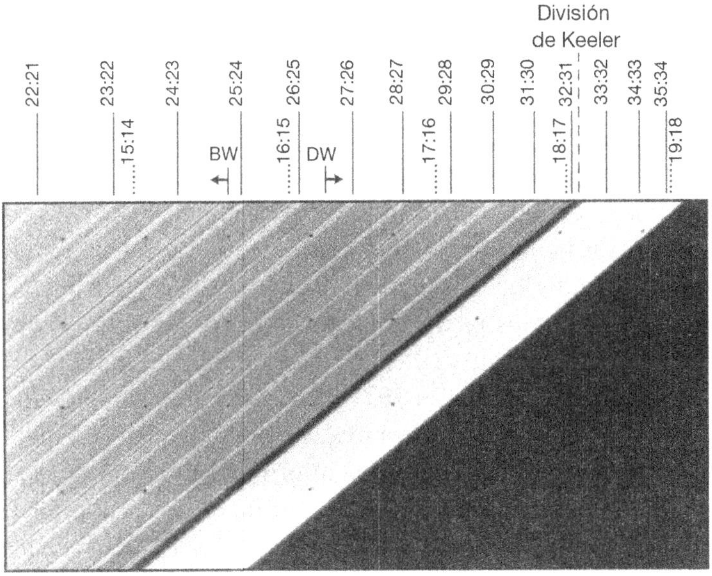

La parte más exterior del anillo A muestra características asociadas a resonancias con Pandora (líneas de puntos) y Prometeo (líneas continuas). La rejilla de puntos se debe al procesamiento de la imagen.

El diagrama de la página anterior muestra la arista exterior del anillo A, y las líneas blancas oblicuas son regiones donde la densidad de las partículas es mayor que la media. Las líneas verticales etiquetan estas órbitas con la resonancia correspondiente: líneas punteadas para Pandora y continuas para Prometeo. En esencia, todas las líneas notorias corresponden a órbitas en resonancia. En la imagen también se ven las localizaciones de una onda de curvatura espiral (BW, del inglés *bending wave*) y una onda de densidad espiral (DW, del inglés *density wave*) que corresponden a una resonancia 8:5 con otra luna, Mimas.

El anillo F es muy estrecho, lo que resulta desconcertante, pues los anillos estrechos, si se abandonan a su propia suerte, son inestables y se ensancharán lentamente. La explicación actual implica a Pandora y a Prometeo, pero aún no son suficientes.

Este tema surgió por primera vez en conexión con un planeta diferente, Urano. Hasta fechas recientes, Saturno era el único planeta conocido en el sistema solar (o, es más, en cualquier otro sitio) con un sistema de anillos. Pero en 1977, James Elliot, Edward Dunham y Jessica Mink estaban realizando observaciones en el Observatorio Aerotransportado Kuiper, una aeronave de transporte equipada con un telescopio y otros aparatos. Su intención era averiguar más sobre la atmósfera de Urano.

A medida que un planeta se mueve en órbita, de vez en cuando pasa frente a una estrella, cortando algo de su luz, un suceso conocido como ocultación. Al medir la luz clara que sale de la estrella, que se atenúa y se ilumina, los astrónomos pueden obtener información sobre la atmósfera del planeta midiendo la curva de luz, cómo cambia en cantidad de luz (de varias longitudes de onda). En 1977, había una ocultación de la estrella SAO 158687 por Urano, y eso era lo que Elliot, Dunham y Mink planeaban observar. La técnica proporciona información no solo de la atmósfera, sino también de cualquier cosa que orbite en torno al planeta y que oscurezca la estrella. La curva de luz mostró una serie de cinco pequeños parpadeos antes del suceso principal, cuando la estrella pasó a ser mucho más tenue, y una serie a juego de parpadeos después de que Urano hubiese pasado a través de él. Dichos parpadeos podrían estar provocados por una luna pequeña, pero se habrían producido exactamente en el lugar adecuado, en el momento adecuado y dos veces. Un anillo, por otro lado, cubriría la estrella, por lo que no se necesita ninguna coincidencia que afecte a la curva de luz. Por lo tanto, la interpretación más razonable de los datos era: Urano tiene cinco anillos muy finos y tenues.

Cuando la *Voyager* llegó a Urano, confirmó esta teoría al observar sus anillos directamente. (Ahora se conocen trece anillos.) También reveló que los anillos no tienen más de 10 kilómetros de ancho. Esto parece notablemente estrecho, porque, como ya se ha comentado, un anillo estrecho debería ser inestable, ensanchándose lentamente a medida que pasa el tiempo. Al entender los mecanismos que llevan a este ensanchamiento, podemos estimar la vida probable de un anillo estrecho, y resulta que los anillos de Urano no deberían durar más de 2.500 años. Posiblemente los anillos se formasen hace menos de 2.500 años, pero parece poco probable que se hubieran formado nueve anillos tan poco espaciados en el tiempo. La alternativa es que algún otro factor estabiliza los anillos e impide que se ensanchen. En 1979, Peter Goldreich y Scott Tremaine[1] propusieron un increíble mecanismo para lograr justo eso: satélites pastores.

Imaginemos que el anillo estrecho en cuestión resulta estar justo dentro de la órbita de un satélite pequeño. Por la tercera ley de Kepler, el satélite da vueltas alrededor del planeta algo más lentamente de lo que lo hace la arista exterior del anillo. Los cálculos demuestran que esto provoca que la órbita elíptica de una partícula del anillo pase a ser un poco menos excéntrica —más redondeada—, de modo que su distancia máxima al planeta disminuiría ligeramente. Parece como si el satélite repeliese el anillo, pero en realidad el efecto es el resultado de las fuerzas gravitatorias que ralentizan las partículas de aquel.

Todo esto está muy bien, pero dicho satélite también perturba el resto del anillo, en especial su arista interior. Solución: añadimos otra luna que orbite justo dentro del anillo. Esta tiene un efecto similar sobre la arista interior, pero ahora el satélite da vueltas más rápido que el anillo, por lo que tiende a acelerar las partículas de este. Por lo tanto, se alejan del planeta y de nuevo parece como si el satélite repeliera el anillo.

Si un anillo fino se queda entre dos lunas pequeñas, estos efectos se combinan para mantenerlo apretujado entre sus órbitas. Así se anula cualquier otra tendencia que, en su caso, provocaría que se ensanchase.

Dichas lunas son conocidas como satélites pastores, porque mantienen el anillo en su camino, más o menos como un pastor controla su rebaño de ovejas. «Satélites perro ovejero» podría haber sido un símil mejor, pero el verbo «pastorear» describe lo que hacen las lunas. Un análisis más detallado muestra que la porción de anillo que se queda detrás de la luna interior y delante de la exterior adquirirá ondas, pero estas se desvanecerán a consecuencia de las colisiones entre las partículas del anillo.

Cuando la *Voyager 2* alcanzó Urano, una de sus imágenes mostró que el anillo e de Urano se encuentra claramente entre las órbitas de dos lunas: Ofelia y Cordelia. (Los anillos de Urano están etiquetados con letras griegas minúsculas, y e es la letra épsilon.) La teoría de Goldreich y Tremaine fue reivindicada. Las resonancias también están involucradas. La arista exterior del anillo e de Urano corresponde a una resonancia 14:13 con Ofelia y la arista interior corresponde a una resonancia 24:25 con Cordelia.

El anillo F de Saturno está situado de modo similar entre las órbitas de Pandora y Prometeo, y se cree que se trata de un segundo ejemplo de satélites pastores. Sin embargo, surgen algunas complicaciones, porque el anillo F es sorprendentemente dinámico. Las imágenes de la *Voyager 1* de noviembre de 1980 muestran el anillo F con grumos, retorceduras y segmentos aparentemente trenzados. Cuando la *Voyager 2* pasó por allí en agosto de 1981 apenas se pudieron ver algunas de estas características, tan solo una sección trenzada. Ahora se cree que las otras características desaparecieron entre los dos encuentros, lo que supone que los cambios en la forma del anillo F pueden ocurrir en pocos meses.

La sugerencia es que estos efectos dinámicos transitorios también son provocados por Pandora y Prometeo. Las ondas generadas por aproximaciones cercanas de los satélites no se desvanecen, de modo que permanecen restos de ellas la siguiente vez que pasa el satélite. Esto hace más complejas las dinámicas del anillo, y también significa que la pulcra explicación de un anillo estrecho que se mantiene en su sitio por satélites pastores es demasiado simple. Además, la órbita de Prometeo es caótica debido a una resonancia 121:118 con Pandora, pero solo Prometeo contribuye a la reclusión del anillo F. Así que, aunque la teoría de los satélites pastores proporciona alguna comprensión sobre la estrechez del anillo F, no lo explica todo.

Como evidencia extra, las aristas interiores y exteriores del anillo F no se corresponden con resonancias. De hecho, las resonancias más fuertes cerca del anillo F están asociadas con otras dos lunas a la vez: Jano y Epimeteo. Estas lunas tienen su propio comportamiento estrambótico: son coorbitales. Literalmente, este término debería significar «compartir la misma órbita» y en cierto sentido lo hacen. La mayor parte del tiempo, una de ellas tiene una órbita de unos cuantos kilómetros más que la otra. Como las más interiores se mueven más rápido, colisionarían con el satélite más exterior si se atascaran en sus órbitas elípticas. En vez de esto, interactúan y se intercambian los lugares. Esto sucede cada cuatro años. Por esto hablo de «interior» y «exterior». Cuál es cuál depende de la fecha.

Este tipo de intercambio difiere ampliamente del de las elipses organizadas que concibió Kepler. Sucede porque las elipses son las órbitas naturales para dinámicas de dos cuerpos. Cuando un tercer cuerpo entra en juego, las órbitas se enfrentan a nuevas formas. Aquí, el efecto del tercer cuerpo es en su mayor parte lo suficientemente pequeño como para ignorarlo, de modo que cada luna sigue prácticamente una elipse, como si las otras no existieran. Pero cuando se acercan, la aproximación fracasa. Interactúan, y en este caso giran rápidamente la una alrededor de la otra, de modo que cada luna se mueve a la órbita anterior de la otra. En cierto sentido, la órbita verdadera de cada luna puede describirse como una elipse en alternancia con otra, con pequeños caminos transitorios entre las dos. Pero las lunas siguen dicha órbita, basada en las mismas dos elipses. Tan solo hacen la transición en direcciones opuestas al mismo tiempo.

Los anillos de Saturno se conocen desde la época de Galileo, aunque este no estuviera seguro de lo que eran. Los anillos de Urano llamaron la atención en 1979. Ahora sabemos que Júpiter y Neptuno también tienen sistemas de anillos muy tenues. La luna de Saturno, Rea, podría tener un sistema propio de anillos muy tenue.

Además, Douglas Hamilton y Michael Skrutskie descubrieron en 2009 que Saturno tenía un anillo gigante, pero muy tenue, mucho más grande que los que vieron Galileo y las *Voyager*. Lo perdieron, en parte, porque es visible solo con luz infrarroja. Su arista interior está a alrededor de 6 millones de kilómetros del planeta, y la arista exterior está a

18 millones de kilómetros de distancia. El satélite Febe orbita dentro de él y quizá sea responsable de su existencia. Es muy tenue, hecho de hielo y polvo, y podría ayudar a resolver un misterio antiguo: la cara oscura de Jápeto. Una mitad del satélite Jápeto es más brillante que la otra, una observación que ha desconcertado a los astrónomos desde alrededor de 1700, cuando Cassini se dio cuenta de ello por primera vez. Lo que sugiere es que Jápeto está barriendo material oscuro del anillo gigante.

En 2015, Matthew Kenworthy y Eric Mamajek anunciaron[2] que un exoplaneta distante, que orbita alrededor de la estrella J1407, tiene un sistema de anillos que hace que el de Saturno parezca insignificante, incluso teniendo en cuenta el más reciente. El descubrimiento, como el de los anillos de Urano, está basado en las fluctuaciones observadas en una curva de luz, que es el principal modo de localizar exoplanetas (véase el capítulo 13). Como el planeta cruza la estrella (transita), la luz de la estrella se atenúa. En este caso, se atenúa repetidamente durante un período de dos meses, pero lo hace bastante rápido cada vez. La inferencia es que algún exoplaneta con numerosos anillos ha pasado por el camino desde la estrella a la Tierra. El mejor modelo de anillos tiene 37 y se extiende un radio de 0,6 UA (90 millones de kilómetros). El propio exoplaneta no ha sido detectado todavía, pero se cree que es entre 10 y 40 veces más grande que Júpiter. Un hueco claro en el sistema de anillos se explica fácilmente por la presencia de una exoluna, cuyo tamaño también puede estimarse.

En 2014 se descubrió otro sistema de anillos en el sistema solar en un lugar improbable: alrededor de (10199) Chariklo, un tipo de cuerpo pequeño conocido como «centauro».[3] Orbita entre Saturno y Urano y es el mayor centauro conocido. Sus anillos aparecieron como dos ligeras caídas de brillo en una serie de observaciones en las cuales Chariklo oscurecía (jerga: ocultaba) varias estrellas. Las posiciones relativas de estas caídas son todas cercanas a la misma elipse, con Chariklo cerca del centro, lo que sugiere dos anillos cercanos en órbitas bastante circulares, cuyo plano está siendo visto bajo cierto ángulo. Uno tiene un radio de 391 km y es de aproximadamente 7 km, luego hay un hueco de 9 km hasta el segundo, de radio 405 km.

Como los sistemas de anillos se dan repetidas veces, no pueden ser un accidente. De modo que, ¿cómo se forman los sistemas de anillos? Hay tres teorías principales. Podrían haberse formado cuando el disco de gas original se fusionó para crear el planeta, ser reliquias de una luna rota debido a una colisión, o restos de una luna que se acercó más al límite de Roche, en el que la fuerza de las mareas excede la fuerza de la roca y la rompen.

Dar con un sistema de anillos durante su formación es poco probable, aunque el descubrimiento de Kenworthy y Mamajek muestra que es posible, pero lo mejor que podemos conseguir es una instantánea. Para observar todo el proceso se necesitarían cientos de vidas. De todos modos, lo que podemos hacer es analizar escenarios hipotéticos matemáticamente, hacer predicciones y compararlas con observaciones. Es como la búsqueda de fósiles en el firmamento. Cada «fósil» proporciona evidencia para lo que sucedió en el pasado, pero se necesita una hipótesis para interpretar la evidencia y simulaciones matemáticas o inferencias o, mejor todavía, teoremas, para comprender las consecuencias de esa hipótesis.

7

Cosmica sidera

Como depende de mí, el primer descubridor, nombrar estos nuevos planetas, deseo, en imitación de los grandes eruditos que situaron a los héroes más excelentes de su época entre las estrellas, inscribir estas con el nombre de Serenísimo Gran Duque (Cosme II de Médici, Gran Duque de la Toscana).

GALILEO GALILEI, *Sidereus Nuncius*

Cuando Galileo observó Júpiter por primera vez a través de su nuevo telescopio, percibió cuatro pequeñas motas de luz en la órbita alrededor del planeta, de modo que Júpiter tenía lunas propias. Esto era una evidencia directa de que la teoría geocéntrica debía de estar equivocada. Hizo un boceto de cómo estaban ordenadas en su cuaderno. Se pueden añadir otras observaciones hechas con más detalle con el fin de trazar las rutas a lo largo de las cuales se movían las motas. Al hacerlo, obtenemos unas bellas curvas sinusoidales. El modo natural de generar una curva sinusoidal es observar lateralmente un movimiento circular uniforme. De modo que Galileo dedujo que las estrellas de Cosme rotaban alrededor de Júpiter en círculos, en el plano de la eclíptica.

Telescopios mejorados revelaron que la mayoría de los planetas del sistema solar tienen satélites. Mercurio y Venus son las únicas excepciones. Nosotros tenemos 1, Marte tiene 2, Júpiter tiene al menos 67, Saturno tiene al menos 62, más centenares de lunas menores, Urano 27 y Neptuno 14. Plutón tiene 5. Los satélites van desde pequeñas rocas irregulares a elipsoides casi esféricos lo suficientemente grandes como para ser planetas pequeños. Sus superficies pueden ser principalmente de roca, hielo, azufre o metano congelado.

Las pequeñas lunas de Marte, Fobos y Deimos, discurren a través del

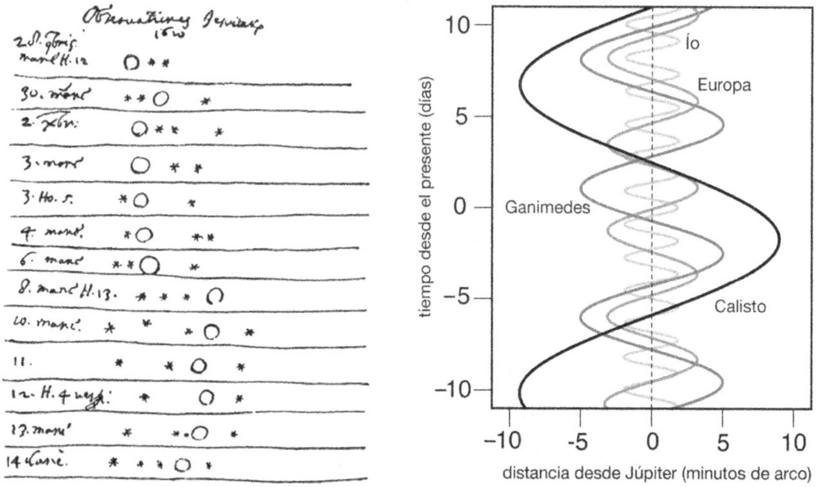

A la izquierda, registros de las lunas tomados por Galileo.
A la derecha, posiciones de las lunas de Júpiter vistas desde la Tierra, formando curvas sinusoidales.

cielo de Marte, y Fobos están tan cerca que se mueve en el sentido opuesto a Deimos. Ambos cuerpos son irregulares, probablemente asteroides capturados, o, quizá, un asteroide capturado con forma de pato, como el cometa 67P, que recientemente se mostró que eran dos cuerpos que se han juntado y pegado poco a poco. Si fuera así, el que Marte capturó se despegó de nuevo debido a la gravedad del planeta y Fobos es una pieza y Deimos la otra.

Algunas lunas parecen totalmente muertas, otras están activas. La luna de Saturno, Encédalo, muestra géiseres de hielo altísimos, de 500 kilómetros de alto. La luna de Júpiter, Ío, tiene una superficie sulfúrea y al menos dos volcanes activos: Loki y Pele, que escupen componentes azufrados. Deben de tener reservas enormes en la subsuperficie de azufre líquido y energía para calentarlo, probablemente a causa de la presión gravitacional de Júpiter. La luna de Saturno, Titán, tiene una atmósfera de metano mucho más densa de lo que debería. La luna de Neptuno, Tritón, gira alrededor del planeta al revés, lo que indica que fue capturada. Describe espirales lentamente hacia dentro y dentro de 3.600 millones de años se romperá, cuando alcance el límite de Roche,

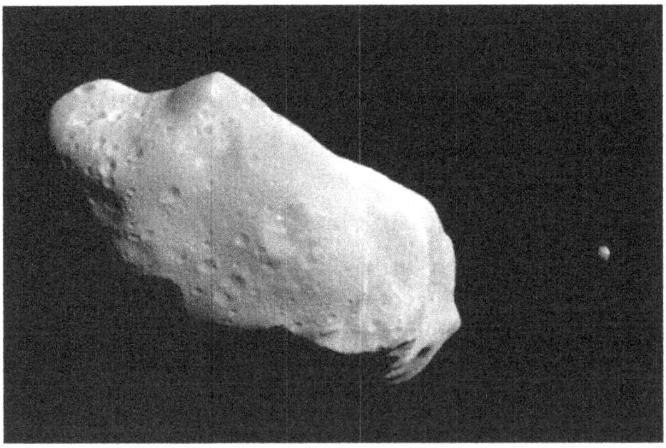

Asteroide Ida (izquierda) y su satélite Dactyl (derecha).

la distancia dentro de la cual los satélites se hacen pedazos bajo la tensión gravitacional.

Las lunas de los planetas más grandes a menudo exhiben resonancias. Por ejemplo, Europa tiene dos veces el período de Ío, y Ganimedes dos veces el período de Europa. Por tanto, cuatro veces el de Ío. Las resonancias provienen de las dinámicas de los cuerpos al obedecer las leyes de gravedad de Newton. Los planetas con sistemas de anillos hacen crecer lentamente lunas en las aristas de los anillos y luego las «escupen» una por una, como agua goteando de un grifo. Hay regularidades matemáticas en este proceso.

Varias evidencias, algunas matemáticas, indican que varias lunas heladas tienen océanos subterráneos, derretidos por la fuerza de las mareas. Al menos uno contiene más agua que todos los océanos de la Tierra juntos. La presencia de agua líquida los hace hábitats potenciales para formas de vida sencillas similares a las de la Tierra (véase el capítulo 13). Y la química inusual de Titán podría hacer de él un hábitat potencial para formas de vida diferentes a las de la Tierra.

Al menos un asteroide tiene una luna propia muy pequeña: Ida, que es orbitada por el diminuto Dactyl. Las lunas son fascinantes, un patio de juegos para modelos gravitacionales y especulaciones científicas de todo tipo. Y todo se remonta a Galileo y sus *Cosmica sidera* (estrellas de Cosme).

En 1612, cuando Galileo había determinado los períodos orbitales de las estrellas de Cosme, sugirió que unas tablas lo suficientemente precisas de sus movimientos proporcionarían un reloj en el cielo, solucionando el problema de la longitud en navegación. En esa época los navegantes podían estimar su latitud observando el Sol (puesto que instrumentos precisos como el sextante pertenecían a un futuro lejano), pero la longitud dependía de la navegación por estima (por estimaciones fundamentadas). El principal asunto práctico era hacer observaciones desde la cubierta de un barco mientras sorteaba las olas, y Galileo trabajó en dos artilugios para estabilizar un telescopio. El método se empleaba en tierra pero no en el mar. John Harrison solucionó estupendamente el problema de la longitud con sus series de cronómetros muy precisos; finalmente fue premiado con dinero en 1773.

Las lunas de Júpiter regalaron a los astrónomos un laboratorio celeste, permitiéndoles observar sistemas de varios cuerpos. Tabularon sus movimientos e intentaron explicarlos y predecirlos teóricamente. Un modo de obtener medidas precisas es observar el tránsito de una luna a través de la cara del planeta, porque el principio y el final de un tránsito son sucesos bien definidos. Los eclipses, en los que la luna se esconde detrás del planeta, también están muy definidos. Giovanni Hodierna lo dijo en 1656, y más o menos una década más tarde, Cassini empezó una extensa serie de observaciones sistemáticas, dándose cuenta de otras coincidencias, como conjunciones, en las que dos de las lunas parecían estar alineadas. Para su sorpresa, los tiempos del tránsito no parecían consistentes con las lunas moviéndose en órbitas regulares y repetitivas.

El astrónomo danés Ole Rømer aceptó la sugerencia de Galileo sobre la longitud y en 1671, él y Jean Picard observaron 140 eclipses de Ío desde Uraniborg, cerca de Copenhague, mientras Cassini hacía lo mismo desde París. Comparando los tiempos, calcularon la diferencia entre las longitudes de las dos localizaciones. Cassini ya se había dado cuenta de algunas peculiaridades en las observaciones y se preguntaba si eran debidas a que la luz tenía una velocidad finita. Rømer combinó todas las observaciones y descubrió que el tiempo entre eclipses sucesivos se hacía más corto cuando la Tierra estaba más cerca de Júpiter, y más largo cuando estaba alejada. En 1676, informó a la Academia de Ciencias de la razón: «La luz parece que tarda entre diez y once minutos [en cruzar] una distancia igual al radio de la órbita terrestre.» Esta cifra se basaba en una cuidadosa geometría, pero las observaciones no eran precisas; el valor actual es 8 minutos y 12 segundos. Rømer nunca publicó sus resultados en un artículo formal, pero la conferencia fue resumida (mal) por un reportero desconocido. Los científicos no aceptaron que la luz tuviese una velocidad finita hasta 1727.

A pesar de las irregularidades, Cassini nunca observó una conjunción triple en las lunas interiores, Ío, Europa y Ganimedes, las tres alineadas simultáneamente, de modo que debe de haber algo que lo impida. Sus períodos orbitales están aproximadamente en la razón 1:2:4 y en 1743, Pehr Wargentin, director del Observatorio de Estocolmo, demostró que esta relación se vuelve sorprendentemente exacta si se reinterpreta correctamente. Midiendo sus posiciones como ángulos relativos a un radio fijo, descubrió la increíble relación:

$$\text{ángulo para Ío} - 3 \times \text{ángulo para Europa} + 2 \times \text{ángulo para Ganimedes} = 180^\circ$$

Según sus observaciones, esta ecuación resiste casi sin cambios durante largos períodos de tiempo, a pesar de las irregularidades en las órbitas de las tres lunas. Una conjunción triple necesita que los tres ángulos sean iguales, pero si lo son, la parte izquierda de esta ecuación es 0°, no 180°. De modo que una conjunción triple es imposible siempre y cuando la relación siga vigente. Wargentin afirmaba que no sucedería durante al menos 1,3 millones de años.

La ecuación también implica un patrón específico para las conjunciones de estas lunas, que se repiten cíclicamente.

Europa con Ganimedes
Ío con Ganimedes
Ío con Europa
Ío con Ganimedes
Ío con Europa
Ío con Ganimedes

Laplace decidió que la fórmula de Wargetin no podía ser una coincidencia, de modo que debía de haber una razón dinámica. En 1784, dedujo

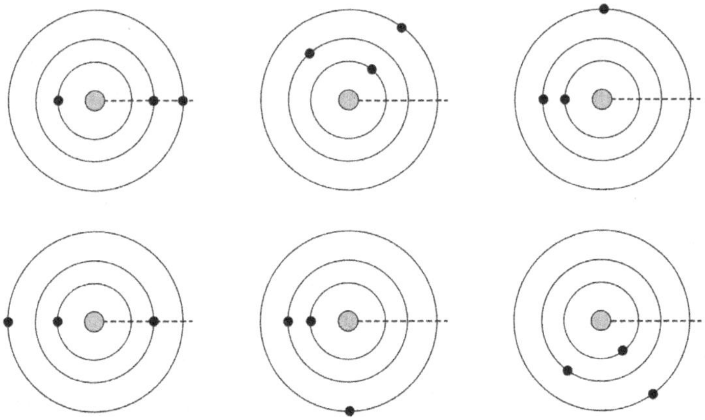

Conjunciones sucesivas de las tres lunas interiores de Júpiter: Ío, Europa y Ganimedes (leyendo hacia fuera).

la fórmula a partir de la ley de gravitación de Newton. Sus cálculos señalan que a lo largo de grandes períodos la combinación de ángulos implicados no se mantiene exactamente en 180°, sino que está sujeta a una libración, oscila lentamente a los lados de ese valor, en menos de 1°. Esto es lo suficientemente pequeño para evitar una triple conjunción. Laplace predijo que el período de esta oscilación era de 2.270 días. La cifra observada hoy en día es de 2.071 días, no está mal. En su honor, la relación entre los tres ángulos se llama «resonancia de Laplace». Su éxito fue una confirmación importante de la ley de Newton.

Ahora sabemos por qué los tiempos del tránsito son irregulares. La gravedad de Júpiter provoca que las órbitas aproximadamente elípticas de sus lunas tengan un movimiento de precesión (como la órbita de Mercurio alrededor del Sol), de modo que la posición del perijove o periapsis de Júpiter, el punto en el que están más cerca de Júpiter, cambia bastante rápido. En la fórmula de la resonancia de Laplace, estas precesiones se anulan, pero tienen un efecto más fuerte en tránsitos individuales.

Cualquier relación similar se llama también «resonancia de Laplace». La estrella Gliese 876 tiene un sistema de exoplanetas; el primero se encontró en 1998. Ahora se conocen cuatro, y tres de ellos, Gliese 876c, Gliese 876b y Gliese 876e, tienen períodos orbitales de 30,008, 61,116 y 124,26 días, sospechosamente cercanos a las razones 1:2:4. En 2010, Eugenio Rivera y sus colegas[1] mostraron que en este caso la relación es:

$$\text{ángulo para 876c} - 3 \times \text{ángulo para 876b} + 2 \times \text{ángulo para 876e} = 0°$$

pero la suma tiene una libración de alrededor de 0°, de hasta un 40°, una oscilación mucho mayor. Ahora las conjunciones triples son posibles y las conjunciones casi triples se dan una vez por cada revolución del planeta más exterior. Las simulaciones indican que la oscilación de alrededor de 0° debería ser caótica, con un período aproximado de más o menos diez años.

Tres de las lunas de Plutón: Nix, Estigia e Hidra, presentan algo parecido a una resonancia de Laplace, pero esta tiene razones de período medias de 18:22:33 y razones orbitales medias de 11:9:6. La ecuación es:

$$3 \times \text{ángulo para Estigia} - 5 \times \text{ángulo para Nix} + 2 \times \text{ángulo para Hidra} = 180°$$

Las conjunciones triples son imposibles, por el mismo razonamiento que para las lunas jovianas. Hay cinco conjunciones Estigia/Hidra y tres conjunciones Nix/Hidra por cada dos conjunciones Estigia/Nix.

Europa, Ganimedes y Calisto tienen superficies de hielo. Hay varias evidencias que indican que las tres tienen océanos de agua líquida bajo el hielo. El primer satélite del que se creyó que tenía un océano fue Europa. Se necesita alguna fuente de calor para fundir el hielo. La fuerza de las mareas desde Júpiter presionan a Europa repetidamente, pero las resonancias con Ío y Ganimedes le impiden escapar y cambiar de órbita. La presión calienta el núcleo de los satélites y los cálculos sugieren que la cantidad de calor es suficiente para fundir gran parte del hielo. Como la superficie es hielo sólido, el agua líquida debe de estar más profunda, probablemente formando una concha esférica gruesa.

Como apoyo adicional, la superficie está muy agrietada, con algunas marcas de cráteres. La explicación más probable es que el hielo forma una capa gruesa flotando en el océano. El fuerte campo magnético de Júpiter induce uno más débil en Europa y cuando la nave en órbita *Galileo* midió el campo magnético de este satélite, el análisis matemático sugería que bajo su hielo debe de haber una masa sustancial de material conductor. La sustancia más probable, teniendo en cuenta los datos, es agua salada.

La superficie de Europa tiene cierta cantidad de regiones de «terreno caótico», donde el hielo es muy irregular y está hecho un revoltijo. Una de estas regiones es Conamara Chaos, que parece estar formada por innumerables pilas de hielo que se han roto y movido. Otras son Arran, Murias, Narbeth y Rathmore Chaos. Formaciones similares se dan en la Tierra en bloques de hielo que flotan en el mar cuando se inicia el deshielo. En 2011, un equipo liderado por Britney Schmidt explicó que un terreno caótico se forma cuando colapsan las capas de hielo que se encuentran sobre un lago de agua líquida con forma de lente. Estos lagos están más cerca de la superficie que el propio océano, quizá solo tres kilómetros bajo tierra.[2] Una depresión de este tipo llamada Thera Macula tiene un lago por debajo con tanta agua como los Grandes Lagos de Norteamérica.

Los lagos lenticulares de Europa están más cerca de la superficie que el océano principal. Las mejores estimaciones en este momento son que, aparte de esos lagos, la capa más exterior de hielo tiene un grosor de entre 10 y 30 kilómetros y que el océano tiene 100 kilómetros de profundidad. Si es así, el océano de Europa tiene dos veces el volumen de todos los océanos de la Tierra juntos.

Con evidencias similares, Ganimedes y Calisto también tienen océanos bajo la superficie. La capa de hielo exterior de Ganimedes es más gruesa, de alrededor de 150 kilómetros, y el océano bajo ella también tiene 100 ki-

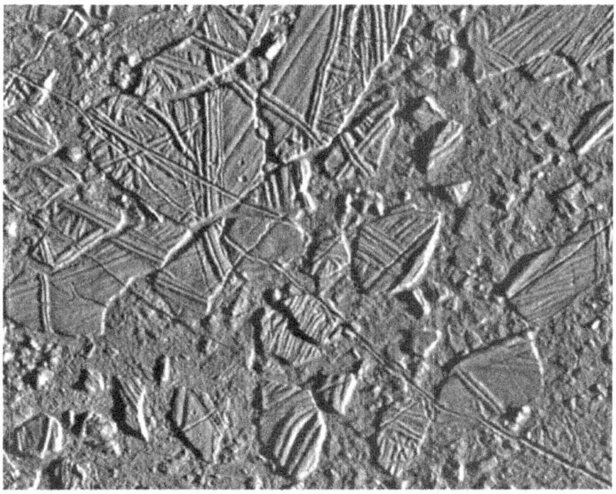

Conamara Chaos en Europa.

lómetros de profundidad. El océano de Calisto probablemente se encuentre a la misma distancia bajo el hielo, con una profundidad de entre 50 y 200 kilómetros. Todas estas cifras son especulativas y las diferencias químicas, como la presencia de amoníaco, las cambiarían significativamente.

Encédalo, un satélite de Saturno, es muy frío, con una temperatura media en su superficie de 75 K (alrededor de –200 °C). Se esperaba que no mostrase mucha actividad, y así lo creyeron los astrónomos, hasta que la *Cassini* descubrió que lanza, en forma de géiseres enormes, partículas de hielo, vapor de agua y cloruro de sodio a cientos de kilómetros de altura. Parte de este material se escapa y se cree que es la principal fuente del anillo E de Saturno, que contiene un 6 % de cloruro de sodio. El resto cae de nuevo a la superficie. La explicación más probable, un océano subterráneo de agua salada, se confirmó en 2015 gracias al análisis matemático de los datos tomados durante siete años sobre minúsculos tambaleos en la orientación del satélite (jerga: libración), medidos observando las posiciones exactas de sus cráteres.[3] El satélite se tambalea en un ángulo de 0,12°. Esto es demasiado grande para ser compatible con una conexión rígida entre el núcleo de Encédalo y su superficie helada, e indica un océano global más que un limitado mar polar. El hielo en la superficie tiene probablemente un espesor de 30-40 kilómetros, y el océano una profundidad de 10 kilómetros, más que la media de los océanos de la Tierra.

Siete de las lunas de Saturno orbitan justo más allá de la arista del principal anillo exterior del planeta, el anillo A. Son muy pequeñas y su densidad es extremamente baja, lo que sugiere que tienen vacíos internos. Varias tienen forma de platillos volantes y superficies lisas irregulares. Son Pan, Dafne, Atlas, Prometeo, Pandora, Jano y Epimeteo.

En 2010, Sébastian Charnoz, Julien Salmon y Aurélien Crida[4] analizaron cómo podría evolucionar un anillo conjuntamente con «cuerpos de prueba» en su arista, y concluyeron que estas lunas habían sido escupidas por los anillos como material que rebasa por fuera el límite de Roche. El límite de Roche se define normalmente como la distancia dentro de la cual los satélites se hacen pedazos debido a la tensión gravitacional, pero a la inversa es también la distancia fuera de la cual los anillos se hacen inestables, a menos que se estabilicen por otros mecanismos, como los satélites pastores. El límite de Roche de Saturno (140.000 ± 2.000 km) está justo fuera de la arista del anillo A (136.775 km). Pan y Dafne están justo dentro del límite de Roche, y los otros cinco justo fuera.

Los astrónomos han creído durante mucho tiempo que debe de haber una conexión entre los anillos y los satélites, porque sus distancias radiales están muy cerca entre sí. El anillo A tiene una frontera muy nítida, creada por una resonancia 7:6 con Jano, que evita que la mayoría del material del anillo se mueva hacia fuera. Esta resonancia es temporal, los anillos «empujan» a Jano hacia fuera mientras que ellos mismos se mueven inicialmente un poco hacia dentro para conservar el momento angular. Como Jano continúa moviéndose hacia fuera, los anillos pueden expandirse hacia fuera de nuevo, pasando el límite de Roche.

El análisis apoya esta visión al mostrar que parte del material del anillo puede ser empujada temporalmente fuera del límite de Roche por una propagación viscosa, algo así como una masa amorfa de sirope que se esparce lentamente por la mesa de la cocina y se hace más fina. Este método combina un modelo analítico de los cuerpos de prueba con un modelo numérico de dinámica de fluidos de los anillos. Una propagación viscosa continuada provoca que los anillos escupan una sucesión de minúsculas lunas menores, cuyas órbitas son bastante parecidas a las reales. Los cálculos indican que estas lunas menores son agregados de partículas de hielo de los anillos y que se mantienen juntas con bastante holgura debido a su propia gravedad, lo que explica su baja densidad y curiosas formas.

Los resultados también arrojan luz sobre una pregunta antigua: la edad de los anillos. Una teoría es que se formaron a partir del colapso de la nebulosa solar casi al mismo tiempo que Saturno. Sin embargo, a una luna menor como Jano no le debería llevar más de cien millones de años dejarse conducir hacia fuera desde el anillo A a su órbita actual, lo que sugiere una teoría alternativa: ambos anillos y estas lunas menores aparecieron a la vez cuando una luna más grande pasó dentro del límite de Roche y se rompió hace decenas de millones de años. Las simulaciones reducen este período a entre 1 y 10 millones de años. Los autores dicen: «Los anillos de Saturno, como un minidisco protoplanetario, pueden ser el último lugar donde la acumulación del sistema solar estuvo activa recientemente, hace entre 10^6 y 10^7 años».

8

Viajes y aventuras a través del mundo solar

> Agregaremos que un pescador situado en la superficie del Sol no podría lanzar sus anzuelos al espacio sin prender en ellos algún cometa.
>
> Julio Verne, *Héctor Servadac. Viajes y aventuras a través del mundo solar*

«Cuando muere un mendigo no aparecen cometas. La muerte de los príncipes inflama a los propios cielos», recita Calpurnia en el acto 2, escena 2 de *Julio César*, de Shakespeare, vaticinando la muerte de aquel. De las cinco referencias a cometas en Shakespeare, tres reflejan la antigua creencia de que son presagios del desastre.

Estos objetos extraños y misteriosos aparecen inesperadamente en el cielo nocturno arrastrando una cola curva brillante, se mueven lentamente a través de un fondo de estrellas y desaparecen de nuevo. Son intrusos inesperados que no parecen encajar en los patrones normales de los sucesos celestes. Entonces, es bastante razonable que en la época en la que nadie sabía nada más y cuando los sacerdotes y chamanes trataban siempre de reforzar su influencia, un cometa se interpretara como un mensajero de los dioses. Todos suponían que el mensaje era de mal agüero. Y como coincidían con bastantes desastres naturales, era fácil confirmar las malas noticias. El cometa McNaught, que apareció en 2007, fue el más brillante en 40 años. Claramente presagiaba la crisis financiera de 2007-2008. ¿Lo ves? Cualquiera puede hacerlo.

Los sacerdotes afirmaban saber para qué existían los cometas, pero ni ellos ni los filósofos conocían su ubicación. ¿Eran cuerpos celestes como las estrellas y los planetas? ¿O eran un fenómeno meteorológico como las nubes? Parecían nubes, borrosos, no nítidos como las estrellas y los planetas. Sin embargo, se movían como los planetas, excepto por las apa-

Gran Cometa de 1577 sobre Praga. Grabado de Jiri Daschitzky.

riciones y desapariciones repentinas. A la larga, el debate se asentó sobre la evidencia científica. Cuando el astrónomo Tycho Brahe utilizó mediciones precisas para estimar la distancia al Gran Cometa de 1577, demostró que estaba más alejado que la Luna. Las nubes ocultan la Luna, pero no pasa lo mismo al revés, por lo que los cometas estaban en el hábitat celeste.

En 1705, Edmond Halley fue más lejos y demostró que un cometa por lo menos es un visitante regular del cielo nocturno. Los cometas son como planetas: trazan órbitas alrededor del Sol. Parece que desaparecen cuando se alejan mucho y que reaparecen cuando se acercan lo suficiente otra vez. ¿Por qué les crecen colas y las pierden? Halley no estaba seguro, pero lo relacionaba con la proximidad al Sol.

El conocimiento de Halley sobre los cometas fue uno de los primeros grandes descubrimientos en astronomía en ser deducido a partir de los patrones matemáticos descubiertos por Kepler y reinterpretados más generalmente por Newton. Como los planetas se mueven formando elipses, el razonamiento de Halley fue ¿por qué no los cometas también? Si así fuera, su movimiento sería periódico y el mismo cometa volvería repetidamente a los cielos terrestres en intervalos de tiempo iguales. La ley de la gravedad de Newton modificó esta afirmación un poco: el movimiento sería casi periódico, la atracción gravitatoria de otros planetas, especialmente de los gigantes Júpiter y Saturno, aceleraría o retrasaría la vuelta del cometa.

Para probar esta teoría, Halley hurgó en los registros arcanos de los avistamientos de cometas. Antes de la invención del telescopio por Galileo, solo se veían los cometas que podían ser contemplados a simple vista. Algunos eran inusualmente brillantes, con una cola impresionante. Petrus Apianus vio uno en 1531, Kepler había observado otro en 1607 y un cometa similar había aparecido en vida de Halley en 1682. Los huecos entre estas fechas eran 76 y 75 años. ¿Podrían ser estos tres avistamientos del mismo cuerpo? Halley estaba convencido de que lo eran y predijo que el cometa volvería en 1758.

Tenía razón. En el día de Navidad de ese año el astrónomo aficionado Johann Palitzsch vio una mancha borrosa en el cielo, que pronto derivó en la característica cola. Por entonces, tres matemáticos franceses, Alexis Clairaut, Joseph Lalande y Nicole-Reine Lepaute, habían llevado a cabo cálculos más precisos, modificando la fecha prevista para la aproximación más cercana del cometa al Sol: el 13 de abril. La fecha real fue un mes antes, por lo que las perturbaciones de Júpiter y Saturno habían retrasado el cometa 618 días.

Halley murió antes de que su predicción pudiera verificarse. Lo que ahora llamamos el cometa Halley (nombrado así en su honor en 1759) fue el primer cuerpo diferente de un planeta que se demostró que tenía una órbita en torno al Sol. Comparando los registros antiguos con los cómputos modernos de su órbita pasada, el cometa Halley puede rastrearse hasta el año 240 a. C., cuando fue visto en China. Su siguiente aparición, en 164 a. C., fue apuntada en una tabla de barro babilónica. Los chinos lo vieron de nuevo en 87 a. C., 12 a. C., 66 d. C., 141 d. C., etc. La predicción de Halley de la eventual vuelta del cometa fue una de las primeras predicciones astronómicas realmente innovadoras fundada en una teoría matemática de la dinámica celeste.

Los cometas no son solo un misterio astronómico ininteligible. En el «Prólogo», mencioné una teoría de amplio alcance que implicaba a los cometas: durante las pasadas décadas, fueron los preferidos para explicar cómo se formaron los océanos de la Tierra. Los cometas están principalmente compuestos de hielo; la cola se forma cuando se acercan lo suficientemente al Sol como para que el hielo «sublime», es decir, pase directamente de sólido a vapor. Hay algunas evidencias circunstanciales de que muchos de los cometas colisionaron con la Tierra primitiva, en cuyo caso el hielo se habría fundido y acumulado para formar los océanos. El agua también sería incorporada a la estructura molecular de las rocas de la corteza, que en efecto contienen bastante agua.

El agua de la Tierra es vital para las formas de vida del planeta, de modo que comprender los cometas puede suponer conocer algo importante sobre nosotros mismos. El poema de 1734 de Alexander Pope «Ensayo sobre el hombre» incluye la memorable línea «el tema de estudio adecuado para la humanidad es el hombre». Sin embargo, sin adentrarse en las intenciones espirituales y éticas del poema, cualquier estudio de la humanidad debería también incluir el contexto de los seres humanos, no solo los propios seres. Ese contexto es el universo entero, de modo que a pesar de la máxima de Pope, el estudio apropiado para la humanidad es todo.

En la actualidad, los astrónomos han catalogado 5.253 cometas. Hay dos tipos principales: cometas de período largo con períodos de 200 años o mayores, cuyas órbitas se extienden más allá de los límites más lejanos del sistema solar, y cometas de período corto, que están más cerca del Sol y con frecuencia tienen órbitas más redondeadas, aunque elípticas. El cometa Halley, con su período de 75 años, es de período corto. Existen algunos cometas, pocos, que tienen órbitas hiperbólicas (ya hemos tratado de una hipérbola, otra sección cónica familiar a los geómetras griegos antiguos, en la página 25). A diferencia de la elipse, la hipérbola no se cierra. Los cuerpos que siguen una órbita así aparecen desde una vasta distancia, oscilan al pasar por el Sol, y si se las apañan para no colisionar con él, regresan al espacio para no ser vistos de nuevo nunca.

Una forma hiperbólica sugiere que estos cometas caen hacia el Sol desde el espacio interestelar, pero los astrónomos ahora creen que la mayoría de ellos, quizá todos, originariamente seguían órbitas cerradas muy distantes antes de ser perturbados por Júpiter. La distinción entre elipses e hipérbolas incluye la energía del cuerpo. Por debajo de un valor crítico de la energía, la órbita es una elipse cerrada. Sobre ese valor, es una hipérbola. En ese valor, es una parábola. Un cometa con una órbita elíptica muy larga gana energía extra al ser perturbado por Júpiter, y esta puede ser suficiente para hacerlo sobrepasar el valor crítico. Un encuentro cercano con un planeta exterior puede añadir más energía a través del efecto onda: el cometa roba algo de la energía del planeta, pero el planeta es tan grande que no lo nota. De esta manera, la órbita puede convertirse en una hipérbola.

La órbita parabólica es improbable porque está exactamente en el valor crítico de energía. Pero, precisamente por esa razón, la parábola se utilizaba con frecuencia como el primer paso para el cálculo de los elementos orbitales de los cometas. Una parábola está próxima tanto a una elipse como a una hipérbola.

Esto nos lleva de vuelta al cometa de período corto del que hablamos al inicio del prólogo, llamado 67P/Churyumov-Gerasimenko en honor a sus descubridores Klim Churyumov y Svetlana Gerasimenko. Su órbita alrededor del Sol es de seis años y medio. La existencia cometaria hasta ahora corriente de 67P, paseando alrededor del Sol y expulsando chorros de vapor de agua caliente cuando se acerca mucho, llamó la atención de los astrónomos y se envió la sonda espacial *Rosetta* a su encuentro. A medida que *Rosetta* se aproximaba a su objetivo, 67P se reveló como un patito de goma cósmico, dos masas redondeadas unidas por un cuello estrecho. Al principio nadie estaba seguro de si esta forma provenía de dos cuerpos redondeados que se unieron muy lentamente o de un único cuerpo que se erosionó en la zona del cuello.

A finales de 2015, este tema fue resuelto por una ingeniosa aplicación matemática para detallar las imágenes del cometa. A primera vista, el terreno de 67P parece un revoltijo irregular, con acantilados abruptos y depresiones planas ensambladas aleatoriamente, pero una visión detallada de su superficie proporciona pistas de sus orígenes. Imaginemos coger una cebolla, cortarla en rodajas al azar y luego hacerla pedazos. Rodajas finas paralelas a la superficie dejarían sitios planos, cortes más profundos mostrarían un montón de capas separadas. Las depresiones planas del planeta son parecidas a las rodajas, y sus acantilados y otras regiones a

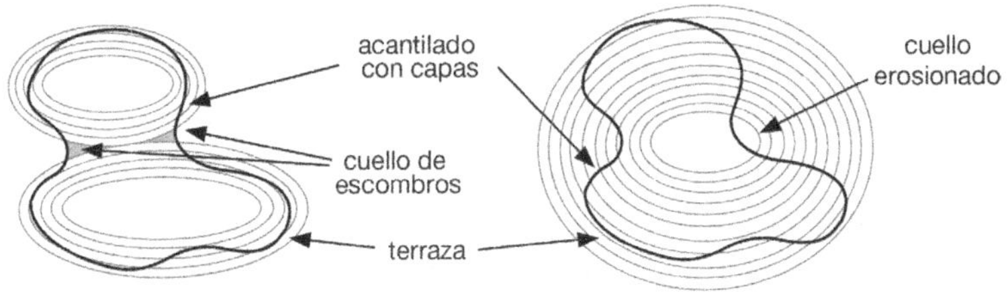

Dos escenarios compiten por la estructura de 67P. A la izquierda, teoría de la colisión. A la derecha, teoría de la erosión.

menudo muestran estratos de hielo en capas. Por ejemplo, pueden verse series de capas en la cima y el centro a la derecha de la imagen en la página 8, y también son visibles muchas regiones planas.

Los astrónomos creen que, cuando los cometas aparecieron en el temprano sistema solar, crecieron por acumulación, de modo que sobre una capa de hielo se añadía otra gradualmente, de manera muy parecida a la disposición de las capas de una cebolla. Así podemos preguntarnos si las formaciones geológicas visibles en imágenes de 67P son consistentes con esta teoría y, en caso de que así sea, podemos recurrir a la geología para reconstruir la historia del cometa.

Matteo Massironi y sus colegas llevaron a cabo esta tarea en 2015.[1] Sus resultados respaldan la teoría de que la forma de pato fue creada por una colisión suave. La idea básica es que la historia del cometa puede deducirse de la geometría de sus capas de hielo. Observando cuidadosamente las imágenes, la teoría de dos cuerpos parece una apuesta mejor,

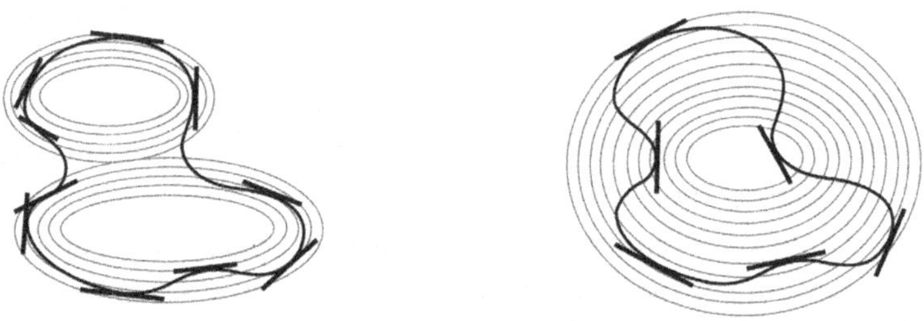

Ilustración esquemática de los planos que mejor se ajustan a las terrazas y a las cuestas. A la izquierda, teoría de la colisión. A la derecha, teoría de la erosión. El cálculo real sobre 103 planos fue realizado en tres dimensiones aplicando una medida estadística para un mejor ajuste.

pero el equipo de Massironi llevó a cabo un análisis matemático cuidadoso mediante la geometría tridimensional, la estadística y los modelos matemáticos del campo gravitatorio del cometa. Empezando por una representación matemática de la forma observada de la superficie del cometa, el equipo primero averiguó las posiciones y orientaciones de 103 planos, cada uno de los cuales proporciona el mejor encaje de una característica geológica asociada con las capas observadas, como una terraza (región plana) o una cuesta (un tipo de cumbre). Comprobaron que estos planos encajan juntos de manera sistemática alrededor de cada lóbulo, pero no en el cuello donde los lóbulos se unen. Esto indica que cada lóbulo adquirió las capas como las de las cebollas a medida que crecía, antes de que se juntaran y se pegaran.

Las capas, al formarse, son aproximadamente perpendiculares a la dirección local de la gravedad, un modo técnico de decir que el material adicional cae hacia abajo. De modo que para confirmarlo mejor, el equipo calculó el campo gravitatorio del cometa en cada una de las dos hipótesis y utilizó métodos estadísticos para mostrar que las capas se ajustan mejor al modelo de la colisión.

A pesar de estar hecho principalmente de hielo, 67P es negro como la medianoche y está lleno de marcas de miles de rocas. El módulo *Philae* hizo un difícil aterrizaje en la cabeza del pato, que además resultó ser temporal. El aterrizaje no fue como se esperaba. La equipación de *Philae* incluía un pequeño motor de cohete, tacos que se podían atornillar, arpones y un panel solar. El plan era hacer un aterrizaje suave, encender el cohete para mantener el aparato presionado contra la superficie del cometa, clavar un arpón en el cometa para que *Philae* no se moviera cuando el cohete se apagase, atornillar los tacos al cometa para asegurar que se quedaba ahí y luego utilizar el panel solar para obtener energía del Sol. Pero aunque planifiques cuidadosamente... todo puede salir mal. El cohete no se encendió, los arpones no se clavaron, los tacos tampoco y, como consecuencia, el panel solar acabó en las sombras con apenas luz solar para alimentarse.

A pesar de su proverbial «aterrizaje perfecto en tres puntos: dos rodillas y una nariz», *Philae* consiguió casi todos sus objetivos científicos y envió información vital. Se esperaba que podría añadir más a medida que el cometa se acercase al Sol, la luz se hiciera más fuerte y la sonda espacial despertara de su letargo electrónico. *Philae* retomó el contacto brevemente con la ESA (siglas en inglés de la Agencia Espacial Europea), pero la comunicación se perdió de nuevo, probablemente porque la actividad creciente del cometa lo dañó. Antes de quedarse sin batería, *Philae* confirmó que la superficie del cometa es hielo con una capa de polvo negro. Como ya mencioné, también envió mediciones que mostraban que el hielo contiene una proporción de deuterio mayor que los océanos de la Tierra, lo que despertó serias dudas sobre la teoría de que el agua en los océanos proviene principalmente de cometas en la época que en el sistema solar se estaba formando.

Un trabajo ingenioso con la información que llegó ha proporcionado más información útil. Por ejemplo, el análisis matemático de cómo se comprimen los puntales del aterrizaje de *Philae* muestra que en algunas zonas 67P tiene una corteza dura, pero en el resto la superficie es más suave. Las imágenes tomadas por *Rosetta* incluyen tres marcas donde la sonda tocó primero el cometa lo suficientemente profundas como para mostrar que ese material es relativamente suave. El martillo que iba a bordo de *Philae* fue incapaz de penetrar el hielo en el resto, por lo que el suelo es duro. Por otro lado, la masa de 67P es muy porosa: tres cuartos de su interior es espacio vacío.

Philae también envió datos fascinantes sobre la química del cometa: varios compuestos orgánicos (esto quiere decir basado en carbono y no es indicativo de vida) simples, y uno más complejo, poliacetal, probablemente creado a partir de una molécula más simple, formaldehído, por la acción de la luz del Sol. Los astrónomos estaban asombrados por uno de los descubrimientos químicos de *Rosetta*: en la nube de gas que rodea el cometa hay muchas moléculas de oxígeno.[2] Estaban tan sorprendidos que al principio creyeron que habían cometido un error. En las teorías convencionales sobre el origen del sistema solar, el oxígeno se habría calentado, reaccionando con otros elementos para formar compuestos como el dióxido de carbono, de modo que ya no habría más oxígeno puro. El sistema solar inicial debe de haber sido menos violento de lo que se pensaba con anterioridad, permitiendo que granos de oxígeno sólido se desarrollen lentamente y eviten formar compuestos.

Esto no contradice los sucesos más drásticos que se cree que ocurrieron durante la formación del sistema solar, como la migración planetaria o el choque de los planetesimales, pero sugiere que dichos eventos deben de haber sido relativamente raros, interrumpiendo un crecimiento ambiental lento y suave.

¿De dónde vienen los cometas?

Los cometas de períodos largos no pueden permanecer indefinidamente en sus órbitas actuales. A medida que pasan a través del sistema solar, corren un riesgo de colisión o de un encuentro cercano que los arroje al espacio para no volver. Hay pocas posibilidades, pero la probabilidad de evitar dichos desastres aumenta en millones de órbitas. Además, los cometas se descomponen, pierden masa cada vez que dan vueltas alrededor del Sol y dejan un rastro debido a la sublimación del hielo. Si se exponen mucho tiempo, se derriten.

En 1932, Ernst Öpik sugirió una salida: debe de haber una reserva enorme de planetesimales cubiertos de hielo en la periferia del sistema solar que repone el suministro de cometas. Jan Oort tuvo la misma idea de manera independiente en 1950. De vez en cuando, uno de estos cuerpos helados es desplazado, quizá para evitar a otro o simplemente por perturbaciones gravitatorias caóticas. Entonces cambia su órbita, cae hacia el Sol, se calienta y aparecen la característica coma o cabellera. Oort investigó este mecanismo con considerable detalle matemático y a esta fuente la llamamos en su honor «nube de Oort». (Como expliqué con anterioridad para los asteroides, el nombre no debería tomarse literalmente. Es una nube muy dispersa.)

Se cree que la nube de Oort ocupa una vasta región alrededor del Sol, de entre 5.000 UA y 50.000 UA (de 0,03 a 0,79 años luz). La nube interior, hasta 20.000 UA, es un toro aproximadamente alineado con la elíptica, el halo exterior es una concha esférica. Hay billones de cuerpos con un diámetro de un kilómetro o más en el halo exterior, y la nube interior contiene cien veces más. La masa total de la nube de Oort es alrededor de cinco veces la de la Tierra. Esta estructura no ha sido observada, se deduce de cálculos teóricos.

Las simulaciones y otros indicios sugieren que la nube de Oort se originó cuando el disco protoplanetario de la región empezó a colapsar y formar el sistema solar. Hemos discutido indicios de que los planetesimales resultantes estaban originariamente más cerca del Sol y luego fueron lanzados a regiones remotas por los planetas gigantes. La nube de Oort podría ser un remanente del primer sistema solar formada por restos de escombros. También podría ser el resultado de una competición entre el Sol y las estrellas vecinas para atraer un material que siempre estuvo lejano, cerca de la frontera donde los campos gravitatorios de las dos estrellas se anulan entre sí. O, como propusieron en 2010 Harold Levison y sus colegas, el Sol robó restos de los discos protoplanetarios de un grupo de aproximadamente 200 estrellas de sus alrededores.

Si la teoría de la expulsión es correcta, las órbitas iniciales de los cuerpos en la nube de Oort eran muy largas, con elipses estrechas. Sin embargo, ya que la mayoría de estos cuerpos se quedaron en la nube, ahora sus órbitas deben de ser mucho más anchas, casi circulares. Se cree que las órbitas engordaron por interacción con las estrellas cercanas y mareas galácticas, el efecto gravitatorio general de la galaxia.

Los cometas de período corto son diferentes y se cree que su origen también lo es: el cinturón de Kuiper y el disco disperso.

Cuando se descubrió Plutón y se supo que era bastante pequeño, muchos astrónomos se preguntaron si habría otro Ceres, el primer cuerpo nuevo en un cinturón enorme que contiene miles. Kenneth Edgeworth fue uno, no el primero, que sugirió en 1943 que cuando el sistema solar exterior sobrepasó a un Neptuno condensado a partir de la nube de gas primigenia, la materia no era lo suficientemente densa como para formar planetas grandes. También pensó en estos cuerpos como una fuente potencial de cometas.

En 1951, Gerald Kuiper propuso que al principio de la formación del sistema solar podría haberse creado en esa región un disco de cuerpos pequeños, pero pensaba (como muchos por entonces) que Plutón era del tamaño de la Tierra, por lo que habría perturbado el disco y dispersado su contenido a lo largo y a lo ancho. Cuando resultó que dicho disco todavía existía, Kuiper recibió el dudoso honor de tener una región astronómica llamada así por él pero que él no había predicho.

En esta región se descubrieron varios cuerpos individuales, que ya se han mencionado como TNO. Lo que aseguró la existencia del cinturón de

Kuiper fueron, una vez más, los cometas. En 1980, Julio Fernández llevó a cabo un estudio estadístico de cometas de período corto. Hay demasiados cometas como para que todos provengan de la nube de Oort. De los 600 que proceden de la nube de Oort, 599 se convertirán en cometas de largo período y solo uno será capturado por un planeta gigante y cambiará a una órbita de período corto. Quizá, dijo Fernández, hay una reserva de cuerpos cubiertos de hielo a 35-50 UA del Sol. Sus ideas recibieron un fuerte respaldo tras una serie de simulaciones llevadas a cabo por Martin Duncan, Tom Quinn y Scott Tremaine en 1988, que también se dio cuenta de que los cometas de período corto están cerca de la eclíptica, pero los de período largo llegan de casi cualquier dirección. La propuesta se aceptó con el nombre de «cinturón de Kuiper». Algunos astrónomos prefieren «cinturón de Edgeworth-Kuiper» y otros no le dan crédito a ninguno.

Los orígenes del cinturón de Kuiper son oscuros. Las simulaciones del sistema solar temprano indican el escenario mencionado antes, en el cual los cuatro planetas gigantes originariamente se formaron en un orden diferente (leyendo del Sol hacia afuera) del actual, y luego migraron, esparciendo planetesimales a los cuatro vientos. La mayoría del cinturón de Kuiper original fue lanzado lejos, pero un cuerpo entre cien permaneció. Como la región interior de la nube de Oort, el cinturón de Kuiper es un toro borroso.

La distribución de la materia en el cinturón de Kuiper no es uniforme. Como el cinturón de asteroides, está modificada por resonancias, en este caso con Neptuno. Hay un acantilado de Kuiper a 50 UA más o menos, donde el número de cuerpos decrece repentinamente. Esto no se ha explicado, aunque Patryk Lyakawa especula que podría ser debido a un gran cuerpo no detectado, un planeta X genuino.

El disco disperso es todavía más enigmático y menos conocido. Se superpone ligeramente al cinturón de Kuiper, pero se extiende más allá, alrededor de 100 UA y está fuertemente inclinado respecto a la eclíptica. Los cuerpos en el disco disperso tienen órbitas muy elípticas y son con frecuencia desviados al sistema solar interior. Ahí se quedan merodeando durante un tiempo como centauros, antes de que su órbita cambie de nuevo y se conviertan en cometas de período corto. Los centauros son cuerpos que ocupan órbitas que cruzan la eclíptica entre las órbitas de Júpiter y Neptuno, y continúan solo unos cuantos millones de años; hay probablemente alrededor de 45.000 que tienen más de un kilómetro de diámetro. La mayoría de los cometas de período corto probablemente provienen del disco disperso más que del cinturón de Kuiper.

En 1993, Carolyn y Eugene Shoemaker y David Levy descubrieron un cometa nuevo, más tarde llamado Shoemaker-Levy 9. Sorprendentemente, ha sido capturado por Júpiter y orbita alrededor del planeta gigante. El análisis de su órbita indicaba que la captura había ocurrido 20-30 años antes. Shoemaker-Levy 9 era inusual en dos sentidos. Era el único cometa observado que tenía una órbita alrededor de un planeta y parecía haberse roto en pedazos.

A partir de la simulación de su órbita afloró el porqué. Calculando hacia atrás, en 1992 el cometa debía haber pasado por el interior del límite de Roche de Júpiter. Las fuerzas de gravedad de las mareas rompieron el cometa, creando una cuerda de alrededor de 20 fragmentos. El cometa había sido capturado por Júpiter entre 1960 y 1970 y el encuentro había deformado su órbita convirtiéndola en una larga y estrecha.

Simulando la órbita que tendría se predijo que en el siguiente vuelo de reconocimiento del cometa, en julio de 1994, colisionaría con Júpiter. Los astrónomos nunca antes habían observado una colisión celeste, por lo que este descubrimiento causó un entusiasmo considerable. La colisión alteraría la atmósfera de Júpiter, lo que haría posible averiguar más sobre sus capas más profundas, normalmente escondidas por la nube que hay sobre ellas. En el evento, el impacto fue todavía más drástico de lo esperado, pues dejó una cadena de enormes cicatrices a lo largo del pla-

El Shoemaker-Levy 9, el 17 de mayo de 1994.

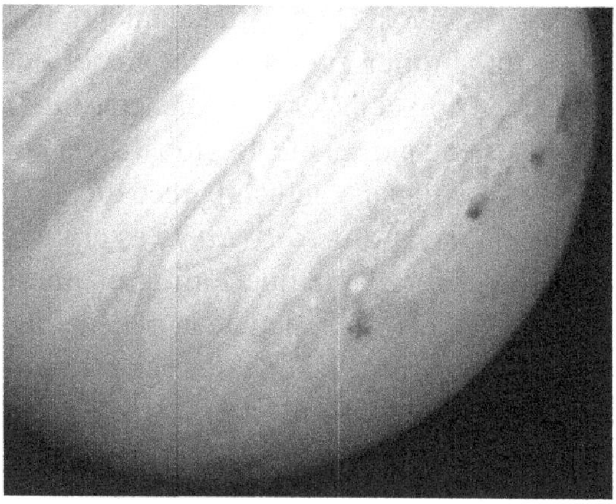

Los puntos negros son algunos de los lugares de impacto de los fragmentos del Shoemaker-Levy 9.

neta que se difuminaron lentamente, pero permanecieron visibles durante meses. Se vieron veintiún impactos en total. El mayor produjo 600 veces la energía que emitirían todas las armas nucleares de la Tierra si explotaran a la vez.

Estos impactos enseñaron a los científicos muchas cosas nuevas sobre Júpiter. Una es el papel que ejerce de aspirador celeste. Shoemaker-Levy 9 puede haber sido el único cometa observado en órbita de Júpiter, pero al menos a otros cinco les ha debido de pasar lo mismo a juzgar por sus órbitas actuales. Todas las capturas de este tipo son temporales; o bien el cometa es recapturado por el Sol o finalmente colisiona con algo. Trece cadenas de cráteres en Calisto y tres en Ganimedes sugieren que a veces lo que golpean no es Júpiter. En resumen, los indicios muestran que Júpiter barre cometas y otros restos cósmicos, capturándolos y luego colisionando con ellos. Estos sucesos, raros para nuestros estándares, son frecuentes en una escala de tiempo cósmica: un cometa de 1,6 km de diámetro golpea Júpiter cada 6.000 años más o menos y cometas más pequeños colisionan con más frecuencia.

Este aspecto de Júpiter ayuda a proteger los planetas interiores de impactos de cometas y asteroides, lo que nos lleva a la sugerencia que aparece en *Rare Earth*,[3] de Peter Ward y Donald Brownlee, de que un planeta grande como Júpiter hace que los cuerpos celestes interiores sean habitables para los seres vivos. Desafortunadamente para esta atractiva línea de razonamiento, Júpiter también altera asteroides del cinturón principal y estos pueden colisionar con los planetas interiores. Si Júpiter fuera ligeramente más pequeño, su efecto global sería perjudicial para la vida en la Tierra.[4] Con su tamaño actual, parece que no hay una ventaja significativa para la vida terrestre. *Rare Earth* es ambivalente sobre los impactos en cualquier caso: clama que Júpiter es nuestro salvador de los cometas, mientras que alaba su tendencia a lanzar asteroides por todas partes como un modo de revolucionar los ecosistemas y animar a una evolución más rápida.

Shoemaker-Levy 9 dejó claro a muchos congresistas americanos la violencia extraordinaria del impacto de un cometa. La cicatriz más grande sobre Júpiter debida al impacto era del tamaño de la Tierra. Con la tecnología actual o de un futuro próximo sería imposible protegernos contra un impacto de esta magnitud, pero será mejor centrar nuestra mente en impactos más pequeños, ya sean de un cometa o un asteroide, en los que podríamos ser capaces de prevenir una colisión si damos los pasos necesarios para recibir un aviso previo con la suficiente antelación. El congreso rápidamente dio instrucciones a la NASA para que hiciera un catálogo de todos los asteroides cercanos a la Tierra de más de un kilómetro de diámetro. Hasta ahora se han detectado 872, de los cuales 153 podrían llegar a golpearnos. Las estimaciones sugieren que puede haber otros 70, aproximadamente, pero no se han divisado todavía.

9

Caos en el cosmos

Esto es extremadamente irregular.

Aterriza como puedas 2

Las lunas de Plutón se tambalean.

Plutón tiene cinco satélites. Caronte es esférico e inusualmente grande en comparación con su primario, mientras que Nix, Hidra, Cerbero y Estigia son bultos irregulares minúsculos. Caronte y Plutón están acoplados por las mareas, de modo que cada uno enseña la misma cara al otro. No ocurre lo mismo con las otras lunas. En 2015, el telescopio Hubble observó variaciones irregulares en la luz reflejada de Nix a Hidra. Utilizando un modelo matemático de cuerpos giratorios, los astrónomos dedujeron que estas dos lunas dan vueltas, pero no de un modo regular y ordenado. Al contrario, su movimiento es caótico.[1]

En matemáticas, «caótico» no es solo una palabra moderna para designar algo «errático e impredecible». Se refiere al caos determinista, es decir, que aparentemente tiene un comportamiento irregular como resultado de leyes del todo regulares. Esto puede sonar paradójico, pero esta combinación a menudo es inevitable. El caos parece aleatorio, y en cierto modo lo es, pero surge de las mismas leyes matemáticas que producen un comportamiento regular y predecible, como el Sol al salir cada mañana.

Otras mediciones del Hubble sugieren que Estigia y Cerbero también giran caóticamente. Una de las tareas llevadas a cabo por *New Horizons* cuando visitó Plutón fue verificar esta teoría. Sus datos debían ser transmitidos de vuelta a la Tierra en un período de 16 meses y, cuando escribo esto, no han llegado todavía.

Las tambaleantes lunas de Plutón son las noticias de última hora sobre la dinámica del caos en el cosmos, pero los astrónomos han descubierto otros muchos ejemplos de este caos, desde detalles sutiles sobre lunas minúsculas, hasta el futuro a largo plazo del sistema solar. La luna Hiperión de Saturno es otro acróbata caótico, el primer satélite de torpe comportamiento que se descubrió. El eje de la Tierra está inclinado unos bastante estables 23,4°, lo que nos da la sucesión regular de las estaciones, pero la inclinación axial de Marte varía de manera caótica. Mercurio y Venus solían comportarse así también, pero los efectos de las mareas desde el Sol los han estabilizado.

Hay un vínculo entre el caos y el hueco 3:1 de Kirkwood en el cinturón de asteroides. Júpiter limpia de asteroides esta región, lanzándolos de cualquier manera por el sistema solar. Algunos cruzan la órbita de Marte, que puede redirigirlos casi a cualquier sitio. Quizá fue así cómo los dinosaurios llegaron a su fin. Los asteroides troyanos de Júpiter probablemente fueron capturados como consecuencia de una dinámica caótica. La dinámica caótica incluso ha proporcionado a los astrónomos un modo de estimar la edad de una familia de asteroides.

Lejos de ser un mecanismo de relojería gigantesco, el sistema solar juega a la ruleta con sus planetas. Gerry Sussman y Jack Wisdom dieron con la primera pista en 1988, y fue el descubrimiento de que los elementos orbitales de Plutón varían erráticamente como consecuencia de las fuerzas gravitatorias ejercidas sobre él por los otros planetas. Un año más tarde, Wisdom y Laskar mostraron que la órbita de la Tierra también es caótica, aunque de un modo más suave: la propia órbita no cambia demasiado, pero la posición de la Tierra a lo largo de la órbita es impredecible a un largo plazo de 100 millones de años.

Sussman y Wisdom también demostraron que si no hubiera planetas interiores, Júpiter, Saturno, Urano y Neptuno a la larga se comportarían de manera caótica. Estos planetas exteriores tienen un efecto importante sobre todos los demás, por lo que son la principal fuente de caos en el sistema solar. Sin embargo, el caos no está confinado a nuestro patio celeste. Los cálculos indican que muchos exoplanetas de estrellas lejanas probablemente siguen órbitas caóticas. Hay caos en la astrofísica, la cantidad de luz producida por algunas estrellas varía de modo caótico.[2] El movimiento de las estrellas en las galaxias también podría ser caótico, pero incluso así los astrónomos normalmente hacen modelos en los que las órbitas son circunferencias (véase el capítulo 12).

Parece que el caos gobierna el cosmos. Los astrónomos han comprobado que la mayoría de las veces la principal causa del caos son las órbitas en resonancia, patrones numéricos simples, como el hueco 3:1 de Kirkwood. Por otro lado, el caos también es responsable de los patrones. Las espirales de las galaxias bien podrían ser un ejemplo, como también veremos en el capítulo 12.

El orden crea el caos y el caos crea el orden.

Los sistemas aleatorios no tienen memoria. Si tiramos un dado dos veces, el número que aparece en el primer lanzamiento no dice nada sobre lo que sucederá en el segundo lanzamiento. Podría ser el mismo número que antes, pero también podría no serlo. No hay que creer a nadie que diga que, si en un dado no ha salido un seis durante mucho tiempo, entonces por la «ley de la media», es más probable que salga el seis. No existe tal ley. Es cierto que a la larga, la proporción de seis para un dado equilibrado debería ser muy próxima a 1/6, pero eso sucede porque grandes cantidades de lanzamientos anulan cualquier discrepancia, no porque el dado decida de repente qué media teórica tiene que sacar.[3]

Los sistemas caóticos, por el contrario, tienen un tipo de memoria a corto plazo. Lo que hacen ahora proporciona pistas sobre lo que harán en un futuro cercano. Irónicamente, si el dado fuese caótico, no haber sacado un seis a lo largo de muchos lanzamientos, sería la evidencia de que probablemente esto no sucederá pronto.[4] Los temas caóticos repiten montones de veces aproximadamente su comportamiento, de modo que el pasado es una guía razonable, aunque no infalible, del futuro cercano.

El tiempo para el que este tipo de predicciones es válido se llama «horizonte de predicción» (jerga: tiempo de Liapunov). Con cuanta más exactitud sepamos el estado actual de un sistema dinámico caótico, mayor es el horizonte de predicción, aunque este se incrementa mucho más lentamente que la precisión de las medidas. Por muy precisas que sean estas, el más ligero error en el estado actual finalmente aumenta tanto que sobrepasa la predicción. El meteorólogo Edward Lorenz descubrió este comportamiento en un modelo sencillo del tiempo, y resulta cierto en los modelos sofisticados de los meteorólogos. El movimiento de la atmósfera obedece a reglas matemáticas específicas sin elementos de aleatoriedad, aunque todos sabemos lo poco fiables que pueden ser las predicciones del tiempo después de unos días.

Este es el famoso (y ampliamente malinterpretado) efecto mariposa de Lorenz: el aleteo de una mariposa puede provocar un huracán un mes más tarde en el otro extremo del planeta.[5]

Si crees que suena poco probable, no te culpo. Es cierto, pero solo en un sentido especial. La principal fuente posible del malentendido es la palabra «provoca». Es difícil creer que una pequeñísima cantidad de energía de un aleteo puede crear la enorme energía de un huracán. La respuesta es que no lo hace. La energía del huracán no proviene del aleteo, sino que es redistribuida desde otra parte cuando el aleteo interactúa con el resto del sistema del tiempo; de lo contrario, no registraría cambios.

Después del aleteo, no tenemos exactamente el mismo tiempo que antes, excepto por un huracán extra, sino que el patrón entero de tiempo cambia en todo el mundo. Al principio el cambio es pequeño, pero aumenta, no en energía, sino en diferencias de lo que hubiera sido de otro modo. Y esa diferencia rápidamente se hace grande e impredecible. Si la mariposa hubiese aleteado dos segundos más tarde, en este caso podría haber «provocado» un tornado en Filipinas, compensado por tormentas de nieve sobre Siberia. O aún más, un mes de tiempo estable en el Sahara.

Los matemáticos llaman a este efecto «dependencia susceptible de las condiciones iniciales». En un sistema caótico, datos iniciales que difieren muy poco acaban siendo muy diferentes. Este efecto es real y muy común. Por ejemplo, por este motivo, en una masa amasada los ingredientes están mezclados completamente. Cada vez que la masa se estira, los granos de harina que están próximos se alejan. Cuando luego se dobla la masa sobre sí misma, los granos que estaban alejados puede (o no) que acaben juntos. El estiramiento local combinado con las dobleces crea caos.

Eso no es solo una metáfora, es una descripción en lenguaje ordinario del mecanismo matemático básico que genera dinámicas caóticas. Matemáticamente, la atmósfera es como la masa. Las leyes físicas que gobiernan el tiempo «estiran» el estado de la atmósfera localmente, pero esta no se estira infinitamente y escapa del planeta, por lo que su estado «se dobla de nuevo» sobre sí mismo. Así, si pudiéramos hacer que el tiempo meteorológico de la Tierra actuara dos veces, con la única diferencia de que haya un aleteo o un no-aleteo, el comportamiento resultante divergiría exponencialmente. El tiempo todavía parecería el tiempo, pero sería diferente.

En realidad no podemos hacer que el tiempo de verdad actúe dos veces, pero esto es precisamente lo que sucede en las predicciones del tiempo con modelos que reflejan la física atmosférica auténtica. Los cambios muy pequeños en los números que representan el estado actual del tiempo, cuando se introducen en las ecuaciones que predicen el estado futuro, llevan a cambios grandes en la predicción. Por ejemplo, en una simulación, un área de altas presiones sobre Londres puede reemplazarse por un área de bajas presiones en otra parte. El modo actual de sortear este molesto efecto es realizar muchas simulaciones con pequeñas variaciones aleatorias de las condiciones iniciales y utilizar los resultados para cuantificar las probabilidades de las diferentes predicciones. Eso es lo que significa «un 20 % de probabilidad de tormentas».

En la práctica no es posible provocar un huracán específico utilizando una mariposa entrenada adecuadamente, porque predecir el efecto del aleteo también está sujeto al mismo horizonte de predicción. Sin embargo, en otros contextos, como el latido del corazón, este tipo de «control caótico» puede proporcionar un camino eficiente al comportamiento dinámico deseado. Veremos varios ejemplos astronómicos en el capítulo 10, en el contexto de las misiones espaciales.

¿No estás convencido? Un descubrimiento reciente sobre el sistema solar temprano pone el tema de relieve. Supongamos que un superpoder celeste puede poner en práctica de nuevo la formación del sistema solar a partir de una nube de gas primigenio, exactamente en el mismo estado que el inicial, excepto por una molécula de gas extra. ¿Sería muy diferente al sistema solar actual?

No demasiado, podríamos pensar. Pero recordemos el efecto mariposa. Los matemáticos han probado que las moléculas que rebotan en un gas son caóticas, por lo que no sería una sorpresa si esto también fuera cierto para nubes de gas en colapso, aunque los detalles sean técnicamente diferentes. Para averiguarlo, Volker Hoffmann y sus colegas simularon la dinámica de un disco de gas en una etapa en la que contenía 2.000 planetesimales, haciendo un seguimiento de cómo las colisiones provocan que estos cuerpos se agreguen formando planetas.[6] Compararon los resultados con simulaciones, incluidos dos gigantes gaseosos, pero escogiendo dos órbitas distintas. Hicieron una docena de pruebas para cada uno de estos tres escenarios, con ligeras diferencias de las condiciones iniciales. Para cada prueba fue necesario un mes en un superordenador.

Tal como se esperaba, averiguaron que las colisiones de planetesimales son caóticas. El efecto mariposa es drástico: modificamos un milímetro la posición inicial de un solo planetesimal y obtendremos un sistema planetario completamente diferente. Extrapolando estos resultados, Hoffmann cree que si se añade una única molécula de gas a un modelo exacto del emergente sistema solar (si esto fuese posible), cambiaríamos tanto el resultado que la Tierra no se llegaría a formar.

Hasta aquí hemos llegado con el mecanismo de relojería del universo.

Antes de que nos entusiasmemos con la idea de lo increíblemente improbable que esto hace nuestra existencia, e invocando la mano divina de la providencia, deberíamos tener en cuenta otro aspecto de los cálculos. Aunque cada prueba lleva a planetas de diferentes tamaños y diferentes órbitas, todos los sistemas solares que surgen en un escenario dado son muy similares entre sí. Sin ningún gigante gaseoso, obtenemos alrededor de 11 mundos rocosos, la mayoría de ellos más pequeños que la Tierra. Añadiendo los gigantes gaseosos, un modelo más realista, obtenemos cuatro planetas rocosos con masas entre la mitad de la de la Tierra y un poco más también que la de la Tierra. Eso es muy parecido a lo que tenemos. Aunque el efecto mariposa cambia los elementos orbitales, la estructura general resultante es más o menos la misma que antes.

Lo mismo ocurre en los modelos del tiempo meteorológico. Aleteo... y el tiempo global es diferente de lo que habría sido, pero sigue siendo el tiempo. No obtienes de repente riadas de nitrógeno líquido o una ventisca de ranas gigantes. Así que, aunque nuestro sistema solar no habría tenido exactamente su forma actual si la nube de gas inicial hubiera sido solo un poco diferente, habría ocurrido algo muy similar. De modo que es muy posible que los organismos vivos hayan tenido la misma probabilidad de desarrollarse.

El horizonte de predicción se utiliza a veces para estimar la edad de un sistema caótico de cuerpos celeste, porque controla la rapidez con que el sistema se desintegra y se dispersa. Las familias de asteroides son ejemplo de ello. Pueden ser vistas porque sus miembros tienen elementos orbitales muy similares. Se cree que cada familia ha sido creada por la desintegración de un único cuerpo más grande en algún momento del pasado. En 1994, Andrea Milani y Paolo Farinella utilizaron este método para deducir que la familia de asteroides Veritas tiene al menos 50 millones de años.[7] Esta es una agrupación compacta de asteroides asociada a 490 Veritas, hacia el exterior del cinturón principal y justo dentro de la órbita de resonancia 2:1 con Júpiter. Los cálculos muestran que dos de los asteroides en esta familia tienen órbitas muy caóticas, creadas por una resonancia 21:10 temporal con Júpiter. El horizonte de predicción implica que estos dos asteroides no deberían haber estado cerca más de 50 millones de años, y otra evidencia sugiere que ambos son miembros originales de la familia Veritas.

La primera persona en reconocer la existencia del caos determinista y tener cierta noción de por qué sucede fue el gran matemático Henri Poincaré, quien competía por un premio matemático que ofrecía el rey Óscar II de Suecia y Noruega a quien diera la solución del problema de *n* cuerpos de la gravedad newtoniana. Las reglas para el premio especificaban qué tipo de solución se requería. No se trataba de una fórmula como la elipse de Kepler, porque todo el mundo estaba convencido de que no existía tal cosa, sino «una representación de las coordenadas de cada punto como una serie (infinita) de una variable que fuese alguna función conocida del tiempo y para todos aquellos valores en que la serie converge uniformemente».

Poincaré descubrió que la tarea es esencialmente imposible, incluso en condiciones muy restrictivas para los tres cuerpos. El modo en que lo probó fue demostrando que las órbitas pueden ser lo que ahora llamamos «caóticas».

Probar el problema general para cualquier número de cuerpos era demasiado, incluso para Poincaré. Él tomó $n = 3$ y trabajó en lo que yo llamé el «problema de dos cuerpos y medio» en el capítulo 5. Los dos cuerpos son, por ejemplo, un planeta y una de sus lunas; el medio cuerpo es un grano de polvo, tan ligero que, aunque responda a los campos gravitatorios de los otros dos cuerpos, no tiene ningún efecto sobre ellos. Lo que surge de este modelo es una bonita combinación de dinámicas totalmente regulares de dos cuerpos para los cuerpos grandes y un comportamiento muy errático para la partícula de polvo. Irónicamente, es el comportamiento regular de los cuerpos grandes lo que hace que la partícula de polvo se vuelva loca.

«Caos» hace que suene como si las órbitas de los tres o más cuerpos fuesen aleatorias, sin estructura, impredecibles y anárquicas. Realmente, la partícula de polvo da vueltas y vueltas en rutas regulares próximas a arcos de elipses, pero la forma de la elipse no deja de cambiar y no sigue ningún patrón obvio. Poincaré se topó con la posibilidad del caos cuando estaba pensando en la dinámica de la mota de polvo y esta resultaba tener una órbita casi periódica. Lo que esperaba era alguna complicada combinación de movimientos periódicos con diferentes períodos, algo así como una cápsula en órbita alrededor de la Luna, de la Tierra, del Sol, todo en diferentes períodos de tiempo. Sin embargo, como ya se especificaba en las reglas para el premio, se esperaba que la respuesta fuera una «serie» que combinara infinidad de movimientos periódicos, no solo tres.

Poincaré encontró dicha serie. Entonces, ¿cómo aparece el caos? No como consecuencia de la serie, sino debido a un error en la idea. Las reglas afirmaban que la serie debe converger. Este es un requerimiento técnico matemático para que una suma infinita tenga sentido. Esencialmente, la suma de las series debería estar cada vez más próxima a un número específico a medida que se incluyen nuevos términos. Poincaré estaba alertado de las dificultades y se dio cuenta de que esta serie no convergía. Al principio parecía acercarse cada vez más a un número específico, pero entonces la suma empezó a divergir de ese número en cantidades cada vez mayores. Este comportamiento es característico de una serie «asintótica». A veces una serie asintótica es útil para fines prácticos, pero aquí fue el indicio de un obstáculo a la obtención de una solución real.

Para averiguar qué obstáculo era, Poincaré abandonó fórmulas y series y se volcó en la geometría. Consideró tanto la posición como la velocidad, de modo que las líneas de contorno en la imagen de la página 97 son realmente objetos tridimensionales, no curvas. Esto supone complicaciones extra. Cuando pensó en la disposición geométrica de todas las órbitas posibles cercanas a una periódica particular, se dio cuenta de que muchas órbitas deben ser muy intrincadas y erráticas. La razón recae en un par de curvas especiales que capturan la forma en órbitas cercanas bien aproximándose a la periódica o bien divergiendo de ella. Si estas curvas se cruzan unas con otras en algún punto, entonces las características matemáticas básicas de la dinámica (unicidad de soluciones de una ecuación diferencial para unas condiciones iniciales dadas) implican que deben cruzarse en infinidad de puntos, formando una red compleja. Poco después, en *Les Méthodes Nouvelles de la Mécanique Celeste* (Los nuevos métodos de la mecánica celeste), describió la geometría como:

> un tipo de enrejado, un tejido, una red de malla infinitamente apretada, cada una de las dos curvas no debe cruzarse consigo misma, pero debe doblarse sobre sí misma de una manera muy complicada para interseccionar con todas las otras mallas del tejido infinidad de veces. Uno se quedará asombrado por la complejidad de esta imagen, la cual ni voy a intentar dibujar.

Hoy llamamos a esta imagen «madeja homoclínica». Ignoremos «homoclínica» (jerga para una órbita que une un punto de equilibrio consigo mismo) y centrémonos en «madeja», que es más evocadora. La imagen en la página 150 explica la geometría en una analogía simple.

Irónicamente, Poincaré estuvo a punto de no hacer este descubrimiento épico. Mientras revisaba sus documentos en el Instituto Mittag-Leffler en Oslo, la historiadora matemática June Barrow-Green descubrió que la versión publicada de su trabajo ganador del premio no era la que él había enviado.[8] Después de que el premio se hubiera concedido y la memoria oficial se hubiese impreso pero no distribuido todavía, Poincaré descubrió un error: había pasado por alto las órbitas caóticas. Retiró la memoria y pagó por una versión «oficial» revisada para que fuese sustituida discretamente.

Se necesitó tiempo para que calasen las nuevas ideas de Poincaré. El siguiente gran avance llegó en 1913, cuando George Birkhoff demostró el «último teorema geométrico», una conjetura sin probar que Poincaré había

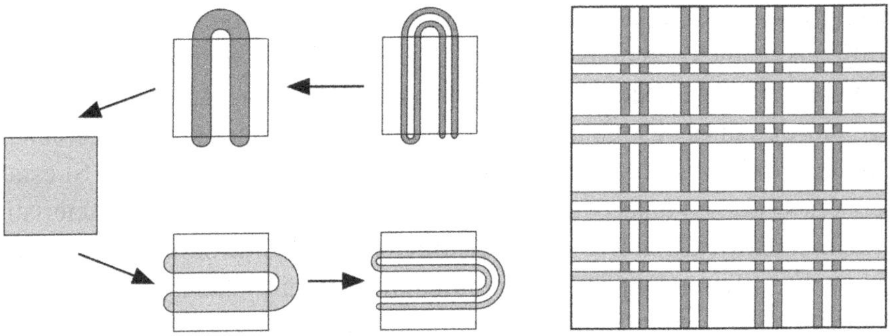

A la izquierda, la herradura de Smale. El cuadrado se dobla repetidamente, cruzando una serie de líneas horizontales. Invirtiendo el tiempo y desdoblando, las convierte en líneas verticales similares. A la derecha, cuando los dos conjuntos de líneas se cruzan, obtenemos una madeja homoclínica. La dinámica, obtenida por la repetición de las dobleces, hace saltar a los puntos alrededor de la madeja, aparentemente de modo aleatorio. La madeja completa tiene infinidad de líneas.

empleado para deducir la existencia, en las circunstancias adecuadas, de órbitas periódicas. Ahora llamamos a este resultado el «teorema de Poincaré-Birkhoff».

Los matemáticos y otros científicos comenzaron a ser conscientes plenamente del caos hace alrededor de cincuenta años. Siguiendo los pasos de Birkhoff, Stephen Smale hizo un estudio más profundo de la geometría de la madeja homoclínica, y al haberse encontrado el mismo problema, en otra área de la dinámica. Inventó un sistema dinámico con una geometría casi igual pero más fácil de analizar, conocido como la herradura de Smale. Este sistema empieza con un cuadrado, que se estira formando un rectángulo largo y estrecho, se dobla tomando la forma de una herradura y se vuelve a armar encima del cuadrado original. Repetir esta transformación es muy parecido a amasar una masa y tiene las mismas consecuencias caóticas. La geometría de la herradura permite una prueba rigurosa de que este sistema es caótico y que, en algunos aspectos, se comporta como una secuencia aleatoria de lanzamiento de monedas, a pesar de ser completamente determinista.

A medida que el alcance y la riqueza de las dinámicas caóticas se hacían evidentes, el creciente entusiasmo suscitó mucho interés en los medios, que llamaron al asunto «teoría del caos». Realmente, el tema es una parte, una parte fascinante e importante, sin lugar a dudas, de un área todavía más importante de las matemáticas, conocida como dinámica no lineal.

El comportamiento extraño de las lunas de Plutón es solo un ejemplo de caos en el cosmos. En 2015, Mark Showalter y Douglas Hamilton publicaron un análisis matemático que corroboraba las observaciones misteriosas de las lunas de Plutón hechas por el Hubble.[9] La idea es que Plutón y Caronte actúan como los cuerpos dominantes en el análisis de Poincaré, y las otras lunas, mucho más pequeñas, lo hacen como si fueran una partícula de polvo. Sin embargo, debido a que no hay partículas en forma de puntos, sino como balones de rugby, o incluso como patatas, sus insensatos espectáculos se muestran como caóticas volteretas. Sus órbitas, y dónde estarán las lunas en estas órbitas en un momento dado, también son caóticas: solo son predecibles estadísticamente. Y todavía menos predecible es la dirección en la que apuntará cada luna.

Las lunas de Plutón no fueron los primeros saltimbanquis descubiertos. Ese honor corresponde al satélite Hiperión, de Saturno, y en la época se pensaba que era la única luna saltimbanqui. En 1984, Hiperión atrajo la atención de Wisdom, Stanton Peale y François Mignard.[10] Casi todas las lunas en el sistema solar se clasifican en dos categorías. La rotación axial de una luna de la primera categoría ha sido fuertemente modificada por las interacciones de las mareas con su planeta padre, de modo que siempre muestra la misma cara al planeta, una resonancia de giro orbital 1:1, también conocida como una rotación síncrona. En la segunda categoría, han tenido lugar muy pocas interacciones y las lunas giran tanto como cuando se formaron por primera vez. Hiperión y Jápeto son excepciones; según la teoría, deberían acabar perdiendo la mayoría de su rotación inicial para sincronizarla con su revolución orbital, pero no por mucho tiempo, alrededor de 1.000 millones de años.

A pesar de eso, Jápeto ya rota síncronamente. Hiperión solo parecía hacer algo más interesante. La pregunta era: ¿qué?

Wisdom y sus colegas compararon los datos de Hiperión con un criterio teórico para el caos, la condición de la resonancia que se superpone. Así predijeron que la órbita de Hiperión debería interactuar caóticamente con su rotación, lo que se confirmó solucionando las ecuaciones de movimiento numéricamente. El caos en la dinámica de Hiperión se manifiesta principalmente como un tambaleo errático. La propia órbita no varía tan incontroladamente. Es como un balón de fútbol americano rodando de un lado a otro sobre una pista de atletismo, yendo por una calle, pero tambaleándose de manera impredecible de un lado a otro.

En 1984, la única luna conocida de Plutón era Caronte, descubierta en 1978, y nadie podía medir su velocidad de rotación. Las otras cuatro fueron descubiertas entre 2005 y 2012. Las cinco están apiñadas en una zona inusualmente pequeña y se cree que todas fueron inicialmente parte de un único cuerpo más grande que colisionó con Plutón durante la formación temprana del sistema solar, una versión en miniatura de la teoría del gran impacto de la formación de nuestra propia Luna. Caronte es grande, redondo y acoplado por las mareas en una resonancia 1:1, de modo que siempre muestra la misma cara a Plutón, al igual que la Luna hace con la Tierra. Sin embargo, a diferencia de la Tierra, Plutón también siempre presenta la misma cara a su satélite. El acoplamiento por mareas y la forma redonda evitan el tambaleo caótico. Los otros cuatro satélites son pequeños, irregulares y ahora se sabe que dan vueltas caóticamente, como Hiperión.

La numerología plutoniana no se detiene con esa resonancia 1:1. Es una buena aproximación decir que Estigia, Nix, Cerbero e Hidra están en resonancias orbitales de 1:3, 1:4, 1:5 y 1:6 con Caronte, es decir, sus períodos son aproximadamente 3, 4, 5 y 6 veces lo que dura la de Caronte. Sin embargo, estas cifras son solo medias. Los períodos orbitales reales varían significativamente de una vuelta a la siguiente.

Incluso así, en términos astronómicos todo parece muy ordenado. Como el orden puede dar lugar al caos, es común para ambos coincidir en el mismo sistema: ordenado en algunos aspectos, caótico en otros.

Los dos grupos de investigación principales que trabajan sobre el caos y las dinámicas a largo plazo del sistema solar están liderados por Wisdom y Laskar. En 1993, con una semana de diferencia, ambos grupos publicaron artículos que describían un nuevo contexto cósmico para el caos: la inclinación del eje de los planetas.

En el capítulo 1, vimos que un cuerpo rígido gira sobre un eje, una recta que atraviesa el cuerpo que se queda inmóvil. El eje de giro puede moverse con el tiempo, pero a corto plazo está bastante fijo. De modo que el cuerpo gira como una peonza con el eje como huso. Los planetas, al ser casi esféricos, giran a un ritmo muy regular sobre un eje que parece no cambiar, incluso a lo largo de siglos. En concreto, el ángulo entre el eje y el plano eclíptico, técnicamente conocido como «oblicuidad», permanece constante. Para la Tierra es de 23,4°.

Sin embargo, las apariencias engañan. Hacia el año 160 a. C., Hiparco descubrió un efecto conocido como precesión de los equinoccios. En el *Almagesto*, Ptolomeo afirma que Hiparco observó las posiciones en el cielo nocturno de la estrella Espiga (alfa Virginis) y otras. Los dos predecesores habían hecho lo mismo: Aristilo alrededor de 280 a. C. y Timocares en torno a 300 a. C. Comparando los datos, Ptolomeo concluyó que Espiga se había inclinado más o menos dos grados cuando observó el equinoccio de otoño, el momento en que la noche y el día son igual de largos. Dedujo que los equinoccios se estaban moviendo a lo largo del zodiaco sobre un grado cada siglo y que finalmente volvería a donde empezó después de 36.000 años.

Ahora sabemos que estaba en lo correcto y por qué. Los cuerpos rotatorios tienen un movimiento de precesión: sus ejes de giro cambian de dirección lentamente, a medida que la punta del eje describe una circunferencia. Las partes de arriba hacen esto a menudo al girar. Las matemáticas que se remontan a Lagrange explican la precesión como la dinámica típica de un cuerpo con un cierto tipo de simetría: dos ejes de inercia iguales. Los planetas son aproximadamente elipsoides de rotación, de modo que satisfacen esta condición. El eje de la Tierra tiene un movimiento de precesión de un período de 25.772 años. Esto afecta a cómo vemos el cielo nocturno. En este momento, la estrella polar, Polaris, en la Osa Menor, está alineada con el eje y por lo tanto parece que está fija, mientras que el resto de las estrellas parecen rotar en torno a ella. Realmente es la Tierra la que está rotando. En el Antiguo Egipto, hace 5.000 años, Polaris se movía formando un círculo, y la tenue estrella Batn al Thuban (phi de Draco) estaba fija en su lugar. Escojo esta fecha porque el hecho de que haya una estrella brillante cerca del polo o no suele considerarse que es debido al azar, y la mayoría de las veces no lo es.

Cuando el eje de un planeta tiene un movimiento de precesión, su oblicuidad no cambia. Las estaciones se dejan llevar lentamente, pero tanto que solo Hiparco se daría cuenta y solo si dispusiera de la ayuda de las generaciones anteriores. Una localización determinada del planeta experimenta más o menos las mismas variaciones estacionales, pero su tiempo cambia muy lentamente. Tanto el grupo de Laskar como el de Wisdom descubrieron que Marte es diferente. Su oblicuidad también varía, dirigida hasta cierto punto por los cambios en su órbita. Si la precesión de su eje resuena con el período de cualquier elemento orbital variable, su oblicuidad puede cambiar. Los dos grupos calcularon qué efecto tiene esto analizando la dinámica del planeta.

Los cálculos de Wisdom muestran que la oblicuidad de Marte varía caóticamente, en un rango entre 11 y 49°. Puede cambiar 20° en 100.000 años y oscilar caóticamente en ese tipo de rango a aproximadamente esa velocidad. Hace 9 millones de años, la oblicuidad variaba entre 30 y 47° y así se mantuvo hasta hace 4 millones de años, cuando hubo un desplazamiento relativamente abrupto a un rango entre 15 y 35°. Los cálculos incluyen elementos de la relatividad general, que en este problema en concreto son importantes. Sin ellos, el modelo no se dirigiría a esta transición. La razón para la transición es, lo has adivinado, que pasó a través de una resonancia de giro orbital.

El grupo de Laskar utilizó un modelo diferente, sin elementos relativistas pero con una representación más precisa de la dinámica y lo examinó un período más largo de tiempo. Obtuvo resultados parecidos para Marte, pero halló que para períodos de tiempo más largos, su oblicuidad varía entre 0 y 60°, un rango todavía más amplio.

También estudiaron Mercurio, Venus y la Tierra. Hoy en día, Mercurio gira muy lentamente, una vez cada 58 días, y da una vuelta al Sol en 88 días, una resonancia de giro orbital 3:2. Esto se debió probablemente a interacciones de mareas con el Sol que ralentizaron la rotación original. El grupo de Laskar calculó que originariamente Mercurio giraba sobre sí mismo una vez cada 19 horas. Antes de que el planeta alcanzase su estado actual, su oblicuidad varió entre 0 y 100°, necesitando alrededor de un millón de años para cubrir la mayoría de ese rango. En concreto, hubo veces en las que su polo estuvo frente al Sol.

Venus plantea un rompecabezas a los astrónomos, porque, por las convenciones habituales sobre ángulos para cuerpos giratorios, su oblicuidad es de 177°, es decir, boca abajo. Esto se debe a una rotación muy lenta (período de 243 días) en la dirección opuesta a cualquier otro planeta. No hay una explicación para este movimiento «retrógrado», pero en la década de 1980 se creía que era primordial, es decir, que se remonta al origen del sistema solar. El análisis de Laskar sugiere que este podría no ser el caso. Se cree que Venus originariamente tenía un período de rotación de apenas 13 horas. Asumiendo esto, el modelo muestra que la oblicuidad de Venus originariamente variaba caóticamente y cuando alcanzó los 90° podría haberse convertido en estable, en lugar de en caótica. Desde ese estado, podría evolucionar gradualmente a su valor actual.

Los resultados para la Tierra son curiosamente diferentes. La oblicuidad de la Tierra es muy estable, variando solo en un grado. La razón de ello parece estar en nuestra Luna inusualmente grande. Sin ella, la oblicuidad de la Tierra oscilaría entre los 0 y los 85°. En esta Tierra alternativa, las condiciones climáticas serían muy diferentes. En lugar de ser el ecuador cálido y los polos fríos, regiones diferentes experimentarían rangos de temperatura totalmente diferentes. Esto afectaría a los patrones del tiempo.

Algunos científicos han sugerido que sin la Luna, los cambios caóticos en el clima habrían hecho más difícil que se desarrollase aquí la vida, especialmente la vida compleja. Sin embargo, la vida se desarrolló en los océanos. No invadió la tierra hasta hace aproximadamente 500 millones de años. La vida marina no se vería muy afectada por un cambio climático. Con respecto a los animales terrestres, los cambios climáticos derivados de la ausencia de la Luna son rápidos en una escala de tiempo astronómica, pero los organismos terrestres migraron a medida que el tiempo cambiaba, porque en su escala de tiempo los cambios son lentos. La evolución habría procedido en la mayor parte sin trabas, incluso podría haberse acelerado por una presión más fuerte para adaptarse.

Las consecuencias astronómicas sobre los seres vivos de la Tierra que sucedieron son realmente más interesantes que las hipotéticas que no ocurrieron. El más famoso es el asteroide que acabó con los dinosaurios.

¿O fue un cometa? ¿Hubo otras influencias involucradas también, como erupciones volcánicas masivas?

Los dinosaurios aparecieron por primera vez hace alrededor de 231 millones de años en el Triásico y desaparecieron hace 65 millones de años al final del Cretácico. Durante ese tiempo, fueron los vertebrados más capaces en el mar y en la tierra. En comparación, los humanos «modernos» llevamos existiendo alrededor de 2 millones de años, aunque hubo muchas especies de dinosaurios, por lo que la comparación es un poco injusta. La mayoría de las especies individuales no sobrevive más que unos millones de años.

El registro fósil muestra que los dinosaurios murieron muy repentinamente según los estándares geológicos. Su desaparición estuvo acompañada por la de mosasaurios, plesiosaurios, ammonoideos, muchos pájaros, la mayoría de los marsupiales, la mitad de los tipos de plancton, muchos peces, erizos de mar, esponjas y caracoles. Esta «extinción K/T» es uno de los cinco o seis mayores eventos en los cuales un gran número de especies perece en un abrir y cerrar de ojos geológico.[11] Sin embargo, los dinosaurios se las apañaron para dejar algunos descendientes modernos: los pájaros que evolucionaron a partir de los dinosaurios terópodos en el Jurásico. Hacia el final del reinado de los dinosaurios coexistieron con los mamíferos, algunos bastante grandes, y la desaparición de los dinosaurios parece haber impulsado una explosión en la evolución de los mamíferos, ya que su principal competidor fue sacado de escena.

Hay un consenso amplio entre los paleontólogos de que una causa importante de la extinción K/T fue el impacto de un asteroide, o es posible que de un cometa, que dejó una marca permanente en la costa de Yucatán en México: el cráter de Chicxulub. Todavía hay polémica sobre si esta fue la única causa, en parte porque al menos hay otro candidato posible: el masivo flujo de magma volcánico que formó las traps del Decán en India, que habría enviado grandes cantidades de gases nocivos a la atmósfera. «*Traps*» es la palabra sueca que significa «escaleras» (los estratos de basalto tienen a erosionar formando una serie de escalones). Quizá el cambio climático o el cambio en el nivel de los océanos también contribuyeron a la extinción, pero el impacto es todavía la principal hipótesis y varios intentos de probar lo contrario han fracasado a medida que aparecían mejores indicios.

El principal problema con la teoría de las *traps* del Decán, por ejemplo, es que se formaron en un período de 800.000 años. La extinción K/T fue mucho más rápida. En 2013, Paul Renne utilizó la datación argón-argón (una comparación de proporciones de isótopos diferentes del gas argón) para determinar el impacto hace 66.043 millones de años, más o menos 11.000 años. La muerte de los dinosaurios parece haber sucedido en un período de 33.000 años respecto a esa fecha. Si es correcto, el tiempo parece demasiado cercano para que esto sea una coincidencia. Pero es posible que otras causas forzaran el ecosistema del planeta y que el impacto fuese el golpe de gracia. De hecho, en 2015, un equipo de geofísicos liderado por Mark Richards encontró indicios claros de que, poco después del impacto, el flujo de lava de las *traps* del Decán se duplicó.[12] Esto da peso a una teoría más antigua: el impacto provocó movimientos sísmicos en la Tierra. Estos se centran en una región diametralmente opuesta a Chicxulub, que resulta ser muy cercana a las *traps* del Decán.

Los astrónomos han intentado averiguar si el objeto que impactó era un cometa o un asteroide, e incluso de dónde venía. En 2007, William Bottke y otros[13] publicaron un análisis de similitudes químicas sugiriendo que el objeto que impactó se originó en un grupo de asteroides conocido como familia baptistina y que este se separó hace aproximadamente 160 millones de años. Pero al menos un asteroide de este grupo tenía la química equivocada y en 2011 se estimó en 80 millones de años el momento de la separación, lo que no deja un hueco suficientemente grande antes del impacto.

Una cosa que se ha determinado es cómo el caos provoca que los asteroides sean lanzados fuera de su cinturón y acaben golpeando la Tierra. El culpable es Júpiter, hábilmente ayudado por Marte.

Recordemos del capítulo 5 que en el cinturón de asteroides había huecos (a ciertas distancias del Sol, la población era inusualmente dispersa) y que esto tenía correlación con las órbitas en resonancia con Júpiter. En 1983, Wisdom estudió la formación del hueco de Kirkwood 3:1 tratando de comprender el mecanismo matemático que provoca que los asteroides sean expulsados de dicha órbita. Los matemáticos y físicos ya han descubierto una asociación cercana entre las resonancias y el caos.

En el corazón de la resonancia está la órbita periódica, en la cual el asteroide da un número completo de revoluciones mientras que Júpiter da otro número completo. Estos dos números caracterizan la resonancia y en el ejemplo anterior eran 3 y 1. Sin embargo, dicha órbita cambiará porque otros cuerpos perturban el asteroide. La pregunta es: ¿cómo?

En la mitad del siglo XX, tres matemáticos, Andrei Kolmogorov, Vladimir Arnold y Jürgen Moser, obtuvieron partes diferentes de la respuesta a esta pregunta, puestos juntos en el teorema KAM. Este afirma que las órbitas cercanas a la periódica son de dos tipos. Algunas son cuasi periódicas, trazando espirales alrededor de la órbita original de manera regular. Las otras son caóticas. Además, los dos tipos están anidados de una manera compleja. Las órbitas cuasi periódicas trazan espirales alrededor de tubos que rodean la órbita periódica. Hay infinidad de tubos. Algunos son más complicados y trazan espirales alrededor de las órbitas en espiral. Entre estos tubos hay otros todavía más complicados que trazan espirales alrededor de los anteriores y así sucesivamente. (Esto es lo que significa «cuasi periódicas».) Las órbitas caóticas rellenan los huecos intrincados entre todas estas espirales y espirales múltiples, y son definidos por las madejas homoclínicas de Poincaré.

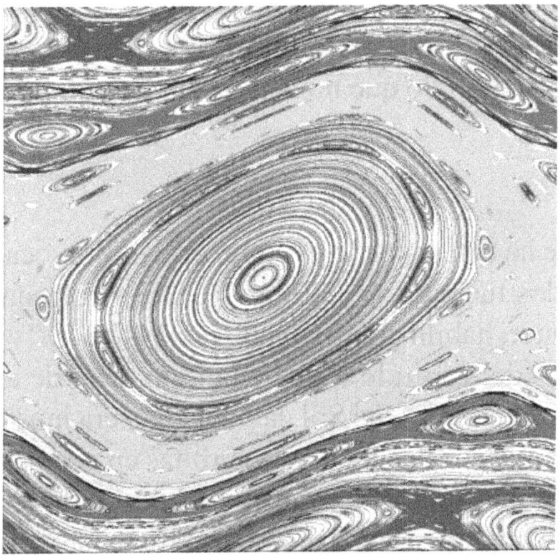

Corte transversal de órbitas cercanas a una periódica calculado numéricamente, según el teorema KAM.

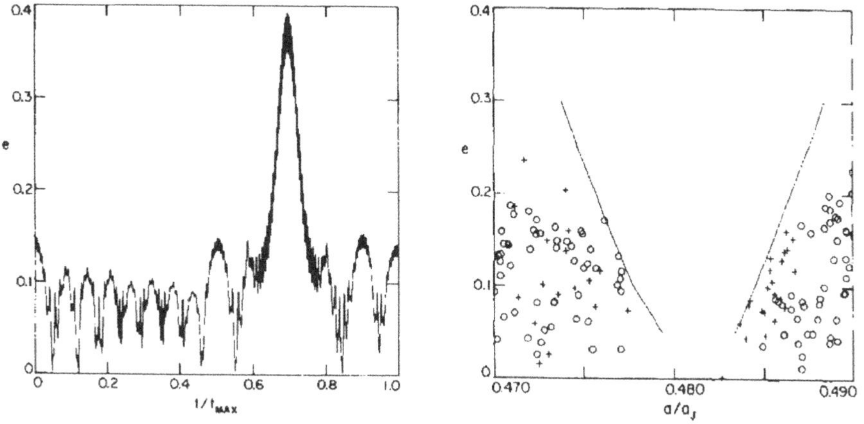

A la izquierda, máximo de excentricidad (eje vertical). El eje horizontal es el tiempo. A la derecha, las aristas exteriores de la zona caótica (líneas sólidas) y los elementos orbitales de los asteroides (puntos y cruces). El eje vertical es la excentricidad; el eje horizontal es el radio mayor en relación con el de Júpiter.

Esta estructura tan compleja puede visualizarse con mayor facilidad tomando prestado un truco de Poincaré y observándola en un corte transversal. La órbita periódica inicial se corresponde con el punto central, los tubos cuasi periódicos tienen curvas cerradas en los cortes transversales y las regiones sombreadas entre ellas son rastros de órbitas caóticas. Dichas órbitas pasan a través de algún punto en la región sombreada, viajan alrededor de la órbita periódica original y aparecen de nuevo en el corte transversal en un segundo punto, cuya relación con el primero parece aleatoria. Lo que observaríamos no sería un asteroide moviéndose como un borracho, sino un asteroide cuyos elementos orbitales cambian caóticamente de una órbita a la siguiente.

Para llevar a cabo cálculos concretos del hueco de Kirkwood 3:1, Wisdom inventó un método nuevo para modelizar la dinámica: una fórmula que muestra cómo las órbitas sucesivas golpean el corte transversal. En lugar de resolver una ecuación diferencial para la órbita, la fórmula se va aplicando repetidamente. Los resultados confirman que se dan órbitas caóticas y proporcionan detalles del aspecto que tienen. Para las más interesantes, la excentricidad aproximada de la elipse aumenta de repente y se hace mucho mayor. De modo que una órbita que es aproximadamente una circunferencia, quizá una elipse regordeta, se convierte en una estrecha. De hecho, lo suficientemente larga como para cruzar la órbita de Marte. Como hace eso una y otra vez, la probabilidad de que se acerque a Marte y sea perturbada por su efecto honda es alta. Y eso la lanzaría a cualquier parte. Wisdom sugiere que fue con este mecanismo con el que Júpiter limpió el hueco de Kirkwood 3:1. Como confirmación, trazó los elementos orbitales de los asteroides cercanos al hueco y los comparó con la zona caótica de su modelo. El encaje era casi perfecto.

Básicamente, un asteroide que trata de trazar una órbita en el hueco se ve afectado por el caos y pasa a Marte, que lo lanza lejos. Júpiter lanza el córner y Marte remata. Y a veces, solo a veces, Marte dispara en nuestra dirección. Y si el disparo resulta entrar en la portería... Marte uno, dinosaurios cero.

10

La autopista interplanetaria

Los viajes espaciales son una sandez absoluta.

RICHARD WOOLLEY, astrónomo real, 1956

Cuando los científicos y los ingenieros visionarios empezaron a pensar por primera vez en serio sobre el aterrizaje de los seres humanos en la Luna, uno de los primeros problemas fue calcular la mejor ruta. «Mejor» tiene muchos significados. En este ejemplo los requisitos son una trayectoria rápida, minimizar el tiempo que los astronautas vulnerables pasan arrojados al vacío en una glorificada lata de hojalata y encender y apagar el motor del cohete tan pocas veces como sea posible para reducir las posibilidades de caída.

Cuando el *Apolo 11* puso a dos astronautas sobre la Luna, su trayectoria obedecía a estos dos principios. Primero la nave espacial fue introducida en una órbita terrestre baja, donde se podía comprobar la seguridad de todo el operativo. Luego, con una única explosión de los motores, fue enviada a toda velocidad a la Luna. Cuando estuvo cerca, unos cuantos arranques más la ralentizaron de nuevo, introduciéndola en la órbita lunar. Entonces, el módulo de aterrizaje bajó a la superficie y su mitad superior volvió unos días más tarde con la tripulación. Fue entonces vaciada y la tripulación volvió a la Tierra gracias a otra explosión del motor para sacarla de la órbita lunar. Después de avanzar en punto muerto hacia casa, llegó la parte más peligrosa de toda la misión: emplear la fricción con la atmósfera de la Tierra como freno, para ralentizar el módulo de mando lo suficiente como para aterrizar utilizando un paracaídas.

Durante un tiempo, este tipo de trayectoria, que en su forma más sencilla se conoce como «elipse de Hohmann», fue utilizada en la mayoría

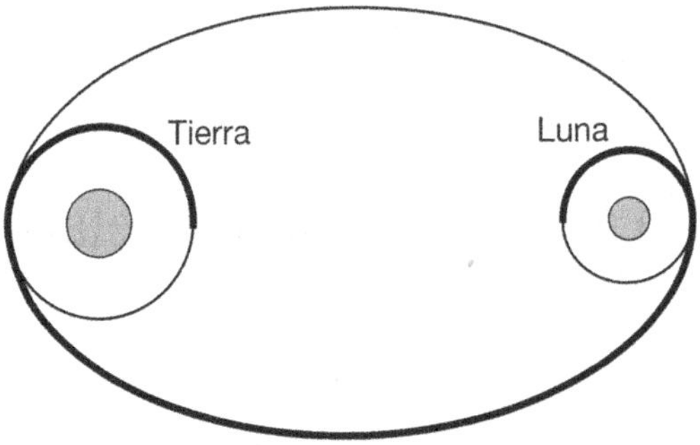

Elipse de Hohmann. La línea gruesa muestra la órbita de transferencia.

de las misiones. Hay un modo en el cual la elipse de Hohmann es óptima. En concreto, es más rápida que la mayoría de las alternativas para la misma cantidad de combustible del cohete. Pero a medida que la humanidad adquirió experiencia con las misiones espaciales, los ingenieros se dieron cuenta de que había otros requisitos para otro tipo de misiones. En concreto, la velocidad es menos importante si lo que se envía son máquinas o suministros.

Hasta 1961, quienes organizaban las misiones, convencidos de que la elipse de Hohmann es óptima, veían el campo de gravitación de un planeta como un obstáculo que tenía que superarse mediante un empuje extra. Entonces Michael Minovitch descubrió el efecto honda en una simulación.[1] Unas cuantas décadas después, las nuevas ideas de las matemáticas sobre las órbitas de muchos cuerpos llevaron al descubrimiento de que una nave espacial puede llegar a su destino con mucho menos combustible, lo que se hace siguiendo una trayectoria muy diferente de la que se utilizó en el aterrizaje en la Luna. El inconveniente es que requiere mucho más tiempo y podría necesitar una serie de impulsos del cohete más complejos. Sin embargo, los motores de los cohetes hoy en día son más fiables y pueden encenderse repetidamente sin incrementar demasiado la probabilidad de fracaso.

En lugar de considerar tan solo la Tierra y el objetivo final, los ingenieros empezaron a pensar en el resto de los cuerpos que podrían afectar potencialmente a la trayectoria de una sonda espacial. Sus campos de gravitación se combinan para crear un tipo de paisaje de energía, una metáfora que encontramos en conexión con los puntos de Lagrange y los

Concepción artística de la autopista interplanetaria. El lazo representa una posible trayectoria a lo largo del tubo y los estrangulamientos, puntos de Lagrange.

asteroides troyanos y griegos. A todos los efectos, la nave espacial vaga alrededor de los contornos de este paisaje. Una vuelta de tuerca es que el paisaje cambie a medida que el cuerpo se mueve. Otro es que matemáticamente este es un paisaje en muchas dimensiones, no tan solo las tres habituales, porque la velocidad es importante así como la posición. Un tercero es que el caos juega un papel clave y podemos aprovechar el efecto mariposa para obtener grandes resultados a partir de pequeñas causas.

Estas ideas se han aplicado en misiones reales. También implican que una red de tubos matemáticos invisibles une sus planetas, un sistema de autopistas interplanetarias que proporciona rutas eficientes poco habituales entre ellos.[2] La dinámica que dirige estos tubos explicaría incluso cómo están espaciados los planetas, un avance moderno en la ley de Titius-Bode.

La misión *Rosetta* es un ejemplo de los nuevos modos de diseñar las trayectorias de las sondas espaciales. No aplica el efecto mariposa, pero demuestra que una planificiación imaginativa puede producir resultados que al principio parecían imposibles, explotando características naturales del paisaje gravitacional del sistema solar. *Rosetta* fue técnicamente un reto, en particular debido a la distancia y velocidad del objetivo. En el momento del aterrizaje, el cometa 67P estaba a 480 millones de kilómetros de la Tierra y viajaba a más de 50.000 km/h. Eso es sesenta veces más rápido que un pasajero en un avión a reacción. Debido a las limitaciones de la actual ingeniería espacial, el método de apunto y disparo empleado en el aterrizaje en la Luna no funcionaría.

Salir de la órbita de la Tierra con la suficiente velocidad es difícil y caro, pero es posible. De hecho, la misión *New Horizons* a Plutón adoptó una ruta directa. Tomó prestada un poco de la velocidad extra de Júpiter durante su camino, pero podría haber llegado a su destino sin este extra, aunque hubiera necesitado más tiempo. El primer problema fue desacelerar de nuevo y esto se solucionó sin intentarlo siquiera. *New Horizons,* el vehículo espacial más rápido jamás lanzado, utilizó un cohete muy potente con cinco aceleradores de combustible sólido y una etapa final extra para aumentar la velocidad cuando dejase la Tierra. A estos cinco los dejó atrás tan pronto como pudo, pues eran demasiado pesados para llevarlos y más sin combustible. Cuando la sonda llegó a Plutón, iba disparada a través del sistema a una velocidad alta y tenía que hacer sus principales observaciones científicas en un período de alrededor de un día. Durante ese tiempo estaba demasiado ocupada para comunicarse con la Tierra, provocando un período de nerviosismo mientras los científicos y directores de la misión esperaban para ver si había sobrevivido al encuentro. Colisionar con un solo grano de polvo habría resultado fatal.

Por el contrario, *Rosetta* tenía que encontrarse con 67P y estar con él mientras el cometa se acercaba al Sol, observándolo todo el tiempo. Y tenía que depositar a *Philae* en la superficie del cometa. Respecto al cometa, *Rosetta* tiene que ser bastante estacionaria, pero este estaba a más de 480 millones de kilómetros y moviéndose a la velocidad colosal de 55.000 km/h. De modo que la trayectoria de la misión tenía que ser diseñada para darle alcance y acabar en la misma órbita que el cometa. Incluso dar con una trayectoria adecuada era difícil, por lo que fue difícil encontrar un cometa adecuado.

En este caso, la sonda siguió una ruta muy indirecta,[3] que, entre otras cosas, la devolvió cerca de la Tierra tres veces. Fue como viajar de Londres a Nueva York trasladándose primero varias veces de Londres a Moscú ida y vuelta. Pero las ciudades están quietas respecto a la Tierra, mientras que los planetas no, y eso supone una gran diferencia. La sonda empezó su viaje épico moviéndose en lo que ingenuamente parecía ser la dirección equivocada. Se dirigía al Sol, a pesar de que el cometa estaba más allá de la órbita de Marte y alejándose. (No quiero decir directamente hacia, solo que la distancia al Sol se reducía.) La órbita de *Rosetta* se columpió hasta el Sol y volvió a estar cerca de la Tierra, donde fue lanzada hacia fuera al encuentro de Marte. De nuevo se columpió para volver a encontrarse con la Tierra una segunda vez y luego se dirigió hacia fuera de nuevo, más allá de la órbita de Marte. En ese momento, el cometa estaba en la parte lejana del Sol y más cerca a él de lo que lo estaba *Rosetta*. Un tercer encuentro con la Tierra lanzó la sonda hacia fuera otra vez, persiguiendo al cometa a medida que se alejaba del Sol. Finalmente, *Rosetta* se encontró con su destino.

¿Por qué una ruta tan complicada? ESA no apuntó sin más su cohete hacia el cometa y lo disparó. Eso habría requerido mucho más combustible y en el momento en que hubiera llegado allí, el cometa ya estaría en algún otro lugar. Sin embargo, *Rosetta* realizó un baile cósmico coreografiado cuidadosamente, impulsado por la combinación de las fuerzas gravitatorias del Sol, la Tierra, Marte y otros cuerpos relevantes. Su ruta, calculada explotando la ley de gravedad de Newton, fue diseñada para que fuese eficiente en lo que al combustible se refiere. Cada vuelo de reconocimiento cerca de la Tierra y Marte le daba a la sonda un impulso gratuito, ya que tomaba prestada energía del planeta. Un pequeño acelerón de uno de los cuatro motores mantenía la nave en marcha. El precio pagado por ahorrar en combustible fue que *Rosetta* tardó diez años en llegar a su destino. Sin embargo, sin pagar ese precio, la misión habría sido demasiado costosa como para haberse puesto en marcha.

Este tipo de trayectoria, dar vueltas y vueltas, y entrar y salir buscando impulsos acertados para la velocidad de planetas y lunas, es común en las misiones espaciales para las que el tiempo no es esencial. Si una sonda espacial pasa cerca de un planeta cuando este viaja a lo largo de su órbita, esta puede robar algo de la energía del planeta en una maniobra que actúe como una honda. El planeta en realidad desacelera, pero la disminución es demasiado pequeña para que incluso el aparato más sensible lo perciba. De modo que la sonda recibe un impulso en su velocidad sin tener que utilizar combustible para cohetes.

La trampa, como siempre, está en la letra pequeña. Para poder diseñar dichas trayectorias, los ingenieros deben ser capaces de predecir los movimientos de todos los cuerpos involucrados y tienen que hacer que el viaje completo encaje para que la sonda llegue al destino planeado. Así pues, el diseño de la misión es una mezcla de cálculos y magia negra. Todo depende de un área de la actividad humana cuyo papel en la exploración espacial raramente se da o se insinúa, pero sin la cual no podría lograrse nada. Cuando los medios empiezan a hablar de «modelos computacionales» o «algoritmos», podemos suponer que lo que realmente quieren decir es «matemáticas», pero o bien tienen miedo de mencionar la palabra o bien creen que nos asustarán. Hay razones sensatas para no restregar en las narices de la gente detalles matemáticos complejos, pero hace un daño grave a uno de los modos de pensamiento más potentes de la humanidad pretender que no existen para nada.

El principal truco de la dinámica de *Rosetta* fue la maniobra que actúa como una honda. Aparte de esos encuentros repetidos, siguió de modo efectivo una serie de elipses de Hohmann. En lugar de ir a la órbita alrededor de 67P, siguió una elipse cercana que rodeaba el Sol. Pero hay un truco todavía más misterioso, un verdadero punto de inflexión, que está revolucionando el diseño de las trayectorias de las misiones. Sorprendentemente está basado en el caos.

Como expliqué en el capítulo 9, en sentido matemático el caos no es simplemente un término de moda para un comportamiento aleatorio o errático. Es un comportamiento que parece ser aleatorio y errático, pero que realmente está controlado por un sistema oculto de reglas deterministas explícitas. Para los cuerpos celestes, estas reglas son las leyes del movimiento y la gravedad. A primera vista, las reglas no ayudan demasiado, porque su principal implicación es que ese movimiento caótico es impredecible a la larga. Hay un horizonte de predicción, más allá del cual cualquier movimiento que se predice estará plagado de pequeños errores inevitables en la medición del estado actual. Sobrepasado el horizonte, todo queda en el aire. De modo que el caos parece una cosa mala en todos los sentidos.

Una de las primeras críticas de la «teoría del caos» fue que debido a que el caos es impredecible, dificulta que los seres humanos traten de comprender la naturaleza. ¿Cuál es el sentido de una teoría que lo hace todo más difícil? Es peor que inútil. De algún modo, las personas que manifestaban esto parecían imaginar que la naturaleza se las arreglaría de manera milagrosa para evitar el caos y echarnos una mano. O que si no hubiesemos notado que algunos sistemas son impredecibles, estos habrían sido predecibles.

El mundo no funciona así. No siente estar sujeto a ninguna coacción para complacer a los seres humanos. El trabajo de las teorías científicas es ayudarnos a entender la naturaleza, el control mejorado de la naturaleza es una consecuencia común, pero no es el principal objetivo. Sabemos, por ejemplo, que el núcleo de la Tierra consiste en hierro fundido, por lo que no hay ninguna expectativa seria de llegar hasta ahí, incluso con una máquina tuneladora autónoma. ¡Qué teoría más tonta! Qué inútil. Excepto que, lo siento, es cierta. Y en realidad, también es útil, pues ayuda a explicar el campo magnético de la Tierra, algo que nos sirve para seguir con vida pues desvía la radiación.

De manera similar, el principal factor de la teoría del caos es que el caos está ahí, en el mundo natural. En circunstancias comunes adecuadas, es tan inevitable, tan consecuencia de las leyes de la naturaleza, como los bonitos y sencillos patrones que pueden ser las órbitas elípticas periódicas que hicieron arrancar la revolución científica. Como está aquí, tenemos que acostumbrarnos a él, incluso si la única cosa que pudiéramos hacer con la teoría del caos fuera avisar a la gente de que cabe esperar un comportamiento errático en sistemas basados en reglas, merecería la pena saberlo. Nos prevendría de buscar influencias externas inexistentes que, de otro modo, podríamos suponer que son la causa de las irregularidades.

En realidad, la «teoría del caos» tiene más consecuencias útiles. Debido a que el caos surge de reglas, podemos utilizarlo para inferir reglas, probarlas y hacer deducciones a partir de ellas. Ya que la naturaleza se comporta de manera caótica con frecuencia, sería mejor intentar comprender cómo funciona el caos. Pero la verdad es más positiva todavía. El caos puede ser bueno para nosotros, gracias al efecto mariposa. Pequeñas diferencias iniciales pueden provocar grandes cambios. Démosle a esto la vuelta. Supongamos que queremos provocar un huracán, parece una tarea enorme, pero como Terry Pratchett señaló en *Tiempos interesantes*, todo lo que necesitamos hacer es encontrar a la mariposa apropiada y... a aletear.

Esto es caos, no como un obstáculo, sino como una forma muy eficiente de control. Si pudiéramos invertir de algún modo la ingeniería del efecto mariposa, seríamos capaces de redireccionar un sistema caótico a un nuevo estado con muy poco esfuerzo. Podríamos derribar un gobierno y empezar una guerra simplemente moviendo un dedo. ¿Improbable? Sí, pero recordemos Sarajevo. Si las circunstancias son correctas, todo lo que se necesita es un dedo en el gatillo de una pistola.[4]

El problema de los muchos cuerpos en astronomía es caótico. Empleando el efecto mariposa en ese contexto nos permite redirigir una sonda espacial sin apenas utilizar un propulsor. Podríamos, por ejemplo, dar una patada a una sonda lunar casi exhausta fuera de su órbita alrededor de la Luna y enviarla a buscar un cometa. Eso también suena improbable, pero en principio el efecto mariposa debería ser capaz de resolverlo.

¿Cuál es el problema? (Siempre hay uno. Nadie da nada por nada.)

Encontrar la mariposa adecuada.

La elipse de Hohmann vincula una órbita terrestre a una órbita alrededor del planeta objetivo, y modificándola solo un poco es una elección bastante buena para una misión tripulada. Si transportamos bienes perecederos (seres humanos), entonces tenemos que llegar rápidamente al destino. Sin embargo, si el tiempo no es esencial, hay rutas alternativas que requieren más tiempo pero menos combustible. Para explotar el efecto mariposa, necesitamos una fuente de caos. La elipse de Hohmann consiste en tres órbitas diferentes de dos cuerpos (elipses y circunferencias) unidas entre sí utilizando un refuerzo de propergol para pasar la sonda de una a otra. Pero no hay caos en el problema de dos cuerpos. ¿Dónde encontramos el

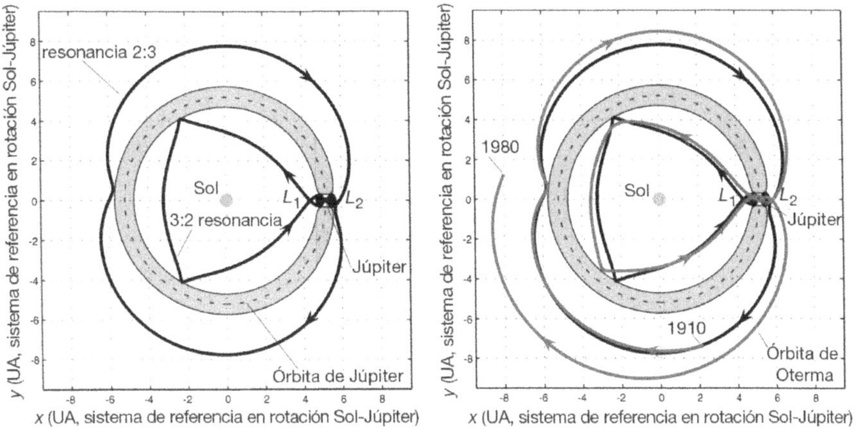

A la izquierda, paisaje gravitacional para la órbita de Oterma que muestra una órbita periódica en resonancia 3:2 con Júpiter. A la derecha, la órbita real del cometa desde 1910 a 1980.

caos orbital? En el problema de tres cuerpos. De modo que en lo que deberíamos pensar es en unir las órbitas de tres cuerpos. También podemos incluir las de dos cuerpos, si sirven de ayuda, pero no estamos limitados a ellas.

A finales de la década de 1960, Charles Conley y Richard McGehee señalaron que cada una de dichas rutas está rodeada por un conjunto de tubos anidados uno dentro del otro. Cada tubo corresponde a una elección concreta de velocidad. Cuando más lejos se esté de la velocidad óptima, más ancho es el tubo. En la superficie de cualquier tubo dado, la energía total es constante. Es una idea sencilla, con una consecuencia importante. Para visitar otro mundo de manera que sea eficiente en lo que se refiere al combustible, busquemos un tubo.

Los planetas, lunas, asteroides y cometas están unidos unos a otros por una red de tubos. Los tubos siempre han estado ahí, pero solo pueden ser vistos a través de ojos matemáticos y sus paredes son niveles de energía. Si pudiéramos visualizar el siempre cambiante paisaje de los campos de gravitación que controla los movimientos de los planetas, seríamos capaces de ver los tubos girando junto con los planetas en su majestuoso y lento baile gravitacional. Pero ahora sabemos que este baile puede ser impredecible.

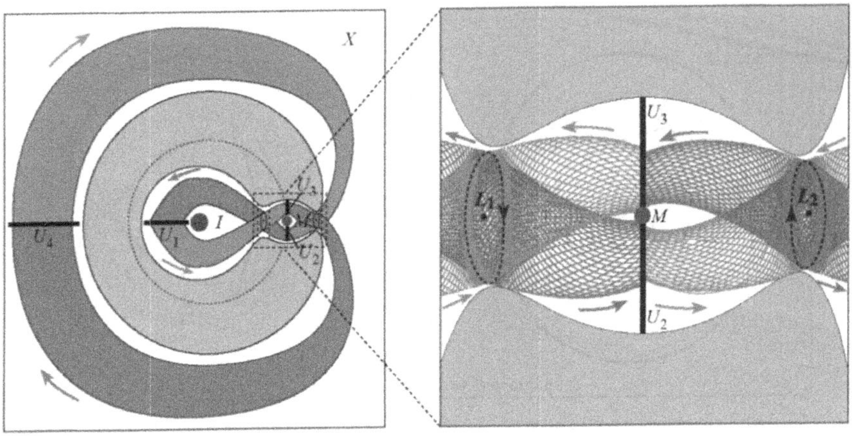

A la izquierda, el sistema de tubos de Oterma.
A la derecha, primer plano de la región de intercambio.

Consideremos, por ejemplo, Oterma, un cometa notablemente rebelde. Hace un siglo, la órbita de Oterma estaba bastante fuera de la órbita de Júpiter. Después de un encuentro, su órbita se movió al interior de la de Júpiter. Luego volvió a mudarse de nuevo. Oterma continuará intercambiado órbitas cada pocas décadas, no porque rompa la ley de la gravedad de Newton, sino porque la obedece. La órbita de Oterma está dentro de dos tubos que se encuentran cerca de Júpiter. Un tubo se halla en el interior de la órbita de Júpiter, el otro en el exterior. En la intersección, el cometa intercambia los tubos, o no, depende de los efectos caóticos de la gravedad joviana y solar. Pero una vez dentro de un tubo, Oterma está metido ahí hasta que vuelve a la intersección. Como un tren que tiene que estar en los raíles, pero puede cambiar su ruta a otro conjunto de raíles si alguien intercambia los puntos, Oterma tiene algo de libertad para cambiar su itinerario, pero no mucha.

Los constructores victorianos de las vías férreas comprendieron la necesidad de explotar las características naturales del terreno. Extendieron vías a través de valles y a lo largo curvas de nivel, cavaron túneles a través de las colinas para evitar llevar el tren a sus cimas. Escalar una colina, en contra de la fuerza de la gravedad, cuesta energía. Este coste aparece a medida que se incrementa el consumo de combustible, y este cuesta dinero. Lo mismo ocurre con un viaje interplanetario, pero el paisaje de energía cambia a medida que los planetas se mueven. Sus dimensiones son muchas más que las dos que caracterizan la localización de un tren. Representan dos cantidades físicas distintas: localización y velocidad. Una nave espacial viaja a través de un paisaje matemático que tiene seis dimensiones en vez de dos. Los tubos y sus intersecciones son características especiales del paisaje gravitacional del sistema solar.

Un paisaje natural tiene colinas y valles. Se necesita energía para escalar una colina, pero un tren puede ganar energía bajando a un valle. Dos tipos de energía entran en juego. La altura sobre el nivel del mar determina la energía potencial del tren, que lleva a la fuerza de gravedad. Luego está la energía cinética, que corresponde a la velocidad. Cuando un tren baja la colina y acelera, intercambia energía potencial por cinética. Cuando sube la colina y desacelera, el intercambio es en sentido inverso. La energía total es constante, de modo que el movimiento va a lo largo de una curva de nivel en el paisaje de energía. Sin embargo, los trenes tienen una tercera fuente de energía: el combustible. Quemando gasóleo o empleando energía eléctrica, el tren puede escalar una pendiente o acelerar, liberándose a sí mismo de la trayectoria natural que seguiría libremente. En cualquier instante, la energía total debe seguir siendo la misma, pero todo lo demás es negociable.

Ocurre más o menos lo mismo con la nave espacial. Los campos de gravitación del Sol, los planetas y otros cuerpos proporcionan energía potencial. La velocidad de la nave espacial se corresponde con la energía cinética. Y su fuerza motriz añade una fuente de energía más que puede cambiarse de encendido a apagado según se desee. La energía juega el papel de la altura en el paisaje y la ruta seguida por la nave espacial es un tipo de curva de nivel, a lo largo de la cual la energía total permanece constante. De manera significativa, no tenemos que estar pegados a una única curva de nivel, podemos quemar algo de combustible y cambiar a una diferente, moviéndonos «colina arriba» o «colina abajo».

El truco es hacer esto en el lugar correcto. Los ingenieros del ferrocarril de la época victoriana eran conscientes de que el paisaje terreste tiene características especiales: los picos de las colinas, los bajos de los valles, la geometría de silla de montar de los puertos de montaña. Estas características son importantes, forman un tipo de esqueleto para la geometría general de las curvas de nivel. Por ejemplo, cerca de un pico, las curvas de nivel forman curvas cercanas unas a otras. En los picos, la energía potencia es un máximo local y en un valle un mínimo local. Los puertos combinan características de ambos, máximo en algunos puntos y mínimo en otros, y te pasan a través de las montañas con el menor esfuerzo.

De manera similar, el paisaje de energía del sistema solar tiene características especiales. Las más obvias con el Sol, los planetas y los satélites, que se sitúan en el fondo de los pozos gravitacionales. Igual de importantes, pero menos visibles, son las cimas de las colinas, los valles y los puertos de montaña del paisaje de energía. Estas características organizan la geometría general y es esta geometría la que crea los tubos. La característica más conocida del paisaje de energía, además de los pozos gravitacionales, son los puntos de Lagrange.

Alrededor de 1985, Edward Belbruno fue pionero en el empleo de la dinámica caótica para la planificación de misiones, introduciendo lo que entonces se llamaba teoría de límites borrosos. Se dio cuenta de que cuando se emparejaban con el caos, los tubos determinaban nuevas rutas eficientemente energéticas de un cuerpo celeste a otro. Las rutas están construidas a partir de piezas de órbitas naturales en sistemas de tres cuerpos que tienen características nuevas, como los puntos de Lagrange. Un modo de encontrarlos es empezar en el medio e ir hacia afuera. Imaginemos una nave espacial situada en el punto L1 Tierra/Luna, entre los dos cuerpos. Si se le da un pequeño empujón, empieza a ir cuesta abajo a medida que pierde su energía potencial y gana energía cinética. Unos cuantos empujones la envían hacia la Tierra y al final orbita el planeta que es nuestro hogar. Otros lo envían hacia la Luna, a la captura de una órbita lunar. Al invertir la ruta de L1 a la Tierra y añadiendo una ruta apropiada de L1 a la Luna, obtendremos una trayectoria eficiente energéticamente de la Tierra a la Luna con un cruce en L1.

A medida que esto sucede, L1 resulta un buen lugar para hacer pequeños cambios de dirección. La dinámica natural de la nave espacial cerca de L1 es caótica, de modo que cambios muy pequeños en la posición o la velocidad crean grandes cambios en la trayectoria. Al explotar el caos, podemos redirigir nuestra nave espacial a otros destinos de una manera que sea eficiente con el combustible, aunque probablemente lenta.

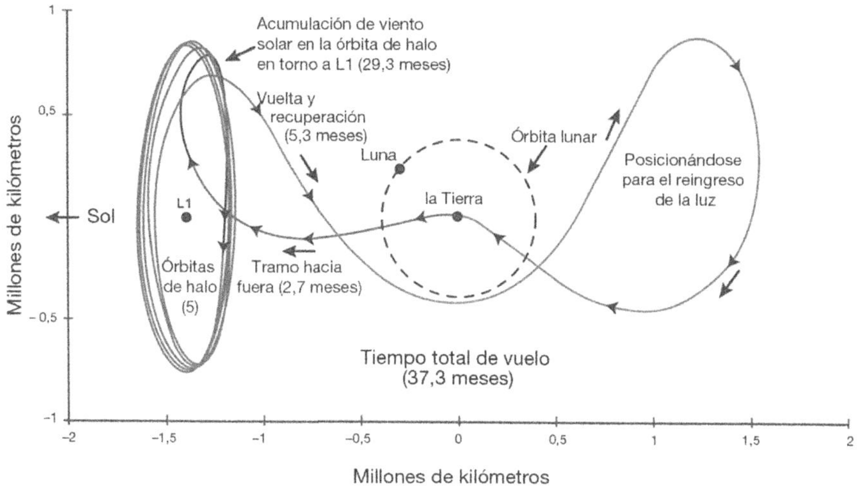

Trayectoria de la misión *Génesis*.

El truco del tubo se utilizó por primera vez en 1985 para redirigir el casi muerto International Sun-Earth Explorer *ISEE-3* al encuentro del cometa Giacobini-Zinner. En 1990, Belbruno contactó con la agencia espacial japonesa para hablar de una de sus sondas, *Hiten*, que había completado su principal misión y tenía poco combustible. Presentó una trayectoria que temporalmente la aparcaría en una órbita lunar y luego la redirigiría a los puntos L4 y L5 para buscar partículas de polvo atrapadas. El mismo truco se empleó de nuevo para la misión *Génesis*, para traer muestras de partículas del viento solar.[5]

Los matemáticos e ingenieros que querían repetir ese truco y descubrir otros del mismo tipo, intentaron comprender qué era lo que realmente lo hacía funcionar. Se dirigieron a estos lugares especiales en el paisaje de energía, análogos a los puertos de montaña, que crean «cuellos de botella» por los que los potenciales viajeros deben navegar. Hay rutas específicas «de entrada» y «de salida», análogas a las rutas naturales a través de los puertos de montaña. Para seguir exactamente estas rutas de entrada y de salida hay que viajar a la velocidad justa, pero si es es un poco diferente, todavía podemos quedarnos cerca de esas rutas. Para planear el perfil de una misión eficiente, tenemos que decidir qué tubos son relevantes. Dirigimos la nave espacial a través del primer tubo de entrada y, al llegar al punto de Lagrange, un rápido arranque de los motores la redirige a lo largo del tubo de salida. Este deriva en otro tubo de entrada... y así sucesivamente.

En 2000, Wang Sang Koon, Martin Lo, Jerrold Marsden y Shane Ross utilizaron tubos para diseñar un recorrido por las lunas de Júpiter, con un empuje gravitatorio cerca de Ganimedes seguido por un viaje en tubo a Europa. Una ruta más compleja, que requiere menos energía, incluye también a Calisto. Emplea una dinámica de cinco cuerpos: Júpiter, las tres lunas y la nave espacial.

En 2002, Lo y Ross calcularon rutas naturales en el paisaje de energía, acercándose y alejándose de los puntos L1 y L2 de los planetas del sistema solar y hallaron que se intersecan la una con la otra. La imagen ilustra estas rutas en una sección de Poincaré. La curva punteada que sale de Saturno (S) cruza la curva sólida que sale de Júpiter (J), dando una órbita de transferencia de baja energía entre los dos planetas que nos ocupan. Lo mismo vale para las otras intersecciones, de modo que empezando en Neptuno, una nave espacial puede transferirse de manera eficiente a Urano, luego a Saturno, luego a Júpiter, cambiando entre los puntos L1

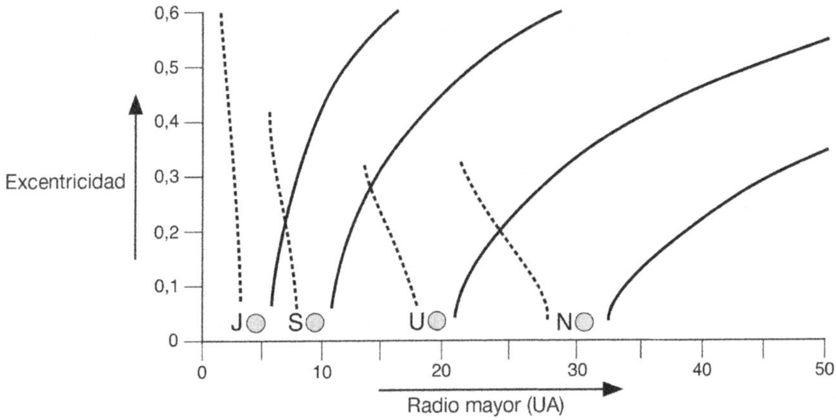

Rutas de baja energía vinculadas a los puntos L1 (punteadas) y L2 (sólidas) para los cuatro planetas exteriores (J, S, U, N). Las de los planetas interiores son demasiado pequeñas para ser visibles a esta escala. Las intersecciones, donde se encuentran los tubos que las rodean, proporcionan puntos de intercambio de las órbitas de transferencia de baja energía.

y L2 en cada planeta. El mismo proceso puede continuarse en el sistema solar interior o a la inversa, moverse hacia fuera, paso a paso. Este es el esqueleto matemático de la autopista interplanetaria.

En 2005, Michael Dellnitz, Oliver Junge, Marcus Post y Bianca Thiere utilizaron tubos para planear una misión energéticamente eficiente de la Tierra a Venus. El tubo principal une el punto L1 Sol/Tierra con el punto L2 Sol/Venus. Como comparación, esta ruta solo necesita un tercio del combustible requerido por la misión *Venus Express* de la Agencia Espacial Europea, porque puede utilizar motores de bajo rendimiento, el precio es una extensión del tiempo de tránsito de 150 días a alrededor de 650 días.

La influencia de los tubos podría ir más allá. Dellnitz ha descubierto un sistema natural de tubos que conectan Júpiter con cada uno de los planetas interiores. Esto es un indicio de que Júpiter, el planeta dominante del sistema solar, juega el papel de una gran estación central celeste. Sus tubos bien podrían haber organizado la formación de todo el sistema solar, determinando los espacios entre los planetas interiores. No explica, ni siquiera apoya, la ley de Titius-Bode, sino que demuestra que la verdadera organización de los sistemas planetarios proviene de un patrón sutil de dinámica no lineal.

— 11 —

Grandes bolas de fuego

Puede que determinemos las formas de los planetas, sus distancias, sus tamaños y sus movimientos, pero nunca podremos saber nada de su composición química.

AUGUSTE COMTE, *Curso de filosofía positiva*

A posteriori, es fácil mofarse del pobre Comte, pero en 1835 era inconcebible que jamás pudiéramos averiguar de qué está hecho un planeta y no digamos una estrella. La cita dice «planetas», pero en otra parte afirma que sería incluso más difícil averiguar la composición química de una estrella. Su objetivo principal era decir que lo que la ciencia puede descubrir está sujeto a ciertos límites.

Y como a menudo sucede cuando los académicos de gran reputación declaran que algo es imposible, el significado más profundo de lo que quería decir era correcto, pero escogió precisamente el ejemplo equivocado. Irónicamente, la composición química de una estrella, incluso la de una a millones de años luz, es ahora una de las características más fáciles de observar. Siempre y cuando no pretendamos demasiados detalles, ocurre lo mismo con las galaxias, a millones de años luz. Incluso podemos aprender mucho sobre la atmósfera de los planetas, que brilla debido a la luz que reflejan.

Las estrellas plantean muchas preguntas, además de la de qué están hechas. ¿Qué son? ¿Cómo brillan? ¿Cómo evolucionan? ¿Cómo de lejos están? Combinando las observaciones con modelos matemáticos, los científicos han deducido respuestas detalladas a todas estas preguntas, incluso aunque visitar una estrella con la tecnología actual sea prácticamente imposible y no digamos excavar en una.

El descubrimiento que destroza el ejemplo de Comte fue un accidente. Joseph Fraunhofer empezó como un aprendiz de cristalero y casi se muere cuando su taller se derrumbó. Maximiliano I de Baviera organizó un rescate, le cogió simpatía al joven y financió su educación. Fraunhofer llegó a ser un experto en la producción de vidrio para instrumentos ópticos, convirtiéndose finalmente en el director del Instituto Óptico de Benediktbeuern. Construyó telescopios y microscopios de gran calidad, pero su avance científico más influyente llegó en 1814, cuando inventó un nuevo instrumento: el espectroscopio.

Newton trabajó en óptica además de en mecánica y en gravedad y descubrió que un prisma divide la luz blanca en sus componentes de colores. Otro modo de dividir la luz es utilizar una red de difracción, una superficie plana con renglones muy poco espaciados. Las ondas de luz reflejadas de la red interfieren con cada una de las otras. La geometría de las ondas implica que la luz de una longitud de onda dada (o frecuencia, que es la velocidad de la luz dividida por su longitud de onda) se refleja con más fuerza en ángulos concretos. Ahí, los picos de onda coinciden, de modo que se refuerzan unos a otros. Por el contrario, casi no se refleja ninguna luz en ángulos donde las ondas interfieren de manera destructiva, de modo que el pico de una onda se encuentra con el mínimo de otra. Fraunhofer combinó un prisma, una red de difracción y un telescopio para crear un instrumento que puede dividir la luz en sus componentes y medir sus longitudes de onda con mucha precisión.

Uno de los primeros descubrimientos fue que la luz emitida por un fuego tiene una tonalidad anaranjada característica. Al preguntarse si el Sol es básicamente una bola de fuego, apuntó con su espectroscopio hacia él para buscar luz de esa longitud de onda y observó un espectro completo de colores, como Newton había hecho, pero su instrumento era tan preciso que también revelaba la presencia de misteriosas líneas oscuras en numerosas longitudes de onda. Con anterioridad, William Wollaston había percibido seis de estas líneas: Fraunhofer al final encontró 574.

En 1859, el físico Gustav Kirchhoff y el químico Robert Bunsen, famoso por su quemador, habían demostrado que estas líneas aparecen porque los átomos de varios elementos absorben la luz de longitudes de onda concretas. El quemador de Bunsen se inventó para medir estas longitudes

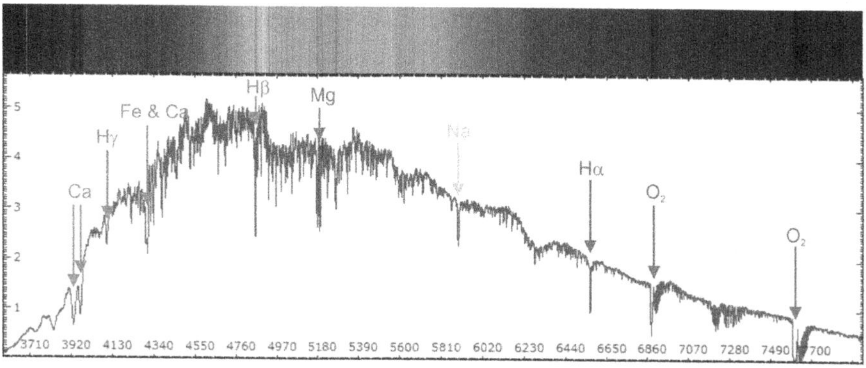

Espectro de una estrella. Arriba, como se ve en el espectroscopio. Abajo, luminosidad de cada longitud de onda. Las líneas de absorción mostradas son, de izquierda a derecha, calcio, hidrógeno gamma, hierro y calcio, hidrógeno beta, magnesio, sodio, hidrógeno alfa, oxígeno, oxígeno.

de onda en el laboratorio. Si sabemos, por ejemplo, las longitudes de onda que produce el potasio y averiguamos una línea correspondiente en el espectro solar, el Sol debe contener potasio. Fraunhofer aplicó esta idea a Sirius, observando así el primer espectro de una estrella. Al estudiar otras estrellas, se dio cuenta de que tenían espectros diferentes. La implicación de ello era enorme: no solo podemos averiguar de qué están hechas las estrellas, sino que sabemos que estrellas diferentes están hechas de cosas diferentes.

Había nacido una nueva rama de la astronomía, la espectroscopia estelar.

Dos mecanismos principales crean líneas espectrales. Los átomos pueden absorber luz para una longitud de onda dada, creando una línea de absorción, o pueden emitirla, creando una línea de emisión. La característica luz amarillenta de las farolas de sodio es una línea de emisión de sodio. Trabajando a veces juntos y a veces separados, Kirchhoff y Bunsen utilizaron sus técnicas para descubrir dos elementos nuevos: el cesio y el rubidio. Pronto otros dos astrónomos, Jules Janssen y Norman Lockyer, lo harían algo mejor, descubriendo un elemento que en aquella época no había sido detectado en la Tierra.

En 1868, Janssen estuvo en la India, observando un eclipse solar porque esperaba descubrir la química de la cromosfera del Sol, que es la capa de la atmósfera del Sol que está justo encima de la capa visible, la fotosfera. La cromosfera es tan tenue que solo puede observarse durante un eclipse total, cuando tiene una tonalidad rojiza. La fotosfera crea líneas de absorción, pero la cromosfera crea líneas de emisión. Janssen encontró una línea de emisión muy fuerte de un amarillo vivo (que provenía de la cromosfera) con una longitud de onda de 587,49 nanómetros y pensó que correspondía al sodio. Poco después, Lockyer la llamó línea espectral D_3, porque el sodio tiene dos líneas de longitudes de onda parecidas llamadas D_1 y D_2. Sin embargo, no tiene una línea de longitud de onda D_3, por lo que esa línea no era un signo del sodio.

De hecho, ningún átomo conocido tiene una línea así. Lockyer se dio cuenta de que había encontrado un elemento desconocido hasta el momento. Él y el químico Edward Frankland lo llamaron «helio», por la palabra griega para «sol», *helios*. En 1882, Luigi Palmieri había localizado la línea D_3 en la Tierra en una muestra de lava volcánica del monte Vesubio. Siete años más tarde, William Ramsay obtuvo muestras de helio aplicando ácido a un mineral llamado «cleveíta», que contiene uranio además de varios elementos «tierras raras». El helio resultó ser un gas a temperatura ambiente.

Hasta el momento esta historia atañe en su mayoría a la química, además de a la teoría de difracción matemática. Pero el relato da ahora un giro inesperado y entra de lleno en el reino tremendamente matemático de la física de partículas. En 1907, Ernest Rutherford y Thomas Royds estaban estudiando las partículas alfa emitidas por materiales radiactivos. Para averiguar qué eran, las atraparon en un tubo de vidrio que no contenía nada: el vacío. Las partículas pasaban a través de la pared del tubo, pero perdían energía y no podían salir de nuevo. El espectro del contenido del tubo tenía una línea D_3 fuerte. Las partículas alfa eran los núcleos atómicos del helio.

Resumiendo, los esfuerzos combinados de estos científicos llevaron al descubrimiento del segundo elemento más común en el universo después del hidrógeno. Pero el helio no es común en la Tierra. En su mayor parte, lo obtenemos destilando gas natural. Tiene numerosos usos científicos importantes: globo meteorológico, física de bajas temperaturas, escáneres de resonancia magnética para uso médico. Y, potencialmente, es el principal combustible de los reactores de fusión, una forma barata y relativamente segura de energía si esto acaba funcionando alguna vez. De modo que, ¿en qué malgastamos este elemento vital? En globos para fiestas infantiles.

La mayoría del helio del universo aparece en las estrellas y en las nubes de gas interestelares. Y es así porque se originó en las primeras etapas del Big Bang y es también el principal resultado de las reacciones de fusión en las estrellas. Lo vemos en el Sol debido a que este no está solo hecho de él, sino de mucho hidrógeno y muchos otros elementos en menores cantidades, y se hace a partir del... hidrógeno.

Un átomo de hidrógeno consiste en un protón y un electrón. Un átomo de helio tiene dos protones, dos neutrones y dos electrones y una partícula alfa omite los electrones. En una estrella, los electrones se han quitado y de las reacciones solo participa el núcleo del átomo. En el centro del Sol, donde la temperatura es de 14 millones de kélvines, cuatro núcleos de hidrógeno (cuatro protones) se aplastan unos contra otros debido a las fuerzas de gravitación masivas. Se funden para crear una partícula alfa, dos positrones, dos neutrinos y mucha energía. Los positrones y los neutrinos permiten a los dos protones convertirse en dos neutrones. A un nivel más profundo, deberíamos considerar realmente los quarks que lo componen, pero es suficiente con esta descripción. Una reacción similar hace que una «bomba de hidrógeno» explote con una fuerza devastadora, gracias a la cual se libera energía, aunque resultan involucrados otros isótopos del hidrógeno: el deuterio y el tritio.

Las primeras etapas de una rama nueva de la ciencia son algo así como ir a cazar mariposas: coge todo lo que puedas e intenta ordenar tus especímenes de una manera racional. Los espectroscopistas recogen espectros estelares y clasifican las estrellas según estos. En 1866, Angelo Secchi utilizó espectros para agrupar estrellas de tres clases distintas, correspondiéndose aproximadamente con sus colores predominantes: blanco y azul, amarillo, naranja y rojo. Más tarde añadió dos clases más.

Alrededor de 1880, Pickering empezó un estudio de los espectros de estrellas, publicado en 1890. Williamina Fleming realizó la mayoría de la

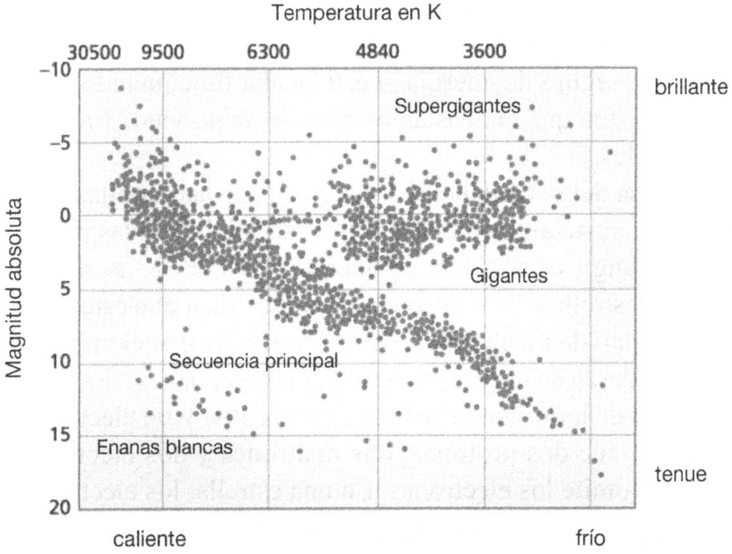

Diagrama de Hertzsprung-Russell. La magnitud absoluta está relacionada con la luminosidad, siendo –10 muy brillante y +20 muy tenue.

clasificación posterior utilizando un sistema como el de Secchi pero mejorado y simbolizado por letras del alfabeto de la A a la Q. Después de una serie de revisiones complejas, surgió el actual sistema Morgan-Keenan, que clasifica las estrellas como O, B, A, F, G, K y M. Las estrellas de tipo O tienen la temperatura de superficie más alta y las de tipo M la más baja. Cada clase se divide en otras más pequeñas numeradas del 0 al 9, de modo que la temperatura baja a medida que el número sube. Otra variable clave es la luminosidad de una estrella, su brillo intrínseco en todas las longitudes de onda, medido como la radiación total que se emite cada segundo.[1] A las estrellas también se les da una clase de luminosidad, que en su mayoría se expresa como un número romano, de modo que este esquema contiene dos parámetros que se corresponden aproximadamente con la temperatura y la luminosidad.

Las estrellas de clase O, por ejemplo, tienen una temperatura de superficie superior a 30.000 K. A la vista parecen azules, tienen una masa de al menos 16 veces la del Sol, muestran líneas de hidrógenos débiles y son muy raras. La estrellas de clase G tienen una temperatura de superficie entre 5.200 y 6.000 K, son de color amarillo pálido, tienen una masa de entre 0,8 y 1,04 veces la del Sol, muestran líneas de hidrógeno débiles y constituyen alrededor del 8 % de las estrellas conocidas. Entre ellas está nuestro Sol, tipo G2. Las estrellas de clase M tienen una temperatura de superficie entre 2.400 y 3.700 K, son rojo-anaranjadas, tienen una masa entre 0,08 y 0,45 veces la del Sol, muestran líneas de hidrógeno muy débiles y constituyen alrededor del 76 % de las estrellas conocidas.

La luminosidad de una estrella tiene relación con su tamaño y a las diferentes clases de luminosidad se les adjudican nombres para establecer un rango que va desde las hipergigantes, a supergigantes, gigantes, subgigantes, enanas (o secuencia principal) y subenanas. De modo que una estrella en concreto puede describirse como una gigante azul, una roja enana, etcétera.

Si representamos la temperatura y luminosidad de las estrellas en una gráfica, no obtendremos un diagrama de dispersión de puntos aleatorio, sino una forma que es como una Z al revés. Este es el diagrama Hertzsprung-Russell, presentado alrededor de 1910 por Ejnar Hertzsprung y Henry Russell. Sus características más destacables son una agrupación de gigantes y supergigantes brillantes y frías en la parte superior derecha, una «secuencia principal» diagonal y curva que va de cálido y brillante a frío y tenue, y un grupo disperso de enanas blancas calientes y sombrías en la parte inferior izquierda.

El estudio del espectro estelar fue más allá de la recolección de mariposas cuando los científicos empezaron a utilizarlas para averiguar cómo las estrellas producen luz y otras radiaciones. Rápidamente se dieron cuenta de que una estrella no es tan solo una fogata gigantesca. Si su fuente de energía se debiera a reacciones químicas ordinarias, el Sol se habría calcinado hace tiempo. El diagrama Hertzsprung-Russell también sugiere que las estrellas quizá evolucionan a lo largo de la Z del revés, desde la parte superior derecha a la inferior izquierda. Parece razonable; nacen como gigantes, se encogen a enanas y avanzan hacia abajo en la secuencia principal para convertirse en subenanas. Mientras se encogen, convierten la energía gravitatoria en radiación, un proceso llamado «mecanismo Kelvin-Helmholtz». A partir de esta teoría, los astrónomos de la década de 1920 dedujeron que el Sol tiene alrededor de 10 millones de años, atrayendo la ira de geólogos y biólogos evolucionistas que estaban convencidos de que era mucho más viejo.

Hasta la década de 1930 los astrónomos no cedieron, al darse cuenta de que las estrellas obtienen la mayoría de su energía de reacciones nucleares, no de colapso gravitacional y que la ruta evolutiva propuesta estaba equivocada. Había nacido un área nueva de la ciencia, la astrofísica. Esta emplea modelos matemáticos sofisticados para analizar las dinámicas y la evolución de las estrellas desde el momento de su nacimiento hasta el instante de su muerte. Los ingredientes principales para estos modelos provienen de la física nuclear y la termodinámica.

En el capítulo 1 vimos que las estrellas se forman cuando una vasta nube de gas primigenia se colapsa debido a su propia gravedad. Ahí nos centramos en la dinámica, pero las reacciones nucleares añaden nuevos detalles. El colapso libera energía gravitatoria, que calienta el gas para crear una protoestrella, un esferoide muy caliente de gas que da vueltas y está constituido principalmente por hidrógeno. Si la temperatura alcanza los 10 millones de kélvines, los núcleos de hidrógeno (protones) empiezan a fusionarse entre sí produciendo deuterio y helio. Las protoestrellas con masa inicial menor que 0,08 veces la del Sol nunca llegan a estar tan calientes y se apagan para formar enanas marrones. Brillan tenuemente, sobre todo por la luz de la fusión del deuterio y se desvanecen.

Las estrellas que están lo bastante calientes como para prender empiezan utilizando la cadena protón-protón. Primero, dos protones se fusionan para formar un diprotón (una forma ligera de helio) y un fotón. Luego un protón en el diprotón emite un positrón y un neutrino, y se convierte en un neutrón: ya tenemos un núcleo de deuterio. Este paso, aunque relativamente lento, libera una cantidad pequeña de energía. El positrón colisiona con un electrón y se anulan mutuamente para crear dos fotones y un poco más de energía. Después de unos cuatro segundos, el núcleo del deuterio se fusiona con otro protón para formar un isótopo de helio, helio-3, y se libera una buena cantidad de energía.

En esta etapa hay tres opciones. La principal fusiona dos núcleos de helio-3 para crear helio-4 ordinario, más dos núcleos de hidrógeno y todavía más energía. El Sol sigue este proceso el 86 % de las veces. Una segunda opción crea un núcleo de berilio, que cambia a litio, el cual se fusiona con hidrógeno y forma helio. También se desprenden varias partículas. El Sol sigue este proceso un 14 % de las veces. La tercera opción implica núcleos de berilio y boro, y se da un 0,11 % de las veces en el Sol.

En teoría, hay una cuarta opción en la que el helio-3 se fusiona con hidrógeno para formar directamente helio-4, pero es tan rara que nunca se ha observado.

Los astrofísicos representan estas reacciones con ecuaciones como:

$$^{2}_{1}\mathrm{D} + ^{2}_{1}\mathrm{H} \rightarrow ^{3}_{2}\mathrm{He} + \gamma + 5{,}49\ \mathrm{MeV}$$

donde D = deuterio, H = hidrógeno, He = helio, el índice superior es el número de neutrones, el inferior es el número de protones, γ es un fotón, y MeV es una unidad de energía (megaelectronvoltios). Menciono esto no porque desee que sigamos el proceso al detalle, sino para mostrar que puede serlo y que tiene una estructura matemática definida.

Antes mencioné la teoría de que las estrellas evolucionan, de modo que la combinación característica de temperatura y luminosidad se mueve a lo largo del diagrama Hertzsprung-Russell. La idea es en parte acertada, pero los detalles originales eran erróneos y estrellas diferentes siguen procesos diferentes, aproximadamente en la dirección opuesta a lo que pensábamos al principio.[2] Cuando una estrella nace, ocupa su lugar en algún punto en la secuencia principal del diagrama Hertzsprung-Russell. La localización depende de la masa de la estrella, que determina su luminosidad y temperatura. Las fuerzas principales que afectan a la dinámica de la estrella son la gravedad, que la hace contraerse, y la presión de radiación provocada por la fusión de hidrógeno, que hace que se expanda. Un ciclo estable de retroalimentación hace que estas fuerzas se anulen entre sí para alcanzar un estado de equilibrio. Si la gravedad empieza a ganar, la estrella se contraería, calentándose e incrementando los niveles de radiación para reequilibrar la balanza. A la inversa, si la radiación empieza a ganar, la estrella se expandiría, se enfriaría y la gravedad la traería de vuelta al equilibrio.

Estos malabarismos continúan hasta que el combustible empieza a agotarse. Esto tarda en pasar cientos de miles de millones de años en las enanas rojas que se queman lentamente, 10.000 millones de años o así en las estrellas como el Sol y algunos millones de años en las estrellas enormes y calientes del tipo O. En ese punto, la gravedad se hace cargo y el núcleo de las estrellas se contrae. O bien el núcleo pasa a estar lo bastante caliente como para iniciar la fusión del helio, o bien se convierte en materia degenerada, un tipo de punto muerto atómico, que detiene el colapso gravitacional. La masa de la estrella determina qué ocurre; algunos casos ejemplifican la variedad que hay.

Si la masa de la estrella es menor que una décima parte la del Sol, permanece en la secuencia principal durante 6-12 billones de años y, finalmente, se convierte en una enana blanca.

Una estrella con la masa del Sol desarrolla un núcleo de helio inerte rodeado por una concha de hidrógeno ardiente. Esto provoca que la estrella se expanda y, como sus capas exteriores se enfrían, se convierte en una gigante roja. El núcleo colapsa hasta que su materia se convierte en degenerada. El colapso libera energía, calentando las capas que la rodean, y estas empiezan a transportar calor por convección en lugar de radiarlo. Los gases se convierten en turbulentos y fluyen del núcleo hacia la superficie y vuelven de nuevo. Después de 1.000 millones de años aproximadamente, el núcleo de helio degenerado está tan caliente que los núcleos de helio se fusionan para formar carbono, con el berilio como intermediario de vida corta. Dependiendo de otros factores, la estrella podría entonces evolucionar a una asintótica gigante. Algunas estrellas de este tipo palpitan, extendiéndose y encogiéndose alternativamente, y su temperatura también oscila. Al final la estrella se enfría y se convierte en una enana blanca.

Al Sol le quedan alrededor de 5.000 millones de años antes de convertirse en una gigante roja. En ese momento, a medida que el Sol se expande, se tragará a Mercurio y Venus. En esa etapa, la Tierra probablemente orbitará justo por fuera de la superficie del Sol, pero las fuerzas de las mareas y la fricción con la cromosfera harán que vaya más lenta. Al final también será engullida. Esto no afectará al futuro a largo plazo de la raza humana, porque el tiempo de vida medio de una especie es solo de unos cuantos millones de años.

Una estrella lo bastante masiva, mucho más grande que el Sol, empieza a fusionar helio antes de que el núcleo se degenere y explote para formar una supernova. Una estrella con más de 40 veces la masa del Sol liquida mucha de su materia a través de la presión de la radiación, está muy caliente y se embarca en una serie de etapas en las que el elemento principal en el núcleo es reemplazado por otro de más arriba en la tabla periódica. El núcleo pasa a tener una surtida colección de capas concéntricas: hierro, silicio, oxígeno, neón, carbono, helio, hidrógeno. El núcleo de una estrella puede acabar como una enana blanca o una enana negra, que es una enana blanca que ha perdido tanta energía que deja de brillar. De manera alternativa, un núcleo degenerado lo suficientemente grande puede formar una estrella de neutrones o, en casos más extremos, un agujero negro (véase el capítulo 14).

De nuevo, los detalles no importan y hemos simplificado mucho el enramado muy complejo de un árbol de posibles historias evolutivas. Los modelos matemáticos aplicados por los astrofísicos controlan el rango de posibilidades, el orden en el que surgen y las condiciones que llevan a ellas. La rica variedad de estrellas, de todos los tamaños, temperaturas y colores, tiene un origen común: la fusión nuclear que empieza con el hidrógeno, sujeta a la competición de fuerzas de presión de la radiación y la gravedad.

Un hilo común que recorre la historia es cómo la fusión convierte simples núcleos de hidrógeno en núcleos más complejos: helio, berilio, litio, boro, etcétera.

Y eso lleva a otra razón de por qué las estrellas son importantes.

«Somos polvo de estrellas», cantó Joni Mitchell. Es un cliché, pero los clichés a menudo son ciertos. Antes, Arthur Eddington había dicho lo mismo en la revista *New York Times*: «Somos trocitos de material estelar que se enfrío por accidente, trocitos de una estrella que se fue al traste». Intenta ponerle música a eso.

Según el Big Bang, el único (núcleo de un) elemento en los principios del universo era el hidrógeno. Entre 10 segundos y 20 minutos más tarde, el universo apareció por primera vez. La nucleosíntesis del Big Bang, aplicando reacciones como las que acabamos de describir, creó helio-4 más una pequeña cantidad de deuterio, helio-3 y litio-7. También aparecieron el tritio radiactivo y el berilio-7 de manera efímera y se descompusieron rápidamente.

El hidrógeno solo fue suficiente para crear nubes de gas, las cuales colapsaron para formar protoestrellas y luego estrellas. Surgieron más elementos en la vorágine nuclear en el interior de las estrellas. En 1920, Eddington sugirió que lo que proporcionaba energía a las estrellas era la fusión del hidrógeno en helio. En 1939, Hans Bethe estudió la cadena protón-protón y otras reacciones nucleares en las estrellas, dando cuerpo a la teoría de Eddington. A principios de la década de 1940, George Gamow argumentó que casi todos los elementos nacieron durante el Big Bang.

En 1946, Fred Hoyle sugirió que la fuente de todo por encima del hidrógeno no fue el Big Bang como tal, sino reacciones nucleares posteriores dentro de las estrellas. Publicó un análisis extenso de las rutas de reacción que llevaban a todos los elementos hasta el hierro.[3] Cuanto más vieja es la galaxia, más rica es su mezcla de elementos. En 1957 Margaret y Geoffrey Burbidge, William Fowler y Hoyle publicaron «Synthesis of the elements in stars» («Síntesis de los elementos en las estrellas»).[4] Normalmente mencionado como B^2FH, este famoso artículo fundó la teoría de la nucleosíntesis estelar, un modo sofisticado de titularla, que descubrió muchos de los más importantes procesos de reacción nuclear. Los astrofísicos tuvieron pronto una explicación convincente, prediciendo proporciones de elementos en la galaxia que (en su mayoría) coinciden con lo que observamos.

Durante todo ese tiempo la historia se detenía con el hierro, porque es el mayor núcleo que puede surgir gracias al proceso de combustión del silicio, una cadena de reacciones que empiezan con este elemento. Las fusiones repetidas de helio forman el calcio, y de ahí a través de una serie de isótopos inestables al titanio, cromo, hierro y níquel. Este isótopo, el níquel-56, constituye una barrera a un progreso mayor, porque un paso más en la fusión del helio agotaría la energía en lugar de producirla. El isótopo de níquel se descompone en cobalto-56 radiactivo, que se convierte en un estable hierro-56.

Para ir más allá del hierro, el universo tuvo que inventar otro truco. Las supernovas.

Una supernova es una estrella en explosión y una nova es una forma menos energética, lo que nos lleva al tema en cuestión. Kepler vio una nova en 1604, la última vista en nuestra galaxia, aunque se han observado restos de dos más recientes. Básicamente, una supernova es una versión extrema de una bomba nuclear, y cuando sucede la estrella eclipsa la galaxia, desprende tanta radiación como el Sol lo hará a lo largo de toda su vida. Hay dos motivos. Una enana blanca puede tener materia extra abandonada en ella al engullir una estrella compañera, lo que la hace más ca-

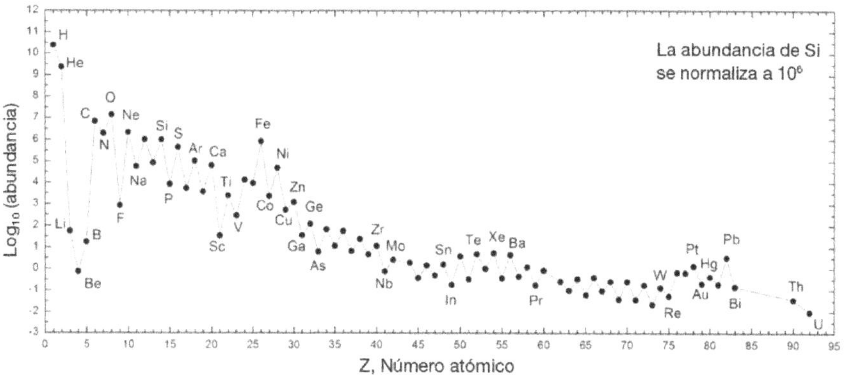

Abundancias estimadas de los elementos químicos en el sistema solar.
La escala vertical es logarítmica, de modo que las fluctuaciones
son mucho mayores de lo que aparentan ser.

liente y prende la fusión del carbono; este «se fuga» sin control y la estrella explota. Como alternativa, el núcleo de una estrella muy grande puede colapsar y la energía que se libera puede desencadenar dicha explosión.

De cualquier modo, la estrella se hace pedazos a una décima parte de la velocidad de la luz, creando un movimiento sísmico. Esta coge gas y polvo, formando un cascarón que crece, un resto de supernova. Y así es cómo los elementos escalan en la tabla periódica llegando a formar hierro y cómo se esparcen a lo largo de distancias galácticas.

Dije que las proporciones pronosticadas de elementos coinciden en su mayoría con las observaciones. Una excepción notoria es el litio, pues la cantidad real de litio-7 es solo un tercio de lo que la teoría predice, mientras que hay alrededor de mil veces más litio-6. Algunos científicos creen que esto es un error menor que probablemente puede arreglarse encontrando nuevos enfoques o escenarios para la formación de litio. Otros lo ven como un problema importante, que posiblemente necesite de una nueva física que vaya más allá del Big Bang estándar.

Hay una tercera posibilidad: hay más litio-7, pero no donde lo podemos detectar. En 2006, Andreas Korn y sus colegas informaron de que la abundancia de litio en el cúmulo globular NGC 6397, en la región general de la Gran Nube de Magallanes, es tanta como la pronosticada por la nucleosíntesis del Big Bang.[5] Sugieren que la escasez aparente de litio-7 en las estrellas del halo de la galaxia, alrededor de un cuarto del pronóstico, podría ser un signo de que estas estrellas quizá aparenten haber perdido litio-7 porque la convección turbulenta lo ha transportado a capas más profundas, donde ya no se puede detectar.

La respuesta a la discrepancia del litio señala un problema potencial de las predicciones de la nucleosíntesis del Big Bang. Supongamos que están calculando la abundancia de varios elementos. Las reacciones nucleares más comunes probablemente representen la mayor parte de lo que sucede, registrando valores no demasiado ajenos a la realidad en la mayoría de los casos. Luego empezamos a trabajar en las discrepancias. ¿Demasiado poco azufre? Hmm, encontremos nuevos caminos para el azufre. Cuando lo hacemos y los números parecen correctos, azufre solucionado, y a por el zinc. Lo que no hacemos es seguir buscando más caminos para el azufre. No estoy sugiriendo que nadie haga este tipo de cosas deliberadamente, pero es natural tener una información selectiva como esta, y ha pasado en todas partes en ciencia. Quizá el litio no sea la única discrepancia. Al centrarnos en casos en los que las proporciones son muy pequeñas, quizá no estemos teniendo en cuenta otros en los que un cálculo extendido las haría demasiado grandes.

Otra característica de las estrellas que depende mucho de los modelos matemáticos es su estructura detallada. La mayoría de las estrellas, en una etapa dada en su evolución, pueden describirse como una serie de caparazones concéntricos. Cada caparazón tiene su propia composición específica y «arde» debido a reacciones nucleares adecuadas. Algunos caparazones son transparentes para la radiación electromagnética y radian calor hacia fuera. Algunos no lo son y el calor es transportado por convección. Estas consideraciones estructurales están estrechamente conectadas con la evolución de las estrellas y el modo en que sintetizan los elementos químicos.

Averiguar una proporción que fuese demasiado pequeña, llevó a Hoyle a una famosa predicción. Cuando hizo los cálculos sobre la abundancia del carbono, no había suficiente. Sin embargo, existimos, con el carbono como ingrediente vital. Ya que somos polvo de estrellas, las estrellas deben de algún modo formar mucho más carbono de lo que los cálculos de

Hoyle indicaban. De modo que predijo la existencia de una resonancia, desconocida hasta la fecha, en el núcleo del carbono que haría mucho más fácil que se formara este elemento.[6] Luego se observó la resonancia, aproximadamente donde Hoyle la había pronosticado. A menudo se presenta como un triunfo para el principio antrópico: nuestra existencia impone restricciones al universo.

El análisis crítico de esta historia depende de algún tipo de física nuclear. La ruta natural del carbono es el proceso triple-alfa que sucede en una estrella gigante roja. El helio-4 tiene dos protones y dos neutrones. El isótopo principal de carbono tiene seis de cada. De modo que tres núcleos de helio (partículas alfa) pueden fusionarse para hacer carbono. Estupendo, pero... Dos núcleos de helio chocan con frecuencia, pero si queremos carbono, el tercero tiene que aplastarse entre ellos mientras chocan. Una colisión triple en una estrella es muy rara, de modo que el carbono no pudo surgir por ese camino. En vez de esto, dos núcleos de helio se fusionan para formar berilio-8, luego un tercer núcleo de helio se fusiona con el resultado para formar carbono. Desafortunadamente el berilio-8 se desintegra en 10-16 segundos, ofreciendo al núcleo de helio un blanco muy pequeño. Este método de dos pasos no puede formar suficiente carbono.

A menos que... la energía del carbono esté muy cerca de las energías combinadas del berilio-8 y el helio. Esto es una resonancia nuclear y llevó a Hoyle a predecir un estado de carbono entonces desconocido en una energía 7,6 MeV sobre el estado de energía más bajo. Unos años más tarde, se descubrió un estado con una energía de 7,6549 MeV. Pero las energías del berilio-8 y el helio suman 7,3667 MeV, por lo que el estado recién descubierto tiene demasiada energía.

¿De dónde viene? Es casi exactamente la energía suministrada por la temperatura de una gigante roja.

Este es uno de los ejemplos favoritos de los defensores del «ajuste fino», la idea de que el universo está ajustado exquisitamente bien para que la vida exista. Volveré a ello en el capítulo 19. Su razonamiento es que, sin carbono, no estaríamos aquí. Pero esa cantidad de carbono requiere ajustar bien una estrella y una resonancia nuclear, y estas dependen de la física fundamental. Más tarde, Hoyle desarrolló esta idea.[7]

> Algún intelecto supercalculador debe de haber diseñado las propiedades del átomo de carbono, de otro modo la posibilidad de encontrar un átomo así a través de las fuerzas ciegas de la naturaleza sería absolutamente minúscula. Una interpretación con sentido común de los hechos sugiere que un superintelecto ha manipulado la física, así como la química y la biología, y que no hay fuerzas ciegas en la naturaleza de las que merezca la pena hablar.

Suena extraordinario y, seguramente, no puede ser una coincidencia. De hecho, no lo es. Pero la razón desacredita al «ajuste fino». Toda estrella tiene su propio termostato, un bucle de retroalimentación negativo en el cual la temperatura y la reacción se ajustan la una a la otra de modo que encajan. La resonancia de «ajuste fino» en el proceso triple-alfa no es más sorprendente que un fuego de carbón justo a la temperatura correcta para quemar carbón. Eso es lo que las hogueras de carbón hacen. De hecho, no es más sorprendente que nuestras piernas, que tienen la longitud exacta para llegar al suelo. Eso también es un bucle de retroalimentación: músculos y gravedad.

Fue un poco malvado por parte de Hoyle expresar su predicción en términos de la existencia humana. Lo que realmente quería decir es que el universo tiene demasiado poco carbono. Por supuesto, es todavía increíble que las gigantes rojas y los núcleos atómicos existan, que fabriquen carbono a partir de hidrógeno y que algo de ese carbono se incorporase finalmente a nosotros. Pero eso es otro asunto. El universo es infinitamente rico y complejo y suceden en él todo tipo de cosas maravillosas. Pero no deberíamos confundir los resultados con las causas e imaginar que el propósito del universo es hacer seres humanos.

Una razón por la que he mencionado esto (aparte del rechazo por la exagerada demanda de ajuste) es que toda la historia ha pasado a ser irrelevante debido al descubrimiento de un nuevo modo de hacer carbono por parte de las estrellas. En 2001, Eric Feigelson y sus colegas descubrieron 31 estrellas jóvenes en la nebulosa de Orión. Todas tenían más o menos el mismo tamaño que el Sol, pero eran muy activas, enviaban fulgurantes de rayos X cien veces más potentes y cien veces más frecuentes que los actuales resplandores solares. En esos destellos, los protones tienen energía suficiente para crear todo tipo de elementos pesados en un disco de polvo alrededor de la estrella. De modo que no se necesita una

1. Plutón, representado con colores falsos para amplificar las variaciones de color.

2. Caronte, satélite de Plutón.

3. Imagen con color real de Ío, la luna de Júpiter, tomada por la sonda *Galileo*. El volcán en erupción Prometeo está justo en el centro, a la izquierda.

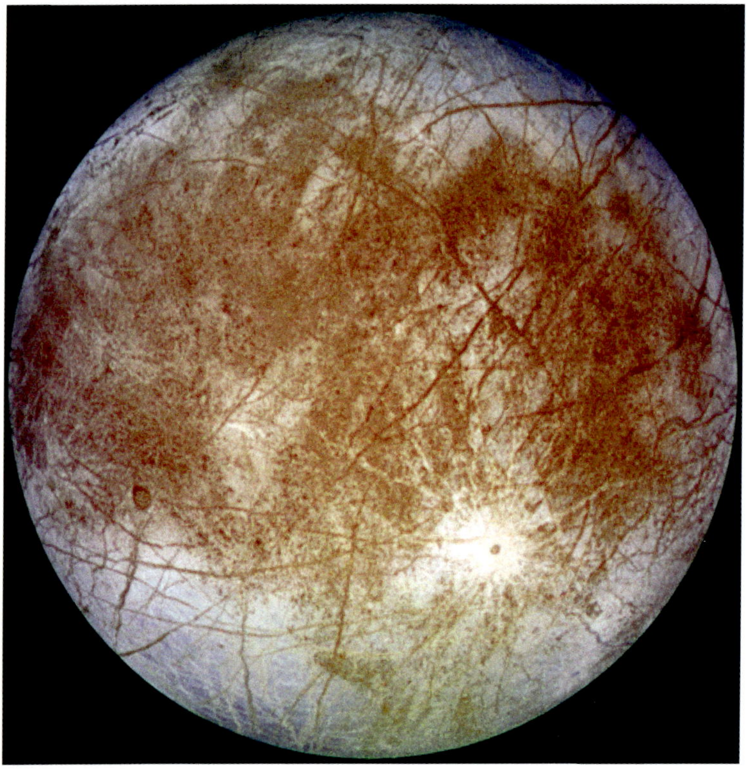

4. Imagen con color real de Europa, la luna de Júpiter, tomada por la sonda *Galileo*.

5. Imagen de Saturno hecha por *Cassini*, la sonda espacial de la NASA, en 2006, de espaldas al Sol. El anillo borroso exterior es el anillo E, creado por fuentes de hielo sobre la luna Encédalo, que arrojó partículas de hielo al espacio.

6. Cometa Halley.

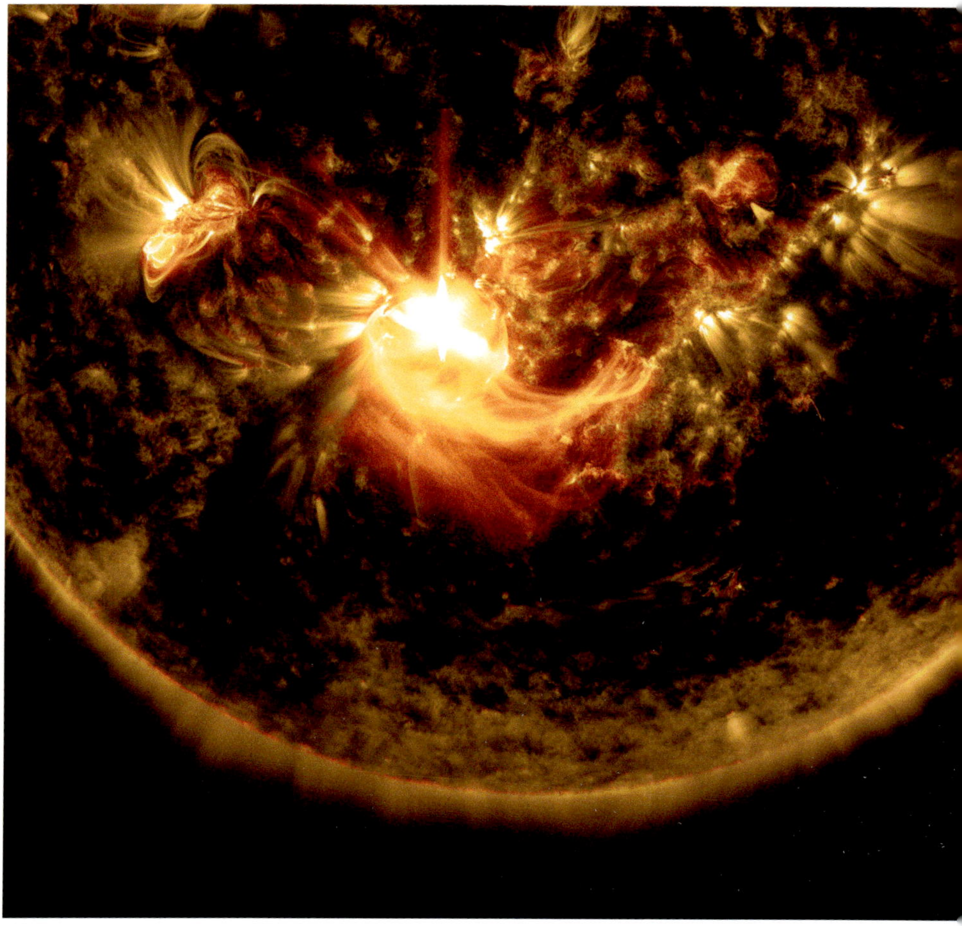

7. Fulguración solar, 16 de diciembre de 2014.

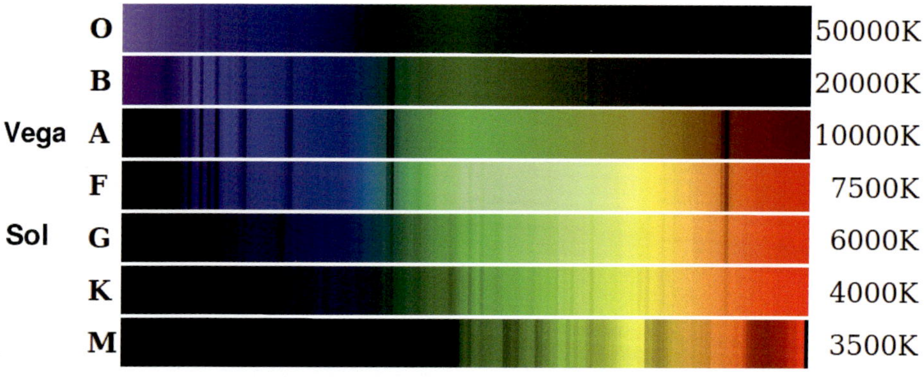

8. Una selección del espectro estelar.

9. La Vía Láctea en la dirección del núcleo galáctico.

10. Galaxia espiral barrada NGC 1300.

11. Galaxia espiral NGC 1232.

12. Cúmulo galáctico Abell 2218, a 2.000 millones de años luz en la constelación del Dragón. Los campos gravitatorios de estas galaxias actúan como lentes, distorsionando las galaxias más distantes en arcos finos.

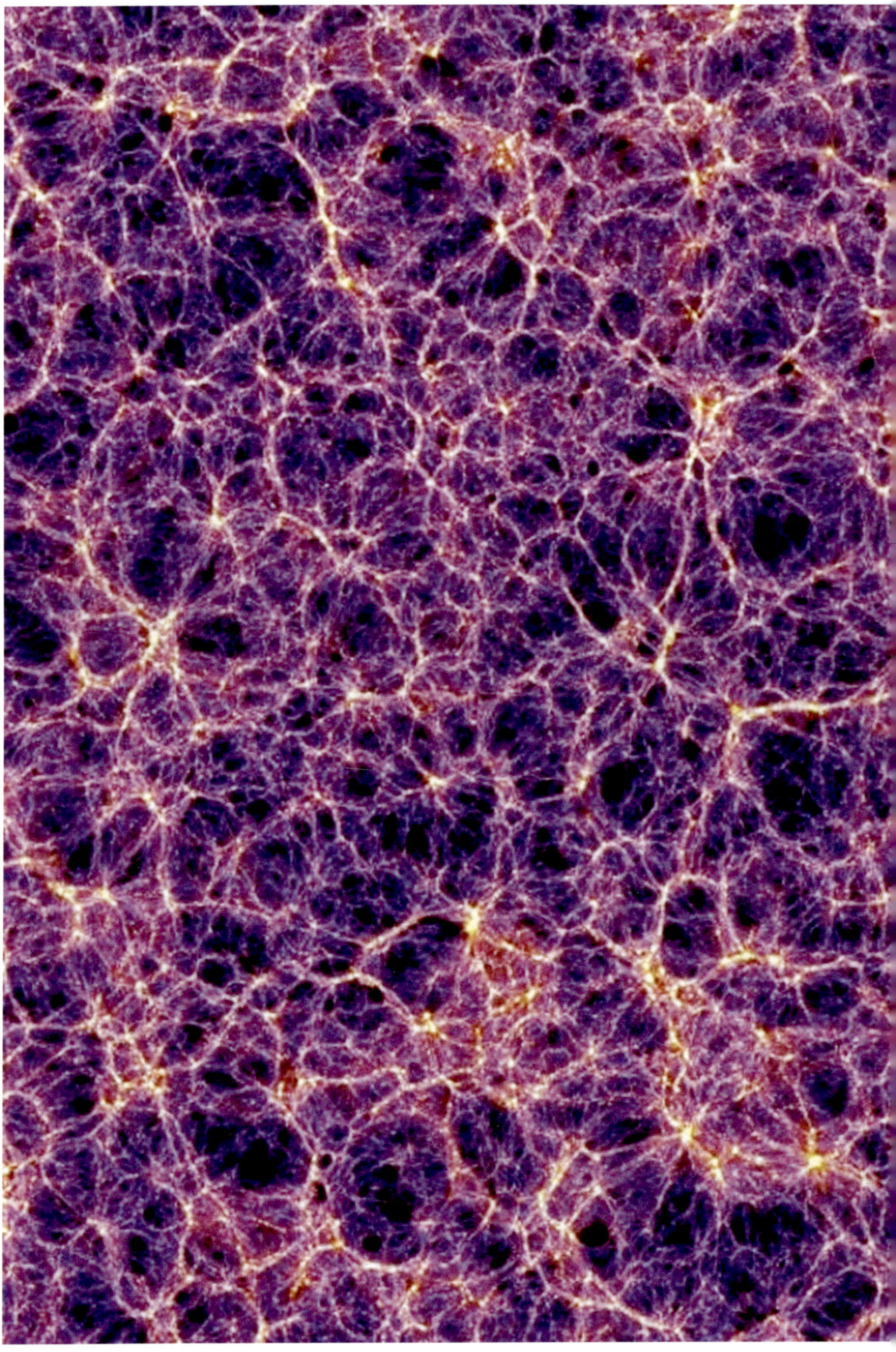

13. Simulación por ordenador de la distribución de la materia en el universo que muestra madejas de materia separadas por vacíos enormes en un cubo con una arista de 2.000 millones de años luz.

supernova para obtenerlos. Esto sugiere que debemos revisar los cálculos sobre el origen de los elementos químicos, incluido el carbono. Consecuencias que parecen imposibles podrían provenir de la escasa imaginación de los seres humanos. Las proporciones que parecen correctas podrían variar si pensamos en ellas un poco más.

Para los filósofos griegos, el Sol era una materialización perfecta de la geometría celeste, una esfera inmaculada. Pero cuando los astrónomos chinos de la Antigüedad vieron el Sol a través de una nebulosa, observaron que tenía manchas. Kepler se dio cuenta de una mancha en el Sol en 1607, pero pensó que era Mercurio en tránsito. En 1611, Johannes Fabricius publicó *Maculis in Sole Observatis, et Apparente earum cum Sole Conversione Narratio* (Narración de manchas observadas en el Sol y su rotación aparente con el Sol) cuyo título habla por sí solo. En 1612, Galileo observó manchas oscuras irregulares en el Sol e hizo dibujos que representaban su movimiento, confirmando la disensión de Fabricius de que el Sol rota. La existencia de manchas solares acabó con la creencia antigua de la perfección del Sol y desencadenó una prioritaria y acalorada disputa.

El número de manchas solares varía de un año a otro, pero hay un patrón bastante regular, un ciclo de 11 años que oscila entre apenas alguna mancha a cientos o más por año. Entre 1645 y 1715 el patrón se rompió, apenas se vieron manchas solares. Este período se llama «mínimo de Maunder».

Quizá haya un vínculo entre la actividad de las manchas solares y el clima pero, si es así, probablemente sea débil. El mínimo de Maunder coincidió con la mitad de la Pequeña Edad de Hielo, un período prolongado de temperaturas inusualmente frías en Europa. Lo mismo que el período de baja actividad de manchas solares, el mínimo de Dalton (1790-1830), que incluye el famoso «año sin verano» de 1816, aunque las bajas temperaturas de ese año fueron resultado de una explosión volcánica enorme, del monte Tambora en Sumbawa, Indonesia. La Pequeña Edad de Hielo podría haber sido también provocada, al menos en parte, por altos niveles de actividad volcánica.[8] El mínimo de Spörer (1460-1550) está asociado con otro período frío y en ese caso los indicios pro-

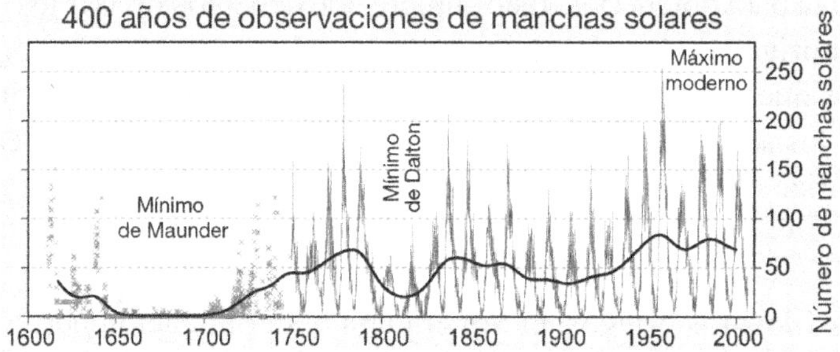

Cambios en el número de manchas solares.

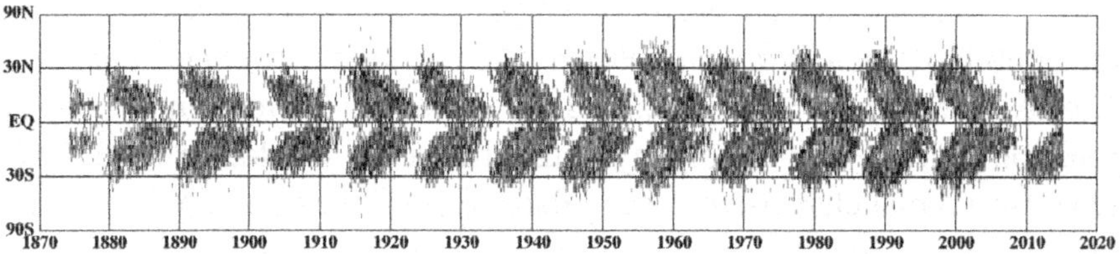

Manchas solares trazadas según la latitud.

vienen de la proporción de isótopos de carbono-14 en los anillos de los árboles, que está asociada con la actividad solar. Los registros de las manchas solares como tales no se llevaban en esa época.

Representar la latitud de las manchas solares así como su número revela un patrón curioso, como si fuera una serie de mariposas. El ciclo empieza con las manchas cerca del polo, y gradualmente aparecen más cerca del ecuador a medida que los números se aproximan al máximo. En 1908, George Hale dio el primer paso hacia la comprensión de este comportamiento cuando vinculó las manchas solares con el campo magnético del Sol, que es inmensamente fuerte. Horace Babcock modeló la dinámica del campo magnético del Sol en sus capas más exteriores, relacionando el ciclo de manchas solares con inversiones periódicas de la dinamo solar.[9] En su teoría, el ciclo completo dura 22 años, con una inversión del campo norte/sur que separa las dos mitades.

Las manchas solares aparecen oscuras solo en contraste con su alrededor, su temperatura es de aproximadamente 4.000 K y los gases que las rodean están a 5.800 K. Son análogas a las tormentas magnéticas en el sobrecalentado plasma solar. Sus matemáticas están gobernadas por la magnetohidrodinámica, el estudio de los plasmas magnéticos, que es muy complicado. Parecen ser los extremos superiores de tubos de flujo magnético, originado en las profundidades del Sol.

La forma general del campo magnético del Sol es un dipolo, como un imán de barra, con un polo norte, un polo sur y unas líneas de campo que van de uno a otro. Los polos están alineados con el eje de rotación y durante el funcionamiento normal del ciclo de manchas solares las polaridades se intercambian cada 11 años. De modo que el polo magnético en el «hemisferio norte» del Sol es a veces el norte magnético y otras veces el sur magnético. Las manchas solares tienden a aparecer en pares vinculados, con un campo como un imán de barra que señala el este-oeste. El primero en aparecer tiene la misma polaridad que el polo más cercano del campo magnético principal; el segundo, que va a la zaga, tiene polaridad opuesta.

La dinamo solar, que impulsa su campo magnético, se debe a ciclones convectivos a 200.000 km del Sol, en conjunción con el giro de la estrella, que es más rápido en el ecuador que cerca de los polos. Los campos magnéticos en el plasma están «atrapados» y tienden a moverse con él, de modo que las posiciones iniciales de las líneas del campo, que dan vueltas entre los polos formando un ángulo recto con el ecuador, empiezan a concluir a medida que la región ecuatorial tira de ellas más allá de las polares. Esto tuerce las líneas de campo, entrelazando campos de polaridad opuesta. A medida que el Sol rota, las líneas del campo magnético se enrollan y, cuando las tensiones alcanzan un valor crítico, los tubos se enroscan y golpean la superficie. Las líneas de campo se estiran y las manchas solares asociadas se dejan llevar hacia el polo. La mancha arrastrada llega primero al polo, y como tiene polaridad opuesta —y con la ayuda de numerosos sucesos similares—, provoca que el campo magnético del Sol se voltee. El ciclo se repite con el campo invertido.

Una teoría del mínimo de Maunder es que el campo de dipolos del Sol se complementa con un campo cuadrupolo, como dos imanes de barra uno al lado del otro.[10] Si el período de inversión del cuadrupolo es ligeramente diferente al del dipolo, los dos «marcan el ritmo» como dos notas musicales cercanas, pero no idénticas. El resultado es una oscilación prolongada en el tamaño del campo medio durante un ciclo, y cuan-

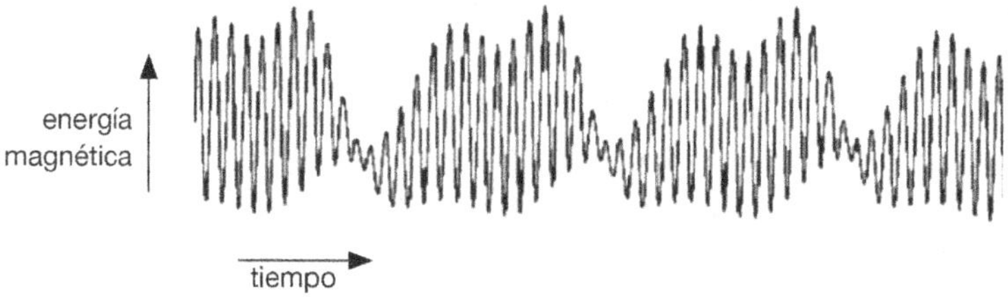

Campos dipolo y cuadrupolo combinados en un modelo simple de la dinamo solar, en la que la energía total oscila, mientras que la amplitud se agota e incrementa repetidamente.

do este se agota aparecen manchas solares en cualquier parte. Es más, un campo cuadrupolo tiene polaridades opuestas en los dos hemisferios, de modo que refuerza el campo dipolo en un hemisferio mientras que lo anula en el otro. Así que las pocas manchas solares que aparecen surgen todas en el mismo hemisferio, que es lo que sucedió durante el mínimo de Maunder. Efectos similares se han observado de manera indirecta en otras estrellas, que también pueden tener manchas solares.

Las líneas de campo que se asoman por encima de la fotosfera pueden crear protuberancias solares, bucles enormes de gas caliente. Estos bucles pueden romperse y reconectarse, permitiendo que el plasma y las líneas de campo magnético sean arrastrados por el viento solar. Esto provoca fulgores solares que pueden perturbar las comunicaciones y dañar redes de energía eléctrica y satélites artificiales. A menudo estas son seguidas de eyecciones de masa coronaria, en las que enormes cantidades de materia son liberadas de la corona, una región tenue fuera de la fotosfera, visible a simple vista durante un eclipse solar.

Una pregunta básica es: ¿cuán lejos están las estrellas? Resulta que la única razón por la que sabemos la respuesta, para algo más lejos que una docena de años luz, también depende de la astrofísica, aunque inicialmente la clave era la observación empírica. Henrietta Leavitt encontró una candela estándar y puso una vara de medir las estrellas.

En el siglo VI a. C., el filósofo y matemático griego Tales estimó la altura de una pirámide egipcia utilizando la geometría; para ello midió su propia sombra y la de la pirámide. La razón entre la altura de la pirámide y la de su sombra es la misma que la razón de la altura de Tales y la de su sombra. Tres de estas longitudes se podían medir fácilmente, y a partir de ellas calcular la cuarta. Su ingenioso método es un ejemplo sencillo de lo que ahora llamamos «trigonometría». La geometría de los triángulos relaciona sus ángulos con sus lados. Los astrónomos árabes desarrollaron la idea para fabricar instrumentos, que se retomó en la España medieval para emplearla en topografía. Las distancias son difíciles de medir, porque a menudo hay obstáculos en el camino, pero los ángulos son fáciles. Podemos utilizar una vara y algo de cuerda, o mejor una mira telescópica, para medir la dirección de un objeto distante. Empezamos midiendo de manera muy precisa una línea de referencia; luego medimos los ángulos desde alguno de los extremos a algún otro punto y calculamos las distancias a ese punto. Ya tenemos dos longitudes conocidas más, de modo que podemos repetir el proceso «triangulando» el área que deseamos cartografiar y calculando todas las distancias a partir tan solo de la medida de una línea de referencia conocida.

De todos es sabido que Eratóstenes utilizó la geometría para calcular el tamaño de la Tierra mirando el fondo de un pozo. Comparó el ángulo que hacía la luz del sol al mediodía en Alejandría y en Syene (actual Asuán), y calculó la distancia entre ellas por el tiempo que necesitaron los camellos para viajar de un sitio al otro. Si sabemos el tamaño de la Tierra, podemos observar la Luna desde dos localizaciones diferentes y deducir la distancia a la Luna. Luego podemos utilizar esta para hallar la distancia al Sol.

¿Cómo? Alrededor del año 150 a. C., Hiparco se dio cuenta de que cuando la fase de la Luna está exactamente en cuarto creciente, la línea de la Luna al Sol es perpendicular a la línea de la Tierra a la Luna. Medimos el ángulo entre esta línea de referencia y la línea de la Tierra al Sol y podremos calcular a qué distancia está el Sol. Su estimación, 3 millones de kilómetros, se quedó muy corta: el valor correcto es 150 millones de kilómetros. Se equivocó porque pensaba que el ángulo era de 87° cuando realmente está muy cerca de ser un ángulo recto. Con un equipo mejor, se puede obtener una estimación precisa.

Este proceso nos lleva aún más allá. Podemos tomar la órbita de la Tierra como línea de referencia para determinar la distancia a una estrella. La Tierra recorre la mitad de su órbita en seis meses. Los astrónomos definen el paralaje estelar como la mitad del ángulo entre las dos líneas del campo de visión a la estrella, observada desde el extremo opuesto de la órbita de la Tierra. La distancia a la estrella es aproximadamente proporcional al paralaje, y un paralaje de un segundo de arco corresponde aproximadamente a 3,26 años luz. Esta unidad es el pársec (paralaje de un segundo de arco) y muchos astrónomos lo prefieren a los años luz por esta razón.

James Bradley intentó medir el paralaje de una estrella en 1729, pero este aparato no era lo suficientemente preciso. En 1838, Friedrich Bessel utilizó uno de los heliómetros de Fraunhofer, un nuevo y delicado diseño del telescopio lanzado tras la muerte de Fraunhofer para observar la estrella 61 Cygni. Midió un paralaje de 0,77 segundos de arco, comparable al ancho de una pelota de tenis a diez kilómetros, lo que dio una distancia de 11,4 años luz, muy cerca del valor real, que es de 100 billones de kilómetros, con lo que demostró lo diminuto que es nuestro planeta comparado con el universo que nos rodea.

La depreciación de la humanidad aún no había terminado. La mayoría de las estrellas, incluso las de nuestra propia galaxia, muestran paralajes no medibles, lo que implica que están mucho más lejos que 61 Cygni. Pero, cuando no hay un paralaje detectable, la triangulación se rompe. Las sondas espaciales pueden proporcionar una línea de referencia más larga, pero no órdenes de magnitud más largos, y eso es lo que necesitamos para estrellas y galaxias distantes. Los astrónomos tenían que pensar en algo radicalmente diferente para continuar subiendo peldaños en la escalera de distancias cósmica.

Hay que trabajar con lo que se puede. Una característica fácilmente observable de una estrella es su brillo aparente. Esto depende de dos factores: lo brillante que es realmente, su brillo o luminosidad intrínseca y la distancia a la que está. El brillo es como la gravedad, inversamente proporcional al cuadrado de la distancia. Si una estrella con el mismo brillo intrínseco que 61 Cygni tiene un brillo aparente un noveno de esa cantidad, debe de estar tres veces más lejos.

Desafortunadamente, el brillo intrínseco depende del tipo de estrella, de su tamaño y de las reacciones nucleares que se estén produciendo dentro de ella. Para hacer que el método del brillo aparente funcione, necesitamos una «candela estándar», un tipo de estrella cuyo brillo intrínseco es conocido o puede inferirse sin saber la distancia a la que está. Aquí es donde aparece Leavitt. En la década de 1920, Pickering la contrató como «ordenador» humano, para que realizara tareas repetitivas de medición y catalogación de luminosidades de las estrellas en la colección de placas fotográficas del Harvard College Observatory.

La mayoría de las estrellas tiene el mismo brillo aparente todo el tiempo, pero algunas, que de manera natural despiertan un interés especial entre los astrónomos, son variables; su brillo aparente aumenta y disminuye siguiendo un patrón regular periódico. Leavitt estudió especialmente las estrellas variables. Hay dos razones principales para su variabilidad. Muchas estrellas son binarias, dos estrellas que orbitan alrededor de un centro de masa común. Si resulta que la Tierra está en el plano de esas órbitas, entonces las estrellas pasan en frente la una de la otra en momentos espaciados regularmente. Cuando lo hacen, el resultado es como, de hecho sin el como, un eclipse; una estrella se cruza en el camino de la otra y temporalmente bloquea su salida de luz. Estas «binarias eclipsantes» son estrellas variables y pueden reconocerse por el cambio que se observa en su brillo, en forma de breves parpadeos sobre un fondo constante. No son útiles como candelas estándar.

Sin embargo, otro tipo de estrellas variables promete más: las variables intrínsecas. Estas son estrellas con reacciones nucleares cuya producción de energía fluctúa periódicamente, repitiendo el mismo patrón de cambios una y otra vez. La luz que emiten también fluctúa. Las variables intrínsecas pueden ser reconocidas asimismo porque los cambios en la producción de luz no son parpadeos repentinos.

Leavitt estaba estudiando un tipo particular de estrella variable llamado «cefeida» porque la primera que fue descubierta fue Delta Cephei. Utilizando una ingeniosa aproximación estadística, descubrió que las cefeidas más tenues tienen períodos más largos, según una regla matemática específica. Algunas cefeidas están lo bastante cerca como para tener paralajes medibles, de modo que pudo calcular la distancia a la que estaban. A partir de ahí pudo calcular su brillo intrínseco. Y estos resultados los amplió después a todas las cefeidas mediante una fórmula que relaciona el período con el brillo intrínseco.

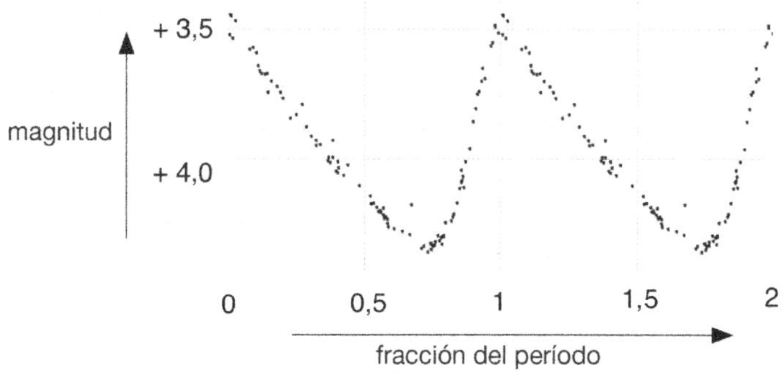

Curva de luz observada en Delta Cephei.

Las cefeidas fueron la candela estándar largamente buscada. Junto con la vara de medir asociada (la fórmula que describe cómo el brillo aparente de una estrella varía con la distancia), nos permitieron dar otro paso en la escalera de distancias cósmica. Cada paso conlleva una mezcla de observaciones, teoría e inferencia matemática: números, geometría, estadística, óptica y astrofísica. Pero el paso final, uno realmente gigantesco, todavía está por llegar.

12

El gran río del espacio

Mira allí, Ío, la galaxia,
a la que los hombres llaman la Vía Láctea,
porque es blanca.

GEOFFREY CHAUCER, *La casa de la fama*

En la Antigüedad, no había otra luz en las calles que alguna antorcha o fuego ocasional, y era prácticamente imposible no notar el atractivo increíble del firmamento. Hoy, el único modo de verlo es vivir, o visitar, una región donde haya poca o ninguna luz artificial. Gran parte del cielo nocturno está salpicado de puntitos de estrellas y a lo largo de todo ello corre una ancha e irregular banda de luz, que parece más un río que una dispersión de puntos brillantes. De hecho, para los antiguos egipcios era un río, el análogo celeste al Nilo. En la actualidad todavía le llamamos la Vía Láctea, un nombre que refleja su misteriosa forma. Los astrónomos llaman «galaxia» a la estructura cósmica que la crea, una palabra derivada de la palabra griega clásica *galaxias* (de leche) y *kyklos galaktikos* (el círculo de leche).

Se necesitaron milenios para que los astrónomos se dieran cuenta de que esta mancha lechosa que cruza el cielo es, a pesar de las apariencias, una banda gigantesca de estrellas, tan distantes que el ojo no puede verlas como puntos individuales. Esta banda en realidad es un disco con forma de lente visto de lado, y estamos dentro de él.

A medida que los astrónomos escudriñaban los cielos con telescopios cada vez más potentes, observaron otras manchas borrosas bastante diferentes a las estrellas. Algunas eran visibles a simple vista. El astrónomo persa del siglo X, Abd al-Rahman al-Sufi describió la galaxia de Andrómeda como una nube pequeña y en 964 incluyó la Gran Nube de Magallanes en su *Libro de las estrellas fijas*. Al principio, los astrónomos occidentales llamaron «nebulosas» a estas volutas de luz borrosas y tenues.

Vía Láctea sobre el lago Summit, Virginia occidental.

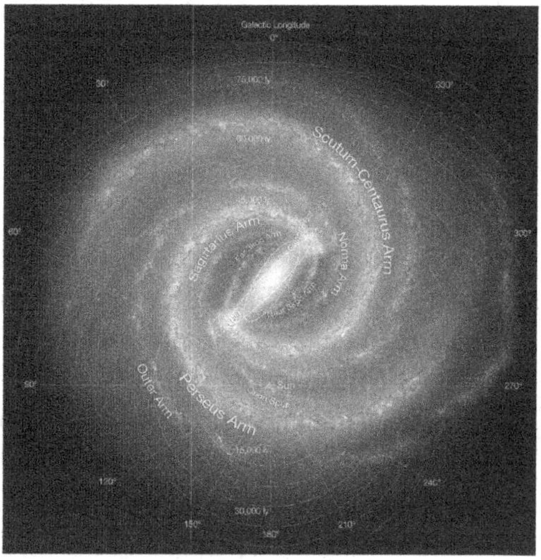

A la izquierda, una galaxia vista de lado con un bulbo central.
A la derecha, impresión artística de nuestra propia galaxia, la Vía Láctea.

Ahora les llamamos galaxias. La nuestra es la Galaxia. Son las mayores estructuras y las más abundantes que forman las estrellas. Muchas muestran patrones asombrosos, como brazos espirales, cuyos orígenes son controvertidos. A pesar de su ubicuidad, todavía no entendemos del todo muchas de las características de las galaxias.

En 1744, Charles Messier compiló el primer catálogo sistemático de nebulosas. Su primera versión contenía 45 objetos y la versión de 1781 los incrementó hasta 103. Poco después de la publicación, Messier y su ayudante Pierre Méchain descubrieron siete más. Messier descubrió una nebulosa especialmente prominente en la constelación de Andrómeda. Es conocida como M31 porque era la nebulosa 31.ª en su lista.

Catalogar es una cosa, comprenderlo otra. ¿Qué es una nebulosa?

Ya en el año 400 a. C., el filósofo griego Demócrito había sugerido que la Vía Láctea era una banda de estrellas minúsculas. También había desarrollado la idea de que la materia está hecha de minúsculos átomos indivisibles. La teoría de Demócrito de la Vía Láctea fue olvidada en gran parte, hasta que Thomas Wright publicó *An Original Theory or New Hypothesis of the Universe* (La teoría original o nueva hipótesis del universo) en 1750. Wright revivió la sugerencia de que la Vía Láctea es un disco de estrellas, demasiado lejanas como para distinguirlas de manera individual. También se le ocurrió que las nebulosas podrían ser similares. En 1755, el filósofo Immanuel Kant renombró las nebulosas como «universos-isla», reconociendo que estas manchas nubosas están compuestas de innumerables estrellas, incluso más distantes que las de la Vía Láctea.

Entre 1783 y 1802, William Herschel encontró otras 2.500 nebulosas. En 1845, lord Rosse utilizó su nuevo telescopio extraordinariamente grande para detectar puntos individuales de luz en unas cuantas nebulosas, el primer indicio importante de que Wright y Kant podrían haber tenido razón. Pero esta propuesta fue sorprendentemente controvertida. De hecho, si estas volutas de luz están separadas de la Vía Láctea, o si la Vía Láctea constituye el universo entero, todavía estuvo abierto a discusión hasta 1920, cuando Harlow Shapley y Heber Curtis mantuvieron el Gran Debate en el Museo Smithsonian.

Shapley pensaba que la Vía Láctea es todo el universo. Argumentaba que si M31 es como la Vía Láctea, debe de estar a 100 millones de años luz de distancia, una distancia que se consideraba demasiado grande para ser creíble. Para apoyarlo, Adriaan van Maanen afirmaba que había observado la Galaxia Espiral M101 rotando. Si estaba tan lejos como la teoría de Curtis predecía, partes de ella tenían que estar moviéndose más rápido que la luz. Aunque otra puntilla fue una nova observada en M31, una única estrella que al explotar producía más luz durante un tiempo que la nebulosa entera. Era difícil entender cómo una estrella podía eclipsar una colección de millones de ellas.

Hubble resolvió la disputa en 1924, gracias a las candelas estándar de Leavitt. En 1924, utilizó el telescopio Hooker, el más potente disponible, para observar cefeidas en M31. La relación distancia-luminosidad de Leavitt indicaba que estaban a un millón de años luz. Esto situaba a M31 más allá de la Vía Láctea. Shapley y los demás intentaron persuadirle para no publicar este resultado absurdo, pero Hubble no se detuvo; primero lo hizo en el *New York Times* y luego como artículo de investigación. Más tarde resultó que van Maanen estaba equivocado, y que la nova de Shapley era realmente una supernova que sí producía más luz que la galaxia en la que estaba.

Descubrimientos posteriores revelaron que la historia de la cefeida es aún más complicada. Walter Baade distinguió dos tipos diferentes de cefeidas, cada uno con una relación período-luminosidad diferente: las cefeidas clásicas y las cefeidas tipo II, lo que demostró que M31 estaba incluso más distante de lo que Hubble había afirmado. La estimación actual es 2,5 millones de años luz.

A Hubble le interesaban en especial las galaxias e inventó un esquema de clasificación basado en su apariencia visual. Distinguió cuatro tipos principales: galaxias elípticas, galaxias espirales, galaxias espirales barradas y galaxias irregulares. Las galaxias espirales en particular descubren temas matemáticos fascinantes, porque nos muestran las consecuencias de la ley de gravedad en una escala gigantesca, y lo que aparece es un patrón igualmente gigantesco. Las estrellas parecen estar dispersas de manera aleatoria en el cielo nocturno, aunque si se juntan las suficientes, se obtiene una forma misteriosamente regular.

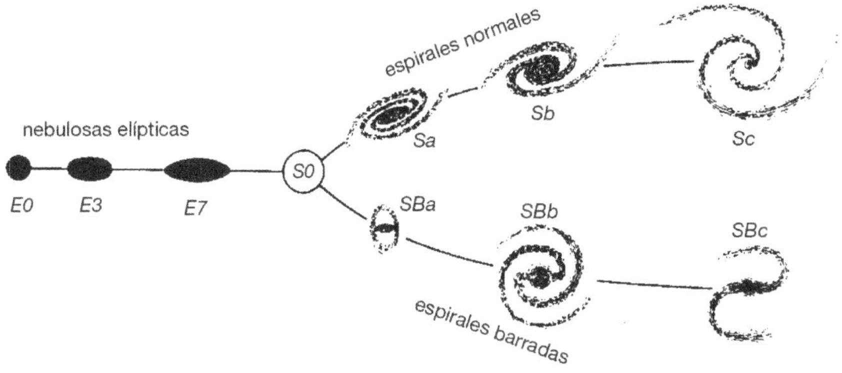

Clasificación del diapasón de Hubble para las galaxias.
Las galaxias irregulares se omitieron.

Hubble no respondió estas preguntas matemáticas, pero el tema siguió su curso. Una simple pero influyente contribución fue organizar las formas de las galaxias en un diagrama con forma de diapasón. Asignó tipos simbólicos a estas formas: E1-E7 para las elípticas, Sa, Sb, Sc para las espirales, Sba, SBb, SBc para las espirales barradas. Su clasificación fue empírica, es decir, no basada en una teoría detallada o sistema de medidas. Pero muchas ramas importantes de la ciencia han empezado como clasificaciones empíricas, entre ellas la geología y la genética. Una vez se dispone de una lista organizada, se puede empezar a averiguar cómo encajan entre sí los diferentes ejemplos.

Durante un tiempo se pensaba que quizá el diagrama ilustraba la evolución de las galaxias a largo plazo, empezando como agrupaciones elípticas de estrellas apretadas, luego dispersándose y evolucionando bien como espirales o como barras y espirales, dependiendo de la combinación de masas, diámetro y velocidad de rotación. Luego las espirales comenzaban a estar enrolladas más holgadamente, hasta que la galaxia perdía la mayor parte de su estructura y se volvía irregular. Era una idea atractiva, porque el diagrama análogo de Herzsprung-Russell para los tipos espectrales de estrellas sí representa la evolución estelar hasta cierto punto. Sin embargo, ahora se cree que el esquema de Hubble es un catálogo de formas posibles y que las galaxias no evolucionan de una manera tan ordenada.

Comparado con las masas uniformes de las galaxias elípticas, sobresale la regularidad matemática de las espirales y las espirales barradas. ¿Por qué hay tantas galaxias en espiral? ¿De dónde viene la barra central que hay en aproximadamente la mitad de ellas? ¿Por qué las otras no la tienen también? Podríamos creer que estas preguntas son relativamente fáciles de responder: montamos un modelo matemático, lo resolvemos, probablemente mediante la simulación en un ordenador y observamos qué ocurre. Como las estrellas que constituyen las galaxias están bastante poco esparcidas y no se mueven a la velocidad de la luz, la gravedad newtoniana debería ser lo suficientemente precisa.

Se han estudiado muchas teorías de ese tipo. No ha surgido ninguna explicación definitiva como favorita, pero unas teorías encajan con las observaciones mejor que otras. Hace solo cincuenta años, la mayoría de los astrónomos creían que las espirales se debían a campos magnéticos, pero ahora sabemos que estos son demasiado débiles para explicarlas. En la actualidad, hay acuerdo general en que la forma espiral se debe principalmente a fuerzas gravitatorias. Exactamente cómo, es otra cuestión.

Una de las primeras teorías en ser ampliamente aceptada fue propuesta por Bertil Lindblad en 1925 y está basada en un tipo especial de resonancia. Como Poincaré, Lindblad consideró una partícula en una órbita aproximadamente circular en un paisaje gravitatorio en rotación. En una primera aproximación, la partícula entra y sale del círculo con una frecuencia natural específica. La resonancia de Lindblad ocurre cuando esa frecuencia guarda una relación fraccionaria con la frecuencia a la que encuentra máximos sucesivos en el paisaje.

Lindblad comprendió que los brazos de una galaxia espiral no pueden ser estructuras permanentes. En el modelo predominante del movimiento de las estrellas en una galaxia, sus velocidades varían con la distancia radial. Si las mismas estrellas se quedan en un brazo todo el tiempo, este acabaría estando mucho más apretado, como si se le diera demasiada cuerda a un reloj. Aunque no podemos observar una galaxia durante millones de años para ver si lo que está enrollado se aprieta más, hay muchas galaxias y a ninguna parece que se le haya dado demasiada cuerda. Propuso que las estrellas se reciclan de manera repetida en los brazos.

En 1964, Chia-Chiao Lin y Frank Shu sugirieron que los brazos son ondas de densidad en las que las estrellas se apilan de manera temporal.

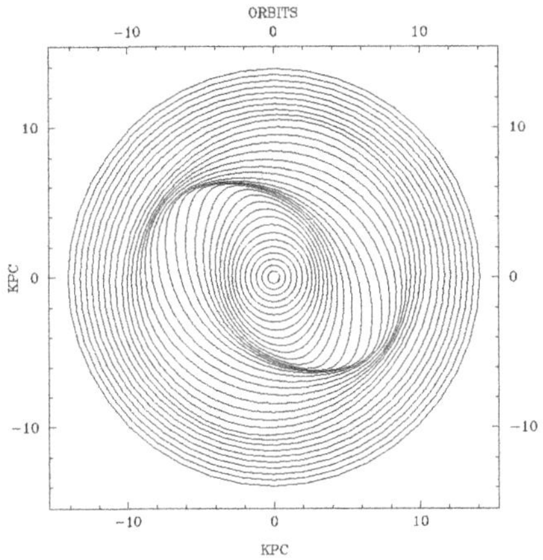

Las estrellas que orbitan en elipses pueden crear una onda de densidad espiral, en este caso, una espiral barrada.

La onda se mueve, envolviendo nuevas estrellas y dejando las anteriores atrás, más o menos como una ola que viaja por el mar cientos de kilómetros, que no lleva agua con ella, hasta que se aproxima a tierra, y entonces el agua se apila y arremete contra la orilla. El agua simplemente está alrededor cuando la ola pasa. Lindblad y Per Olof Lindblad adoptaron esta idea y la desarrollaron más a fondo. Resultó que las resonancias de Lindblad pueden crear estas ondas de densidad.

La teoría alternativa principal es que los brazos son ondas sísmicas en el medio interestelar, donde se apila la materia, iniciando la formación de estrellas cuando esta se densifica lo suficiente. Una combinación de ambos mecanismos es totalmente factible.

Estas teorías para la formación de los brazos espirales tuvieron influencia durante más de cincuenta años. Sin embargo, avances matemáticos recientes sugieren algo muy diferente. La pieza clave son las espirales barradas, las que tienen los icónicos brazos en espiral pero con una barra recta que los cruza por la mitad. Un ejemplo típico es NGC 1365.

Un modo de aproximarse a la dinámica de la galaxia es crear una simulación de *n*-cuerpos con valores de *n* altos, modelizando cómo se mueve cada estrella en respuesta al tirón gravitatorio de las otras. La apli-

Galaxia espiral barrada NGC 1365 en el cúmulo galáctico Fornax.

cación realista de este método requiere unos cuantos de cientos de miles de millones de cuerpos y los cálculos no son factibles, de modo que en su lugar se utilizan modelos más sencillos. Uno de ellos proporciona una explicación para el patrón regular de los brazos espirales. Paradójicamente, están causados por el caos.

Si creemos que el «caos» es tan solo una palabra sinónima de «aleatoriedad», es difícil comprender que un patrón regular pueda tener una explicación caótica. Y digo esto porque, como vemos, el caos no es realmente aleatorio. Es una consecuencia de reglas deterministas. En cierto sentido, esas reglas son patrones ocultos que forman la base del caos. En galaxias espirales barradas, las estrellas individuales son caóticas, pero a medida que se mueven, la galaxia conserva una forma de espiral. Como las estrellas se alejan de las concentraciones a lo largo de los brazos espirales, su lugar lo ocupan nuevas estrellas. La posibilidad de descubrir patrones en dinámicas caóticas es un aviso a los científicos que suponen que el resultado de un patrón debe de ser el mismo que el de otro patrón similar.

A finales de la década de 1970, George Contopoulos y sus colegas modelizaron las galaxias espirales barradas suponiendo un barra central en rotación rígida y utilizando modelos de *n*-cuerpos para determinar las dinámicas de las estrellas en los brazos espirales dirigidas por la rotación de la barra central. Esta configuración incorpora la morfología de la barra como una suposición, pero muestra que la forma observada es razonable. En 1996, David Kaufmann y Contopoulos descubrieron que las partes interiores de los brazos espirales, que rotan aparentemente desde los extremos de la barra, están mantenidas por las estrellas que siguen órbitas caóticas. La región central, especialmente la barra, rota como un cuerpo rígido: a este efecto se le llama «corrotación». Las estrellas que crean los brazos interiores pertenecen a lo que se conoce como «población caliente», pues vagan de modo caótico dentro y fuera de la región central. Los brazos exteriores están creados por estrellas que siguen órbitas más regulares.

La barra en rotación tiene un paisaje gravitacional muy parecido al del problema de los dos cuerpos y medio de Poincaré, pero su geometría es diferente. Hay todavía cinco puntos de Lagrange, donde una mota de polvo permanecería en reposo en un marco de referencia que rota junto con la barra, pero están reorganizados de manera diferente, en forma de cruz. Sin embargo, el modelo ahora incluye alrededor de 150.000 motas de polvo, las otras estrellas, y las motas ejercen fuerzas sobre las demás, aunque no en la barra. Matemáticamente, esto es una simulación de 150.000-cuerpos en un paisaje gravitacional fijo pero en rotación.

Tres de los puntos de Lagrange, L3, L4 y L5, son estables. Los otros dos, L1 y L2, son puntos de silla inestables y están cerca de los extremos de la barra, que está dibujada como una elipse. Ahora necesitamos una dosis rápida de dinámica no lineal. Asociadas con los tipos de estabilidades de los puntos de silla, hay dos superficies multidimensionales especiales, llamadas «variedades estables e inestables». Estos nombres son tradicionales, pero potencialmente confusos. No quieren decir que las órbitas asociadas sean estables o inestables, tan solo indican la dirección del flujo que define estas superficies. Una mota de polvo colocada en una variedad estable se aproximará al punto de silla como si fuese atraída hacia él; una colocada en una variedad inestable se alejará, como si fuese repelida. Una partícula colocada en cualquier otro lugar seguirá una ruta que combine ambos tipos de movimiento. Fue al considerar estas superficies cuando Poincaré hizo su descubrimiento inicial del caos en el problema de dos cuerpos y medio. Se intersecan en una madeja homoclínica.

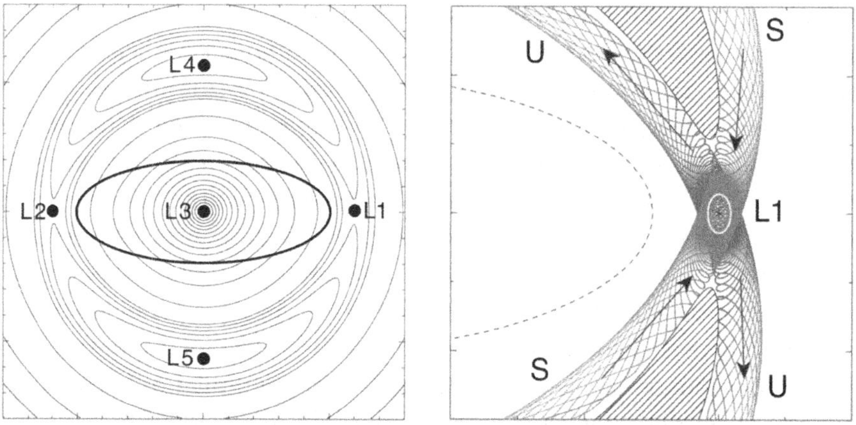

A la izquierda, puntos de Lagrange para la barra en rotación. A la derecha, variedades estables (S) e inestables (U) cerca de L1.

Si todo lo que importase en el problema fuese la posición, las variedades estables e inestables serían curvas cruzándose en el punto de silla. Las curvas de nivel cerca de L1 y L2 dejan un hueco con forma de cruz que se muestra aumentado en la imagen de la derecha. Estas curvas pasan por el centro de los huecos. Sin embargo, las órbitas astronómicas implican velocidades así como posiciones. Juntas, estas cantidades determinan un espacio multidimensional llamado «espacio fásico». Aquí, las dos dimensiones de posición, que muestra la imagen, deben ser complementadas por dos dimensiones más de la velocidad. El espacio fásico tiene cuatro dimensiones y las variedades estables e inestables son superficies bidimensionales, ilustradas en la imagen de la derecha como tubos marcados con flechas. S es variedad estable, U la inestable.

El lugar de encuentro de estos tubos actúa como si fuera unas puertas entre la región de corrotación y el exterior. Las estrellas pueden pasar dentro y fuera, en las direcciones mostradas por las flechas, y pueden intercambiar tubos caóticamente allí donde estos se cruzan. De modo que algunas estrellas de dentro de la región de corrotación atraviesan esta puerta y pasan a lo largo del tubo marcado con la U, abajo a la derecha. Entonces entra en juego un fenómeno conocido como «adhesión». Aunque la dinámica es caótica, las estrellas que salen a través de la puerta merodean cerca de la variedad inestable durante mucho tiempo, posiblemente mayor que la edad del universo. Si se une todo, las estrellas salen cerca de L1 y luego siguen la rama de salida de la variedad inestable, que aquí va en el sentido de las agujas del reloj. Lo mismo ocurre en L2, 180° alrededor la galaxia, y de nuevo el flujo va en sentido de las agujas del reloj.

Finalmente muchas de estas estrellas son recicladas de vuelta a la región de corrotación y todo sucede de nuevo, aunque no a intervalos de tiempo regulares debido al caos. De modo que lo que vemos es un par de brazos en espiral que emergen de los extremos de la barra, con cierto ángulo, mientras que la forma completa rota continuamente. Las estrellas individuales no permanecen en lugares fijos en los brazos. Son como las chispas de los fuegos artificiales, que toman forma de molino a medida que giran. Excepto que estas chispas finalmente vuelven al medio para ser escupidas de nuevo y sus rutas varían de manera caótica.

La parte izquierda de la imagen muestra las posiciones de las estrellas en un momento típico en una simulación de *n*-cuerpos de este modelo. Son evidentes dos brazos espirales y la barra central. La imagen de la derecha muestra las variedades inestables correspondientes, que se corresponden con las regiones más densas en la imagen de la izquierda. La siguiente imagen muestra qué partes de la galaxia están ocupadas por estrellas en varias poblaciones de órbitas regulares y caóticas. Las órbitas regulares están confinadas en la zona de corrotación, como cabría esperar; las caóticas también aparecen ahí y predominan fuera, donde están los brazos espirales.

Merece la pena comparar esta teoría con las series de elipses retorcidas en la imagen de la página 207. Las elipses aportan un patrón para obtener otro. Sin embargo, la dinámica de *n*-cuerpos real no produce órbitas elípticas, porque todos los cuerpos se perturban entre sí, de modo que el patrón propuesto no tiene sentido realmente, a menos que sea una aproximación razonable a algo que hace. El modelo caótico sí construye la barra central como una suposición explícita, pero todo lo demás surge de una dinámica de *n*-cuerpos genuina. Lo que obtenemos es caos, como cabría esperar, pero también el patrón espiral, creado por el caos. El mensaje implícito es: tómate las matemáticas en serio y los patrones se cuidarán por sí solos; fuerza los patrones de manera artificial y correrás el riesgo de lograr solo un sinsentido.

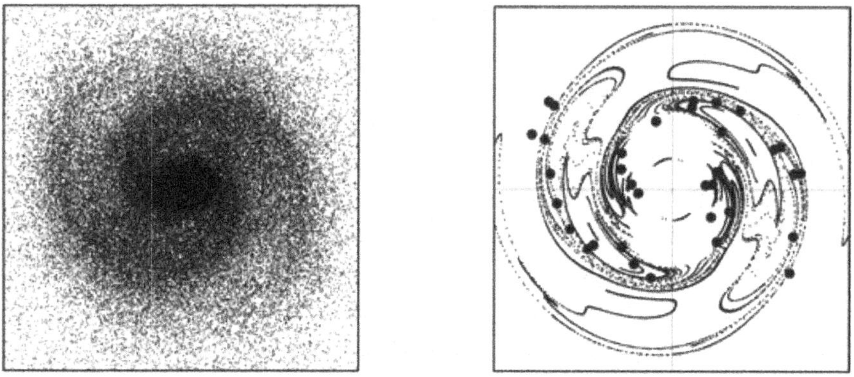

Proyección del sistema de *n*-cuerpos sobre el plano de la galaxia. A la derecha, patrón espiral con colectores inestables e invariantes saliendo de L1 y L2.

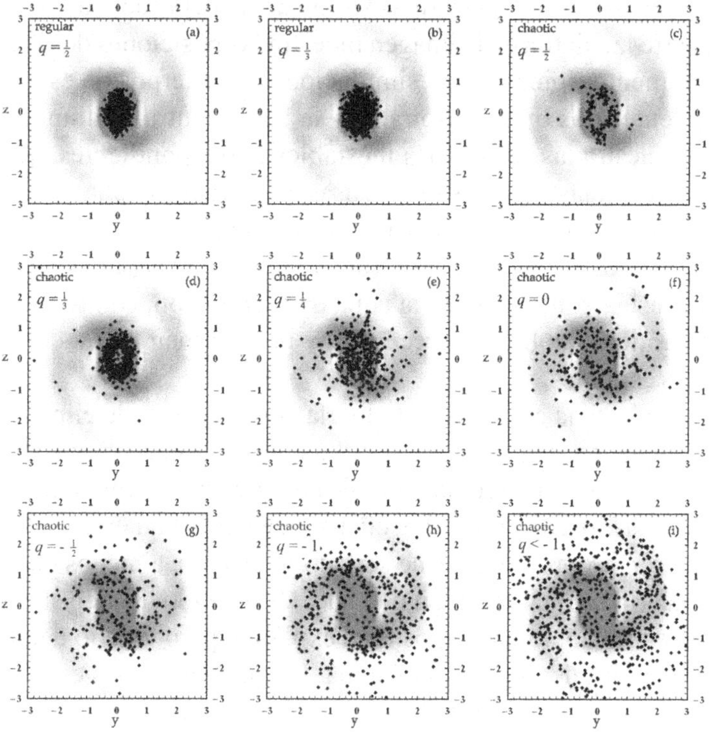

Posiciones instantáneas de las partículas que pertenecen a diferentes poblaciones de órbitas regulares y caóticas (puntos negros) superpuestas sobre la columna vertebral de la galaxia sobre el plano de rotación (fondo gris).

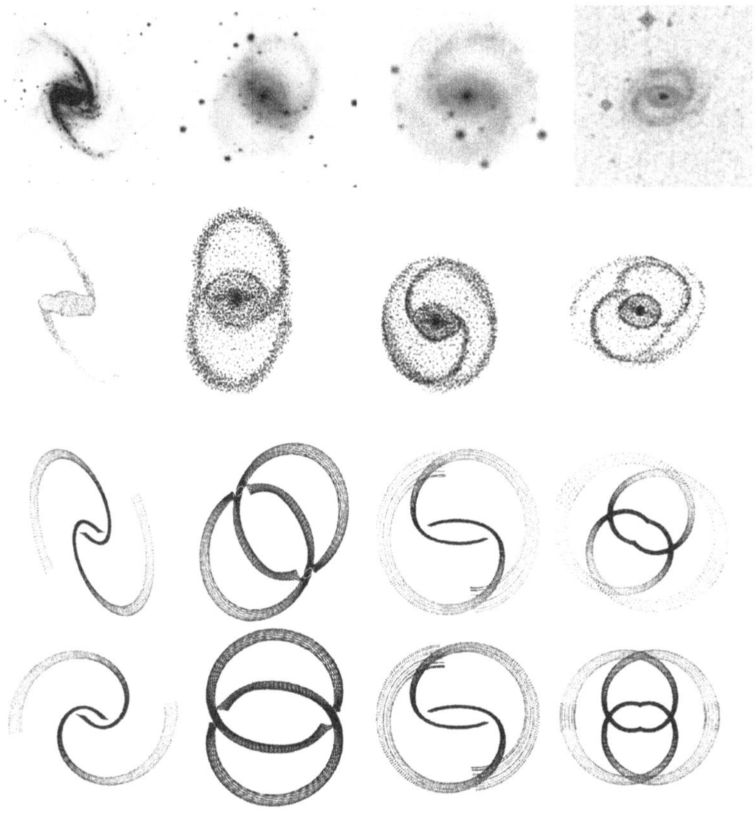

Morfologías de anillo y brazo espiral. En la fila superior, cuatro galaxias, en concreto NGC 1365, NGC 2665, ESO 325-28 y ESO 507-16. En la segunda fila, representaciones esquemáticas de estas galaxias, enfatizando las estructuras de espiral y anillo. En la tercera fila, ejemplos a partir de cálculos de variedad estable/inestable con morfología similar, proyectada aproximadamente del mismo modo que la galaxia observada o la representación esquemática. En la cuarta fila, vista de frente de estas variedades con la barra a lo largo del eje *X*.

Otra forma de confirmar que el caos adherente juega un papel en la formación de las espirales de las galaxias espirales barradas es la presencia común, en dichas galaxias, de anillos de estrellas, de forma muy regular y que a menudo se sobreponen a pares. De nuevo, la idea es que en dichas galaxias, el caos adherente alinea muchas estrellas con las variedades inestables de los puntos de Lagrange L1 y L2 en los extremos de las barras. Esta vez también consideramos las variedades estables, junto con la vuelta de las estrellas a las puertas y de nuevo al centro. Estas, también, son adherentes.

La fila superior de la imagen de la página anterior muestra cuatro ejemplos típicos de galaxias con anillo. La segunda fila muestra dibujos que enfatizan sus estructuras de espiral y anillo. La tercera fila proporciona ejemplos correspondientes del modelo matemático. En la cuarta fila, se ven de frente en vez de bajo cierto ángulo.

Con la ayuda de un espectroscopio, es posible estimar lo rápido que se mueven las estrellas en una galaxia. Los astrónomos que lo estimaron llegaron a resultados extremadamente misteriosos. Dejaré la resolución actual del misterio para el capítulo 14 y aquí tan solo lo describiré.

Los astrónomos miden lo rápido que rotan las galaxias utilizando el efecto Doppler. Si una fuente en movimiento emite luz de una longitud de onda dada, esta cambia según la velocidad de la fuente. Lo mismo sucede para las ondas del sonido. El ejemplo clásico es el tono de la sirena de una ambulancia, que se hace más bajo cuando te adelanta. El físico Christian Doppler analizó este efecto en 1842 en un artículo sobre estrellas binarias, aplicando la física newtoniana. Una versión relativista predice el mismo comportamiento básico, pero con diferencias cuantitativas. La luz llega con muchas longitudes de onda, por supuesto, pero el espectroscopio muestra longitudes de onda concretas como líneas oscuras en el espectro. Cuando la fuente se está moviendo, estas líneas se desplazan una cantidad uniforme: la velocidad se calcula directamente a partir de la cantidad de desplazamiento.

En las galaxias, la línea espectral estándar utilizada con este propósito es la línea de hidrógeno-alfa. En una fuente inmóvil, se encuentra en la parte del rojo oscuro del espectro visible y surge cuando un electrón de un átomo de hidrógeno se mueve de su tercer nivel de energía más bajo al segundo más bajo. El hidrógeno es el elemento más común en el universo, de modo que la línea de hidrógeno-alfa es a menudo prominente.

Incluso es posible, en galaxias que no estén muy alejadas, medir la velocidad de rotación a distancias diferentes del centro de la galaxia. Estas mediciones determinan la curva de rotación de la galaxia y resulta que la velocidad de rotación depende solo de la distancia al centro. Para una buena aproximación, una galaxia se mueve como una serie de anillos concéntricos, cada uno girando de manera rígida, pero a una velocidad que puede variar de anillo a anillo. Esto evoca el modelo de Laplace de los anillos de Saturno (capítulo 6).

En este modelo, las leyes de Newton llevan a una pieza matemática clave: una fórmula que relaciona la velocidad de rotación para un radio dado con la masa total dentro de ese radio. (Las estrellas se mueven tan lentamente comparadas con la velocidad de la luz que, generalmente, se cree que las correcciones relativistas son irrelevantes.) En ellas se afirma que la masa total de una galaxia, para un radio dado, es ese radio multiplicado por el cuadrado de la velocidad rotacional de las estrellas a esa distancia y dividido por la constante gravitatoria.[1] Esta fórmula puede reordenarse para expresar la velocidad rotacional dado un radio: es el radio por la raíz cuadrada de la masa total dentro del radio multiplicado por la constante gravitatoria. Cualquier versión de esta fórmula toma el nombre de «ecuación de Kepler para la curva de rotación», porque puede derivarse directamente de las leyes de Kepler.

Es difícil medir la masa de distribución directamente, pero la predicción de cómo se comporta la curva de rotación para radios lo suficientemente grandes es independiente de dichas consideraciones. Una vez que el radio se aproxima al radio de la galaxia observado, la masa total dentro de ese radio se vuelve casi constante, igual que la masa total de la ga-

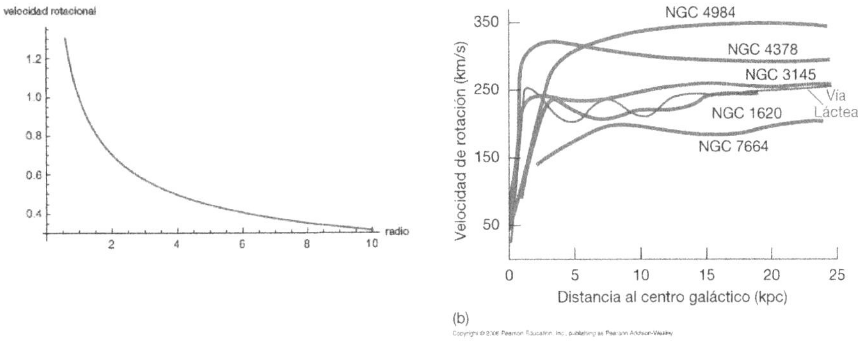

A la izquierda, curva de rotación pronosticada por las leyes newtonianas. La escala está en unidades arbitrarias. A la derecha, curvas de rotación observadas en seis galaxias.

laxia. De modo que cuando el radio es lo bastante grande, la velocidad de rotación es proporcional a la inversa de la raíz cuadrada del radio. En la página anterior, la imagen de la izquierda es la gráfica de esta fórmula, que tiende a cero a medida que el radio crece. Para compararlas, la imagen de la derecha muestra las curvas de rotación observadas en seis galaxias, una de ellas la nuestra. En lugar de disminuir, la velocidad de rotación aumenta y luego se mantiene aproximadamente constante.

Ups.

13

Mundos alienígenas

> Los astrónomos alienígenas podrían haber escudriñado la Tierra durante más de 4.000 millones de años sin detectar ninguna señal de radio, a pesar del hecho de que nuestro mundo es el ejemplo más obvio de habitabilidad.
>
> SETH SHOSTAK, *Klingon Worlds*

Durante mucho tiempo ha sido un acto de fe entre los escritores de ciencia ficción que el universo esté lleno de planetas. Esta creencia fue motivada principalmente por un imperativo narrativo: se necesitan planetas como ubicación para historias apasionantes. Sin embargo, siempre tuvo sentido desde el punto de vista científico. Dada la cantidad de basura cósmica de todas formas y tamaños que traquetea por el universo, debería haber planetas a montones.

Si nos remontamos al siglo XVI, comprobaremos que Giordano Bruno ya afirmó que las estrellas son soles distantes con planetas propios, que incluso podrían estar habitados. Esto hizo que se convirtiera en una espina en el seno de Iglesia católica y fue quemado en la hoguera por herejía. Al final de su *Principia,* Newton escribió: «Si las estrellas fijas son los centros de sistemas similares [al sistema solar], estarán construidos según un diseño parecido...».

Otros científicos no estaban de acuerdo y mantuvieron que el Sol es el único astro en el universo que posee planetas. Pero la apuesta segura siempre fue que hay incontables exoplanetas, que es como se los conoce. Nuestra mejor teoría sobre la formación de los planetas es por el colapso de una vasta nube de gas, que forma los planetas al mismo tiempo que su estrella central, y nubes de esas hay de sobra. Hay al menos 50 trillones de cuerpos grandes, estrellas, y un número todavía mayor de cuerpos pequeños como motas de polvo. Sería extraño si se hubiese prohibido un rango de tamaño intermedio y todavía más extraño si este hubiera coincidido con los tamaños de los planetas típicos.

Los argumentos indirectos están todos muy bien, pero el tema tabú era eminente por su ausencia. Hasta muy recientemente, no había indicios en las observaciones de que ninguna otra estrella tuviese planetas. En 1952, Otto Struve sugirió un método práctico para detectar exoplanetas, pero tuvieron que pasar cuarenta años antes de que diera fruto. En el capítulo 1 vimos que la Tierra y la Luna se comportan como un hombre gordo que baila con un niño. El niño da vueltas y vueltas mientras que el hombre gira sobre sus pies. Ocurre lo mismo en un planeta que orbita una estrella: el planeta ligero se mueve en una gran elipse mientras que la robusta estrella se tambalea ligeramente.

Struve sugirió utilizar un espectroscopio para detectar estos tambaleos. El efecto Doppler hace que cualquier movimiento de la estrella des-

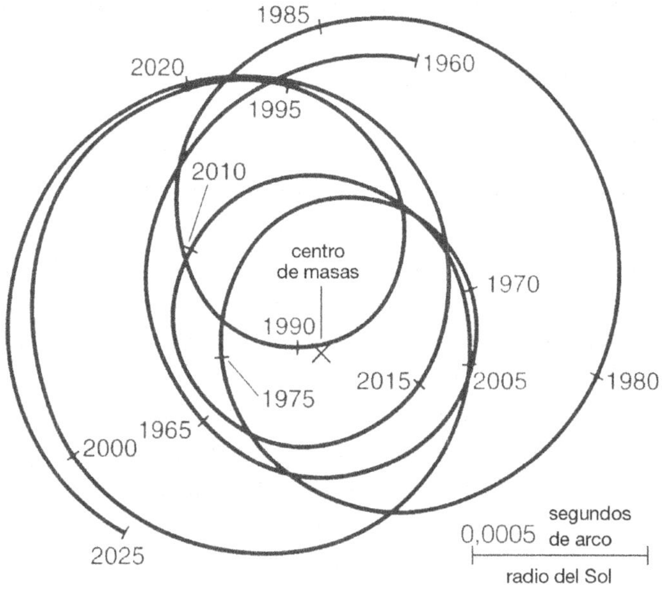

Movimiento del Sol con respecto al centro de masas
del sistema solar, 1960-2025.

place sus líneas espectrales ligeramente. La cantidad de desplazamiento da la velocidad de la estrella; nosotros deducimos la presencia del niño que da vueltas observando cómo se tambalea el hombre gordo. Este método funciona incluso si hay varios planetas: la estrella sigue tambaleándose, pero de un modo más complicado. La imagen de la página anterior muestra cómo se tambalea el Sol. La mayor parte del movimiento está provocado por Júpiter, pero otros planetas también contribuyen a él. El movimiento total es de alrededor de tres veces el radio del Sol.

La técnica de la espectroscopia de Doppler permitió la primera confirmación de un exoplaneta, visto en 1992 por Aleksander Wolszczan y Dale Frail. El principal es un tipo curioso de objeto estelar conocido como púlsar. Estos cuerpos emiten pulsos de radiación rápidos y regulares. Ahora los explicamos como estrellas de neutrones que giran rápidamente, llamadas así porque la mayoría de su materia son neutrones. Wolszczan y Frail utilizaron la radioastronomía para analizar pequeñas variaciones en los pulsos emitidos por el púlsar PSR 1257+12 y dedujeron que tenía al menos dos planetas. Esto altera su giro ligeramente y afecta al tiempo de los pulsos. El resultado fue confirmado en 1994, junto con la presencia de un tercer planeta.

Los púlsares son bastante inusuales y no revelan nada importante sobre las estrellas ordinarias. Pero estos, también, empezaron a revelar sus secretos. En 1995, Michel Mayor y Didier Queloz descubrieron un exoplaneta en la órbita de 51 Pegasi, una estrella de la misma clase espectral general (G) que el Sol. Más tarde, resultó que ambos grupos habían sido anticipados en 1988, cuando Bruce Campbell, Gordon Walker y Stephenson Yang observaron que la estrella Gamma Cephei se tambaleaba de manera sospechosa. Debido a que sus resultados estaban al límite de lo que podía ser detectado, no reclamaron haber visto un planeta, pero en pocos años aparecieron más indicios y los astrónomos empezaron a creer que el grupo lo había hecho. Su existencia finalmente se confirmó en 2003.

Ahora conocemos más de 2.000 exoplanetas, la cifra actual (1 de junio de 2016) es de 3.422 planetas en 2.560 sistemas planetarios, incluidos 582 sistemas con más de un planeta. Y hay miles de candidatos posibles todavía por confirmar. Sin embargo, en ocasiones lo que parecía ser una señal de un exoplaneta se reexamina y se descarta como otra cosa y aparecen nuevos candidatos, de modo que estas cifras pueden bajar o subir. En 2012, se anunció que un miembro de sistema estelar más cercano, Alfa Centauri, tenía un planeta del tamaño de la Tierra, pero mucho más caliente.[1] Ahora parece que ese planeta, Alfa Centauri Bb, no existe realmente y que solo es un artefacto espurio del análisis de datos.[2] Sin embargo, se ha detectado otro potencial exoplaneta Alfa Centauri Bc alrededor de la misma estrella, Gliese 1132, una estrella enana roja a 39 años luz, que definitivamente tiene un planeta, GJ 1132b, que ha provocado mucho entusiasmo porque es del tamaño de la Tierra (aunque demasiado caliente para tener agua líquida) y está lo bastante cerca como para observar su atmósfera.[3] Muchos exoplanetas se encuentran a solo unas docenas de años luz. Planetariamente, no estamos solos.

En principio, los únicos planetas que podían observarse eran «júpiteres calientes»: planetas enormes muy cerca de sus estrellas. Esto podía dar una impresión parcial del tipo de mundo que hay ahí fuera. Pero las técnicas son más sensibles cada vez más rápido, y ahora podemos detectar planetas del tamaño de la Tierra. También podemos empezar a averiguar si tienen atmósferas o agua utilizando un espectroscopio. Indicios estadísticos indican que los sistemas planetarios son comunes por toda nuestra galaxia, de hecho, por todo el universo, y que aunque en una pequeña proporción, existen planetas como la Tierra,[4] en órbitas como la de la Tierra, alrededor de estrellas como el Sol.

Hay al menos una docena de maneras diferentes de detectar exoplanetas. Una es por detección visual directa: apuntando un telescopio muy potente a una estrella y avistando un planeta. Es un poco como intentar ver una cerilla en el resplandor de un foco, pero técnicas ingeniosas de enmascaramiento que eliminan la luz de la estrella a veces lo hacen posible. El camino más común para detectar exoplanetas es el método de tránsito. Si sucede que un planeta cruza el disco de la estrella, cuando este se ve desde la Tierra, entonces tapa una pequeña parte de la luz de la estrella. El tránsito crea una pendiente característica en la curva de luz. Es poco probable que la mayoría de los exoplanetas estén orientados de manera tan favorable, pero la proporción de los que crean tránsitos es lo bastante grande como para que la estrategia sea viable.

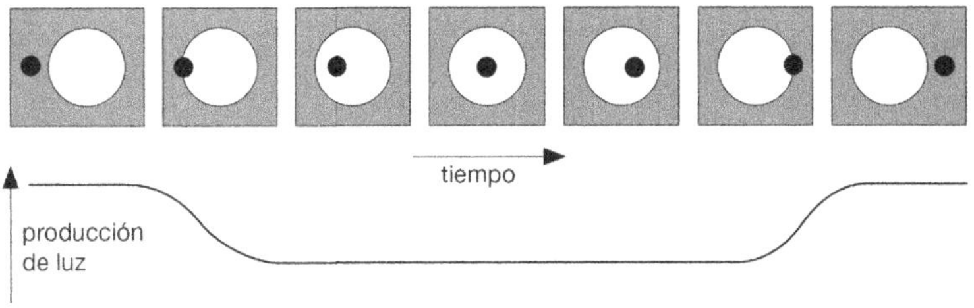

Modelo sencillo de cómo la luz de la estrella se hace más tenue durante el tránsito de un planeta. Suponiendo que la estrella emite la misma cantidad de luz en cada punto y que el planeta la bloquea por completo, la curva de luz permanece plana mientras que el planeta la bloquea. En la práctica, estas suposiciones no son del todo correctas y se utilizan modelos más realistas.

Esta imagen es una ilustración simplificada del método de tránsito. Cuando el planeta inicia su tránsito, empieza a bloquear algo de luz de la estrella. Una vez todo el planeta está dentro de la estrella, la potencia de luz se reduce y permanece aproximadamente constante hasta que el planeta se aproxima al otro extremo de la estrella. Cuando el planeta sale por el otro extremo, la estrella vuelve a su brillo aparente original. En la práctica, la estrella generalmente aparece menos brillante cerca de sus extremos pues una parte de la luz podría ser desviada alrededor del planeta si este tiene atmósfera. Los modelos más sofisticados corrigen estos efectos. La imagen muestra una curva de luz real (puntos) para un tránsito del exoplaneta XO-1b a través de la estrella XO-1, junto con un modelo teórico (curva sólida).

El método de tránsito, analizado matemáticamente, proporciona información sobre el tamaño, la masa y el período orbital del planeta. A veces nos dice algo sobre la composición química de la atmósfera del planeta, comparando el espectro de la estrella con la luz reflejada desde el planeta.

La NASA escogió el método de tránsito para su telescopio Kepler, un fotómetro que mide niveles de luz con una precisión excelente. Lanzado en 2009, Kepler tiene un ojo en la producción de luz de más de 145.000 estrellas. El plan era observarlas durante al menos tres años y medio, pero las ruedas de reacción de Kepler, utilizadas para mantener el telescopio

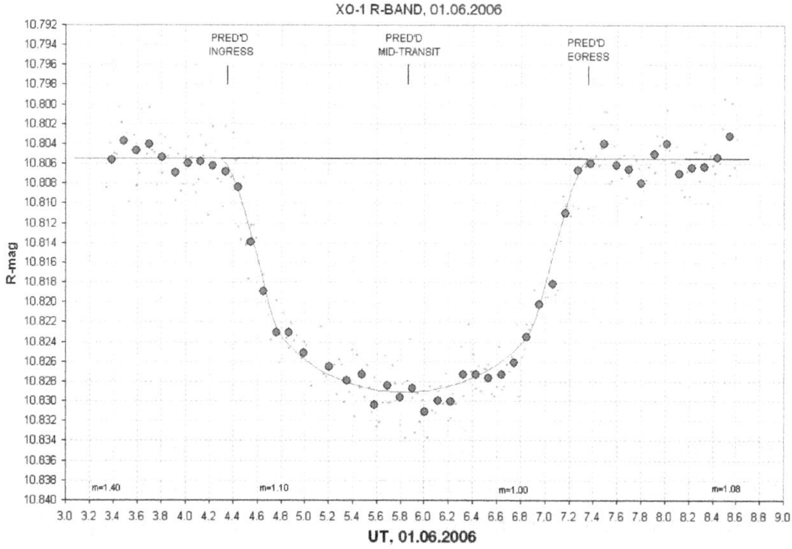

Curva de luz para el tránsito a través de la estrella XO-1 R-magnitud 10 × 8 del exoplaneta XO-1B, que tiene el tamaño de Júpiter, el 1 de junio de 2006. Los puntos gruesos son medias de 5 puntos de magnitudes de la imagen mostrada por los puntos pequeños. La línea es el modelo teórico.

alineado, empezaron a fallar. En 2013, se modificó el diseño de la misión, de modo que el instrumento inhabilitado podía seguir siendo útil para la ciencia.

El primer exoplaneta que encontró Kepler, en 2010, se llama Kepler-4b. Su estrella padre es Kepler-4, a aproximadamente 1.800 años luz en la constelación Draco (Dragón), una estrella similar al Sol pero un poco más grande. El planeta tiene más o menos el tamaño y la masa de Neptuno, pero su órbita está mucho más cerca de la estrella. Su órbita tiene un período de 3,21 días y un radio de 0,05 UA, alrededor de una décima parte de la distancia de Mercurio al Sol. Su temperatura de superficie son unos sofocantes 1.700 K. La órbita es excéntrica, con una excentricidad de 0,25.

A pesar de sus tambaleantes ruedas de reacción, Kepler encontró 1.013 exoplanetas, alrededor de 440 estrellas, y otros 3.199 candidatos por confirmar. Los planetas grandes son más fáciles de ver porque bloquean más luz, de modo que tienden a estar sobrerrepresentados entre los exoplanetas de Kepler, pero de algún modo esta tendencia se puede compensar. Kepler ha encontrado suficientes exoplanetas para proporcionar estimaciones estadísticas del número de planetas en nuestra galaxia con características concretas. En 2013, la NASA anunció que la Galaxia probablemente contenía al menos 40.000 millones de exoplanetas del tamaño de la Tierra, en órbitas como la de la Tierra, alrededor de estrellas como el Sol y enanas rojas. Si así fuera, la Tierra está lejos de ser única.

El catálogo de órbitas y sistemas estelares contiene muchos que parecen muy diferentes al sistema solar. Patrones ordenados como el que marca la ley de Titius-Bode parecen raramente funcionar. Los astrónomos están empezando a pelear con las complejidades de la anatomía comparada de sistemas estelares. En 2008, Edward Thommes, Soko Matsumura y Frederic Rasio simularon crecimiento a partir de discos protoplanetarios.[5] Los resultados sugieren que los sistemas como el nuestro son comparativamente raros, dándose solo cuando las variables que caracterizan los rasgos principales del disco tienen valores peligrosamente cerca de aquellas en las cuales los planetas no se formarían. Los planetas gigantes son más comunes. En el espacio de los parámetros de los discos protoplanetarios, el nuestro patina en los límites del desastre. Sin embargo, algunos principios matemáticos básicos todavía se cumplen, en concreto, la existencia de resonancias orbitales. Por ejemplo, los sistemas de estrellas Kepler-25, Kepler-27, Kepler-30, Kepler-31 y Kepler-33 tienen todos al menos dos planetas en resonancia 2:1. Kepler-23, Kepler-24, Kepler-28 y Kepler-32 tienen al menos dos planetas en resonancia 3:2.

La caza de planetas ya está adaptando sus técnicas a la búsqueda de otras características de los sistemas de estrellas, entre ellas exolunas y exoasteroides, los cuales pueden añadir pequeñas irregularidades extra a las curvas de luz de una manera muy complicada. David Kipping utiliza un superordenador para reexaminar la información de Kepler sobre 57 sistemas de exoplanetas en busca de indicios de una exoluna. René Heller ha realizado cálculos teóricos y ha sugerido que un exoplaneta varias veces más grande que Júpiter (no poco común) podría tener una luna del tamaño de

Marte, y en principio Kepler podría haberlo divisado. La luna de Júpiter, Ío, provoca ráfagas de radio que interactúan con el campo magnético del planeta y efectos parecidos podrían suceder en otras partes, de modo que Joaquin Noyola está buscando señales de radio exolunares. Cuando el telescopio espacial James Webb de la NASA, sucesor del Hubble, se lance en 2018, quizá será capaz de visualizar directamente la imagen de una exoluna.

Michael Hippke y Daniel Angerhausen han ido a la caza de exotroyanos. Recuerda que un asteroide troyano sigue a un planeta más o menos en la misma órbita, separado 60° por delante o 60° tras él, de modo que crea su propio pequeño parpadeo cuando cruza la estrella. Los astrónomos han buscado estos parpadeos, pero todavía no ha aparecido nada porque los resultados serían muy pequeños. En lugar de esto, Hippke y Angerhausen utilizan una aproximación estadística, que es como dar vueltas alrededor de una reserva natural contando las huellas de leones. No dice qué leones las hicieron, pero puedes estimar lo comunes que son los leones. Combinan cerca de un millón de curvas de luz para realzar las señales asociadas con exotroyanos. Los resultados muestran ligeros parpadeos en los puntos de los troyanos, pero estos no son importantes estadísticamente. Sin embargo, si el trazo se dobla por la mitad, de modo que las posiciones coinciden en un número dado de grados por delante y por detrás de la órbita, hay un parpadeo importante estadísticamente a 60° (más o menos).[6]

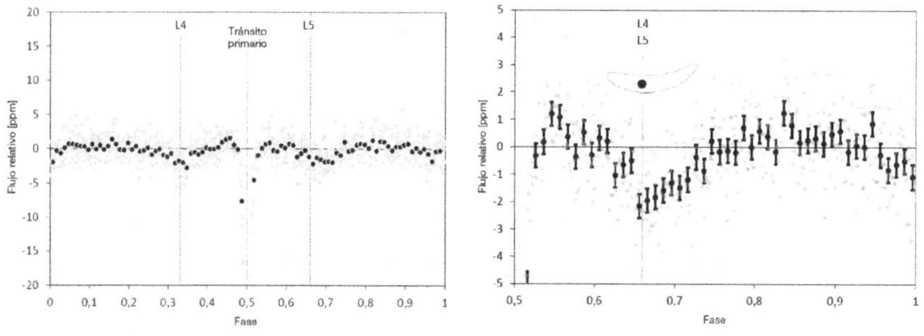

Las curvas de luz combinadas para un millón de tránsitos muestran pequeñas caídas en los puntos de los troyanos L4 y L5 (marcados). Estos no son importantes estadísticamente. A la derecha, la información «doblada» muestra una caída importante estadísticamente.

La suposición general de la ciencia ficción de que las estrellas distantes a menudo tienen planetas, aunque en su momento ridiculizada, ha resultado ser totalmente correcta. ¿Qué pasa con un tropo de ciencia ficción relacionado: la existencia de formas de vida alienígenas inteligentes?[7] Este es un tema mucho más difícil, pero de nuevo sería extraño si un universo con miles de billones de planetas se las arreglase para producir exactamente uno con vida inteligente. Demasiados factores tendrían que estar en determinado equilibrio preciso para hacer único nuestro mundo.

En 1959, en la revista *Nature*, Giuseppe Cocconi y Philip Morrison publicaron un artículo provocador, «Searching for interstellar communications» (Búsqueda de comunicación interestelar). Señalaron que los radiotelescopios habían llegado a ser lo suficiente sensibles como para recoger un mensaje de radio desde una civilización alienígena. También sugirieron que los alienígenas escogerían una frecuencia de referencia: la línea HI (o línea de hidrógeno) de 1.420 Mhz en el espectro de hidrógeno. Es especial porque el hidrógeno es el elemento más común en el universo.

El radioastrónomo Frank Drake decidió comprobar la idea de Cocconi y Morrison iniciando el «Proyecto Ozma», que buscaba dichas señales provenientes de las estrellas cercanas Epsilon Eridani y Tau Ceti. No detectó nada, pero en 1961 impartió una conferencia sobre la «búsqueda de inteligencia extraterrestre». En el encuentro escribió una ecuación matemática, que expresaba el número de civilizaciones alienígenas en nuestra galaxia que realmente puede comunicarse por radio, como el producto de siete factores, tales como la velocidad media a la cual se forman las estrellas, la fracción de planetas que desarrollan vida y el tiempo medio a lo largo del cual las civilizaciones tienen la habilidad de transmitir señales de radio detectables.

La ecuación de Drake se emplea con frecuencia para calcular cuántas civilizaciones alienígenas, capaces de comunicarse, existen, pero esa no era la intención de Drake. Él estaba intentando aislar los factores importantes en los que los científicos se deberían centrar. Su ecuación tiene fallos si se toma literalmente, pero teniéndolos en cuenta, hace que se comprenda la probabilidad de que haya civilizaciones alienígenas y la posibilidad de que sus señales se puedan detectar. Un sucesor importante del «Proyecto Ozma» es SETI (del inglés, Search for Extraterrestrial Intelligence, Búsqueda de Inteligencia Extraterrestre), fundada en 1984 por

Thomas Piersoon y Jill Tarter para encabezar la búsqueda sistemática de comunicaciones alienígenas.

La ecuación de Drake no es demasiado práctica porque es muy sensible a los errores. «Planeta» quizá sea demasiado restrictivo como veremos en breve. Puede que también «radio». Esperar que los alienígenas se comuniquen mediante una tecnología de radio obsoleta podría ser tan inútil como esperar ver señales de humo. Todavía más cuestionable es la idea de que reconoceríamos sus comunicaciones como tales. Con la llegada de la electrónica digital, la mayoría de nuestras señales, incluso las de los teléfonos móviles, están codificadas digitalmente para comprimir su información y eliminar los errores provocados por el ruido superfluo. Los alienígenas seguramente lo harán del mismo modo. En 2000, Michael Lachmann, Mark Newman y Cris Moore probaron que las comunicaciones codificadas de manera eficiente parecen exactamente lo mismo que la radiación aleatoria de cuerpos negros. Esto es el espectro de radiación electromagnética de un cuerpo opaco, no reflectante a una temperatura constante. Originalmente, llevaba el título de «Any sufficiently advanced communication is indistinguishable from noise» (Cualquier comunicación suficientemente avanzada no se distingue del ruido).[8]

Inteligencia es apuntar alto. Incluso vida alienígena no inteligente sería algo revolucionario.

Cuando evaluamos las posibilidades de que haya vida alienígena, es demasiado fácil caer en la trampa de imaginar que el lugar perfecto para los alienígenas debe ser un planeta como la Tierra, uno de más o menos el mismo tamaño que el nuestro, a una distancia similar de una estrella similar, cuya superficie sea una mezcla de tierra rocosa y agua líquida (como el nuestro), y cuya atmósfera contenga oxígeno (ídem). Sí, la Tierra es el único planeta habitado que conocemos, pero solo acabamos de empezar a mirar. Dentro del sistema solar, el resto de los cuerpos celestes parecen estériles e inhóspitos, aunque, como veremos, ese juicio no debería hacerse tan apresuradamente. De modo que el mejor lugar para buscar vida parece estar fuera del sistema solar.

Las posibilidades de que exista vida en cualquier otro lugar son mejoradas por un principio biológico básico: la vida se adapta a las condiciones dominantes. Incluso en la Tierra, las criaturas vivientes ocupan una increíble variedad de hábitats: en el fondo de los océanos, arriba en la atmósfera, en los pantanos, desiertos, manantiales hirviendo, bajo el hielo en la Antártida e incluso a tres kilómetros bajo tierra. Parece razonable que las formas de vida alienígenas puedan ocupar un rango todavía más amplio de hábitats. Nosotros podríamos no ser capaces de vivir ahí, pero los seres humanos realmente no podemos sobrevivir sin ayuda en la mayoría de los hábitats terrestres. Qué es habitable depende de qué lo habita.

Nuestra terminología delata prejuicios profundos. En los últimos años los biólogos han descubierto bacterias que pueden vivir en agua hirviendo y otras bacterias que sobreviven en condiciones muy frías. Colectivamente, se llaman extremófilos, criaturas a las que les gustan los extremos. Con frecuencia se representan como si se aferrasen precariamente a un ambiente hostil, que tienden a extinguirse en cualquier momento. Sin embargo, en realidad, estas criaturas están bellamente adaptadas a su entorno y morirían si las transportásemos al nuestro. Comparados con ellas, nosotros somos extremófilos.[9]

Toda la vida en la Tierra está relacionada, parece haber evolucionado de un único sistema bioquímico primigenio. De por sí, la «vida en la Tierra» en toda su rica variedad se reduce a un único punto de información. El principio copernicano mantiene que no hay nada extremadamente especial en los seres humanos o su entorno. Si es así, nuestro planeta es poco probable que sea especial, pero eso no implica que deba ser típico. Los bioquímicos han hecho variantes inusuales de moléculas que forman las bases de la genética terrestre: ADN, ARN, aminoácidos, proteínas, para averiguar si las moléculas de la Tierra son las únicas que funcionan. (Y no lo son.) Dichas preguntas a menudo llevan a la modelización matemática así como a la biología, porque no podemos estar seguros de que la biología en cualquier otra parte sea la misma que aquí. Podría ser una química diferente, radicalmente diferente, o evitar toda la que no sea molecular.

Dicho esto, tiene mucho sentido empezar en ese punto de información genuino, siempre y cuando no olvidemos que es solo un primer paso hacia posibilidades más exóticas. Esto nos lleva inevitablemente a uno de los objetivos inmediatos de los cazadores de planetas: descubrir un exoplaneta como la Tierra.

En círculos astrobiológicos, la mayor parte del trabajo se hace en relación con la llamada «zona habitable» alrededor de una estrella. La zona habitable no es la región que podría ser habitable. Es la región alrededor de una estrella dentro de la cual un planeta hipotético con suficiente presión atmosférica podría tener agua líquida. Si está muy cerca de la estrella, el agua se evapora; si está demasiado lejos, se congela. En una situación intermedia, la temperatura es «simplemente correcta» e inevitablemente esta región ha adquirido el apodo de «zona de Ricitos de oro».*

La zona habitable del sistema solar se encuentra a entre 0,73 y 3 UA del Sol; los números precisos son cuestionables. Venus roza el borde interior, el borde exterior llega hasta Ceres, mientras que la Tierra y Marte se encuentran dentro. De modo que «en principio» las superficies de Venus y Marte podrían tener agua líquida. Aunque en la práctica es más complicado. La temperatura de superficie media en Venus es 462 °C, lo bastante caliente como para fundir plomo, porque Venus experimenta un efecto invernadero desmedido y atrapa el calor en su atmósfera. El agua líquida parece, cuando menos, poco factible. En Marte, la temperatura es de –63 °C, de modo que en general se creía que Marte tenía solo hielo sólido. Sin embargo, en 2015, se descubrió que pequeñas cantidades de hielo se fundían en el verano marciano, filtrándose por los lados de algunos cráteres. Esto se había sospechado durante algún tiempo, porque eran visibles vetas oscuras, pero la evidencia crucial es la presencia de sales hidratadas en verano, cuando las vetas crecen haciéndose más largas. Marte probablemente tuvo mucha agua en la superficie hace 3.800 millones de años, pero luego perdió gran parte de su atmósfera, arrastrada por el viento solar cuando el campo magnético del planeta se debilitó. Parte del agua se evaporó y el resto se congeló. En su mayor parte sigue de ese modo.

Entonces, la distancia desde el primario no es el único criterio. El concepto de zona habitable proporciona una guía sencilla y comprensible, pero las guías no son rígidas. No es preciso que haya agua líquida dentro de la zona habitable y puede haber fuera de ella. Un planeta que esté cerca de su estrella quizá esté en una zona demasiado caliente, pero

* Esta denominación hace referencia al cuento infantil *Ricitos de oro y los tres ositos*, en el que la niña prueba diferentes puntos de la casa hasta que encuentra el que más le gusta. (*N. de la t.)*

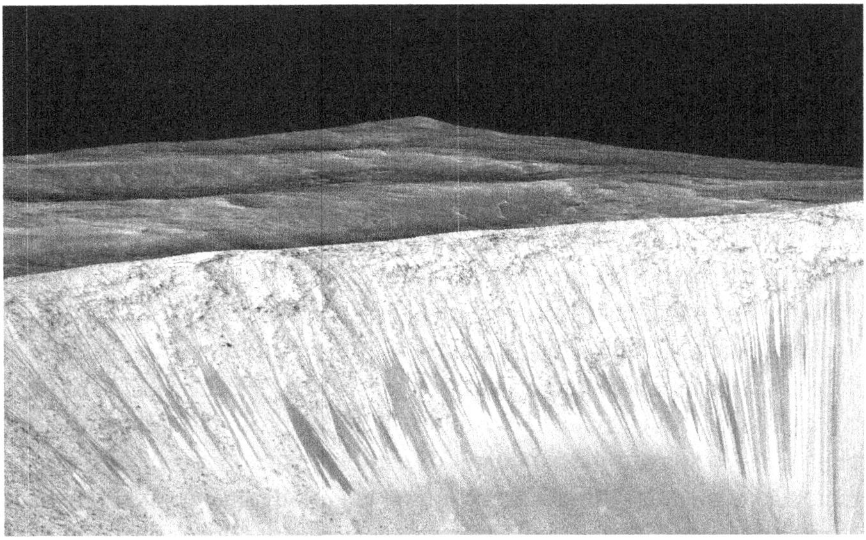

Vetas oscuras en el cráter Garni en Marte, provocadas por agua líquida.

si está en una resonancia de giro orbital 1:1, un lado está siempre de frente a la estrella, por lo que es caliente, mientras que el otro lado está extremadamente frío. En medio hay una zona templada en ángulo recto con el ecuador (hay hielo en el hirviente Mercurio, escondido en cráteres polares donde la luz del sol nunca penetra, y no está ni siquiera en resonancia 1:1). Un planeta con una superficie helada podría tener alguna fuente de calor interno, después de todo la Tierra la tiene, que fundiese algo de hielo. Una atmósfera gruesa con mucho dióxido de carbono o metano también lo calentaría. Un eje tambaleante puede ayudar a un planeta a ser cálido fuera de la zona habitable, ya que este distribuye el calor de manera desigual. Un planeta con una órbita excéntrica puede almacenar energía cuando está cerca de su estrella, liberándola cuando se aleja, incluso aunque de media no esté en la zona habitable. Una estrella enana roja puede tener un planeta cercano con una atmósfera gruesa turbia, redistribuyendo el calor más desigualmente.

En 2013, el telescopio Kepler descubrió dos exoplanetas que eran los más parecidos a la Tierra encontrados hasta entonces. Ambos orbitaban la misma estrella, Kepler-62, en la constelación Lyra, y sus nombres son Kepler-62e y Kepler-62f. Cada uno tiene un diámetro un 50 % mayor que el de la Tierra, y podrían ser ejemplos de súper-Tierras (cuerpos rocosos más grandes que la Tierra pero no tanto como Neptuno). De manera alternativa, podrían ser hielo comprimido. Están con seguridad en la zona de Ricitos de oro de Kepler-62, de modo que dadas las condiciones de superficie apropiadas tales como una atmósfera similar a la nuestra, podrían tener agua líquida.

A principios de 2015, la NASA anunció el descubrimiento de dos nuevos exoplanetas que se parecían a la Tierra más todavía. Kepler 438b es un 12 % más grande que la Tierra y recibe un 40 % más de energía de su estrella, que está a 479 años luz. Kepler 442b es un 30 % más grande que la Tierra y recibe un 30 % menos de energía; su estrella está a 1.292 años luz. No es posible confirmar su existencia detectando los correspondientes tambaleos en sus estrellas; en lugar de esto, los astrónomos hacen comparaciones de medidas minuciosas e inferencia estadística. En función de su tamaño, son probablemente rocosos, aunque sus masas no son conocidas. Al estar orbitando dentro de la zona habitable, podrían tener agua líquida.

Otros exoplanetas confirmados que se parecen a la Tierra son Gliese 667Cc y 832c, y Kepler 62e, 452b, y 283c. Un candidato de Kepler todavía por confirmar, KOI-3010.01, es también como la Tierra, si existe. Hay un montón de cuerpos celestes que se parecen al nuestro, no muy lejos teniendo en cuenta los estándares cósmicos, pero inaccesibles con la tecnología actual o predecible.

Peter Behroozi y Molly Peeples han reinterpretado las estadísticas de los exoplanetas de Kepler en el contexto de nuestro conocimiento de cómo surgen las estrellas en las galaxias y han obtenido una fórmula para determinar cómo cambia el número de planetas en el universo a medida que pasa el tiempo.[10] La proporción de cuerpos celestes como la Tierra puede obtenerse a partir de esta cifra. Insertando la edad actual del universo, estiman que hay aproximadamente 100.000 billones de planetas como la Tierra en la actualidad. Eso es alrededor de 500 millones por galaxia, de modo que nuestra galaxia probablemente tiene 500 millones de planetas como el nuestro.

El foco astrobiológico se ha desplazado en la actualidad de los planetas literalmente como la Tierra a otros tipos de cuerpos celestes en los que es razonable que pueda haber vida. Según las simulaciones llevadas a cabo por Dimitar Sasselov, Diana Valencia y Richard O'Connell, las súper-Tierras podrían ser más apropiadas para la vida que nuestro propio planeta.[11] La razón es la tectónica de placas. El movimiento de los continentes de la Tierra mantiene el clima estable al reciclar dióxido de carbono vía suelo oceánico, subducción y volcanes. Es más probable que haya agua líquida si el clima es estable y eso da a la vida basada en el agua más tiempo para evolucionar. De modo que la deriva continental puede mejorar la habitabilidad de un planeta.

El equipo de Sasselov descubrió que, en contra de las expectativas, la deriva continental es probablemente común en otras partes y puede darse en planetas más grandes que la Tierra. Las placas serían más finas que aquí y se moverían más rápido, por lo que una súper-Tierra debería tener un clima más estable que el nuestro, haciendo más fácil que evolucionara la vida compleja. El número probable de planetas como la Tierra es bastante grande, pero comparativamente hablando dichos cuerpos celestes son raros. Sin embargo, debería haber muchas más súper-Tierras, lo cual mejora mucho las perspectivas de vida como la de la Tierra. Menos mal que «la Tierra era rara». Además, la Tierra no es «simplemente correcta» para la tectónica de placas. Justo rozamos el extremo inferior del rango apropiado.

Demasiado para Ricitos de Oro.

Quizá la vida no necesite un planeta en absoluto.

No perdamos la esperanza en nuestro propio sistema de estrellas tan fácilmente. Si la vida existe en cualquier otro lugar del sistema solar, ¿dónde es más probable que esté? Por lo que sabemos, el único planeta habitado en la zona habitable del Sol es la Tierra, de modo que a primera vista la respuesta debería ser «en ninguna parte». Realmente, los lugares más probables para la vida, quizá no más compleja que una bacteria, pero vida en todo caso, son Europa, Ganimedes, Calisto, Titán y Encélado. Ceres y Júpiter están fuera de consideración.

Ceres, un planeta enano, está en el extremo exterior de la zona habitable y su atmósfera final tiene vapor de agua. La misión *Dawn* reveló puntos brillantes dentro de un cráter; inicialmente se pensó que era hielo, pero ahora sabemos que era un tipo de sal de magnesio. Si hubiera sido hielo, Ceres habría tenido un ingrediente clave para la vida como en la Tierra, no obstante congelada. Probablemente haya hielo a mayor profundidad.

Carl Sagan sugirió en la década de 1960 que la vida bacteriana, y posiblemente organismos más complejos como globos, podrían flotar en la atmósfera de Júpiter. El principal obstáculo es que Júpiter emite mucha radiación. Sin embargo, algunas bacterias prosperan en la parte alta de la atmósfera terrestre, donde los niveles de radiación son altos, y los tardígrados, pequeñas criaturas popularmente conocidas como osos de agua, pueden sobrevivir a niveles de radiación y temperatura extremos, tanto caliente como fría, que nos matarían.

Los otros cinco cuerpos enumerados no son planetas o planetas enanos, sino satélites, y todos están bastante fuera de la zona habitable. Europa, Ganimedes y Calisto son satélites de Júpiter. Como vimos en el capítulo 7, tienen océanos bajo tierra, creados porque el calentamiento de las mareas de Júpiter funde el hielo. Podría haber conductos hidrotermales calientes en el fondo de estos océanos que proporcionaran un hábitat para la vida, como también lo es para conductos similares en la Tierra, como los encontrados a lo largo de la dorsal atlántica. Aquí las placas tectónicas de la Tierra se separan, siendo arrastradas por separado por una cinta transportadora geológica a medida que sus extremos exteriores son subducidos bajo los continentes de Europa y América. La sustancia rica del brebaje químico volcánico, junto con el calor de los gases volcánicos, proporciona un hábitat confortable para gusanos de tubo, camarones y otros organismos bastante complejos. Algunos biólogos evolutivos creen que la vida en la Tierra se originó en conductos como los explicados. Si eso funciona aquí, ¿por qué no en Europa?

El siguiente en la línea es la luna más misteriosa de todas, Titán, el satélite de Saturno. Su diámetro es un 50% mayor que el de la Luna y a diferencia de cualquier otra luna en el sistema solar tiene una atmósfera densa. El principal cuerpo de Titán es una mezcla de roca y agua helada y la temperatura de la superficie es de unos 95 K (−180 °C). La misión *Cassini* reveló que tiene lagos y ríos de metano y etano líquidos, que son gases a temperatura ambiente en la Tierra. La mayor parte de la atmósfera es nitrógeno, el 98,4%, más el 1,2% de metano, el 0,2% de hidrógeno y trazas de otros gases como etano, acetileno, propano, cianuro de hidrógeno, dióxido de carbono, monóxido de carbono, argón y helio.

Muchas de estas moléculas son orgánicas (basadas en el carbono) y algunas son hidrocarbonos. Se producen cuando la luz ultravioleta del Sol reacciona con el metano, creando una densa niebla tóxica naranja. Eso es un misterio en sí mismo, porque deberían necesitarse apenas 50 millones de años para que se desintegrara todo el metano en la atmósfera, pero sigue estando aquí. Algo lo debe estar reponiendo. O bien la actividad volcánica libera el metano de alguna vasta reserva bajo tierra, o bien el exceso de metano está producido por algún organismo exótico, probablemente primitivo. La química fuera de control es un signo potencial de vida; un ejemplo obvio es el oxígeno de la Tierra, que debería haber desaparecido hace tiempo si no fuera por la fotosíntesis de las plantas.

Si Titán tiene vida, debe de ser radicalmente diferente de la vida en la Tierra. El verdadero objetivo del cuento infantil no es que la preferencia de Ricitos de Oro fuese «simplemente correcto», sino que mamá Oso y papá Oso querían lo que se adaptaba a ellos, y era diferente. Es el punto de vista de los osos el que hace que se formulen las preguntas más interesantes e importantes. Titán no tiene agua líquida, aunque tiene piedritas de hielo. Se supone con frecuencia que el agua es esencial para la vida, pero los astrobiólogos han establecido que en principio podrían existir sistemas naturales sin agua.[12] Los organismos de Titán podrían utilizar algún otro fluido para transportar moléculas importantes alrededor de sus cuerpos. Algunas posibilidades son el etano y el metano líquidos: ambos pueden disolver muchas otras sustancias químicas. Un titaniano hipotético podría obtener su energía del hidrógeno haciendo que reaccione con el acetileno, emitiendo metano.

Este es un ejemplo típico de «xenoquímica», posibles caminos para la química en formas de vida alienígenas, muy diferentes de las normas en la Tierra. Muestra que los posibles organismos no tienen por qué ser similares a los de este planeta y añade nuevas opciones más imaginativas para la vida alienígena. Sin embargo, la química sola no crea vida. Se requiere química organizada, muy probablemente llevada a cabo en algo parecido a una célula. Nuestras células están rodeadas por una membrana formada por fosfolípidos, compuestos de carbono, hidrógeno, oxígeno y fósforo. En 2015, James Stevenson, Jonathan Lunine y Paulette Clancy propusieron un análogo de una membrana celular que funciona en metano líquido, hecha de carbono, hidrógeno y nitrógeno.[13]

Si los humanos evolucionasen en Marte, ¿serían muy diferentes a nosotros?

Pregunta tonta. Los humanos no evolucionaron en Marte. Si la vida evolucionase en Marte (y hasta donde sabemos podría haberlo hecho hace tiempo y todavía podría haber organismos tipo bacteria), seguiría su propia senda evolutiva, una mezcla de accidentes y dinámica selectiva. Si trasplantamos seres humanos en Marte, morirían antes de que pudiesen evolucionar para adaptarse a las condiciones de allí.

Muy bien. Supongamos alienígenas en evolución en algún exoplaneta. ¿Qué aspecto tendrían? Esto es ligeramente más sensato. Pensemos que la Tierra actualmente alberga a millones de especies diferentes. ¿Qué aspecto tienen? Algunas tienen alas, otras patas, o ambas cosas, viven a kilómetros de profundidad en los océanos, prosperan en restos congelados, en desiertos... Incluso una vida como la de la Tierra es muy diversa y tiene biologías extrañas (la levadura dispone de veinte sexos, la rana Xenopus se come a sus propias crías...).

Los alienígenas de las películas y la televisión tienden a ser humanoides, lo que permite que los representen actores o monstruos generados por ordenador, diseñados para tener un efecto horroroso. Ninguno es una guía fiable de la probable vida alienígena. La vida evoluciona para adaptarse a las condiciones y medio ambiente dominantes, y es muy diversa. Podemos especular, por supuesto, pero ningún «diseño» específico de criaturas alienígenas es probable que aparezca en alguna parte en el universo. La razón es una distinción básica en xenociencia, enfatizada hace tiempo por Jack Cohen, la que hay entre un universal y un parroquiano.[14] Ambos son nombres, no adjetivos, y constituyen la abreviatura para «característica universal/parroquiana». Un parroquiano es una característica especial que evoluciona por un accidente de la historia. Por ejemplo, las vías alimentarias humanas se cruzan con las respiratorias, provocando cierta cantidad de muertes cada año debido a la inhalación de cacahuetes. El número de fatalidades es demasiado pequeño para que este error de diseño se haya solucionado con la evolución y se remonta a cuando los antiguos antepasados con aspecto de pescado vivían en el mar, donde no importaba.

Por el contrario, un universal es una característica genérica que ofrece ventajas de supervivencia evidentes. Entre sus ejemplos se incluyen la habilidad de detectar sonido o luz y la de volar en la atmósfera. El signo de un universal es que ha evolucionado varias veces independientemente en la Tierra. Por ejemplo, el vuelo ha evolucionado en insectos, pájaros y murciélagos por rutas independientes. Estas rutas difieren en los aspectos parroquianos, todos utilizan alas, pero cada diseño de ala es muy diferente, aunque todas han sido seleccionadas por el mismo universal subyacente.

Sin embargo, esta prueba tiene un defecto, vincula la característica directamente a la historia evolutiva de la Tierra. Y esto no parece ser una muy buena idea cuando se está pensando en alienígenas. Por ejemplo, ¿es el nivel de inteligencia humano (o uno mayor) un universal? La inteligencia ha evolucionado independientemente en delfines y pulpos, por ejemplo, pero no a nuestro nivel, de modo que no está claro si la inteligencia satisface la prueba de la «evolución múltiple». Sin embargo, la inteligencia ciertamente parece un truco genérico que podría evolucionar independientemente y ofrece claras ventajas de supervivencia a corto plazo, dando a quien la posee poder sobre su entorno. De modo que la inteligencia podría decirse que es un universal.

La distinción entre universales y parroquianos no es una definición y, como poco, resulta borrosa, pero centra la atención en lo que probablemente sea genérico y lo que en gran parte es un accidente. En concreto, si la vida alienígena existe, quizá comparta algunos universales como los de la Tierra, pero es poco probable que comparta alguno de nuestros parroquianos. Alienígenas humanoides, que sean como nosotros, evolucionando independientemente en otro mundo, tendrían demasiados parroquianos para ser creíbles. Codos, por ejemplo. Pero los alienígenas con extremidades de algún tipo, capaces de moverse por su propia voluntad, aprovecharían un universal.

Cualquier diseño alienígena específico estará salpicado de parroquianos. Si se construye prudentemente, podría ser similar a una forma real de vida en alguna parte con un entorno similar. Tendría universales apropiados. Pero todavía hay una pequeña posibilidad de que todos y cada uno de los parroquianos apareciesen en la misma criatura real. Diseñemos una mariposa con sofisticadas alas coloreadas, antenas hermosas, marcas en el cuerpo... Ahora salgamos y encontremos una real que sea exactamente la misma. Es muy difícil.

Como estamos discutiendo las posibilidades de que haya vida alienígena, parece sensato preguntarse qué es «vida». Especificar el significado de «vida» demasiado estrictamente corre el riesgo de que se utilicen parroquianos para definirla y se dejen fuera entidades muy complejas que claramente deberían contar como vida. Para evitar este peligro, deberíamos ceñirnos a los universales. En concreto, una bioquímica como la de la Tierra es probablemente un parroquiano. Los experimentos muestran que puede haber innumerables variaciones viables en nuestro conocido sistema de ADN/aminoácidos/proteínas. Si encontramos alienígenas que hayan desarrollado una civilización con capacidad para viajar por el espacio, pero que no tienen ADN, sería tonto insistir en que no están vivos.

Digo «especificar» en vez de «definir» porque no está claro que definir la «vida» tenga sentido. Hay muchas áreas grises y cualquier empleo de las palabras probablemente dé lugar a una excepción. Las llamas comparten muchas características de la vida, incluida la habilidad para reproducirse, pero no las contaríamos como vida. ¿Están los virus vivos o no? El error es imaginar que hay una cosa que llamamos «vida» y tenemos que identificar qué es esa cosa. La vida es un concepto que nuestro cerebro ha extraído de la complejidad de lo que nos rodea y considera que es importante. Nosotros somos los que escogemos lo que significa la palabra.

La mayoría de los biólogos de hoy en día tienen preparación en biología molecular y piensan por reflejo en términos de moléculas orgánicas (basadas en carbono). Han sido extraordinariamente ingeniosos para descubrir cómo funciona la vida en este planeta, de modo que no es muy sorprendente si su imagen por defecto de la vida alienígena se parece mucho a la de aquí. Los matemáticos y los físicos tienden a pensar estructuralmente. En esta visión, lo que importa sobre la vida, incluso en este planeta, no es de qué está hecha, sino cómo se comporta.

Uno de los requisitos más generales para la «vida» fue inventado por Stuart Kauffman, unos de los fundadores de la teoría de la complejidad. Él utiliza un término diferente: «agentes autónomos». Esto es «algo que puede hacer dos cosas: reproducirse y hacer al menos un ciclo de trabajo termodinámico». Como en todos los intentos, la intención es capturar características clave que hagan especiales a los organismos vivos. No está mal. Se centra en el comportamiento, no en los ingredientes. Evita estar definiendo la vida sin parar al centrarnos en sus límites borrosos, en lugar de reconocer sus diferencias importantes con la mayoría de los otros sistemas.

Si encontramos algo en otro mundo que se comporte como un programa de ordenador, no lo declararíamos como una forma de vida alienígena. Buscaríamos a la criatura que lo escribió. Pero si encontramos algo que satisface las condiciones de Kauffman, creo que probablemente lo consideraríamos vivo.

Una historia que viene al caso.

Hace algunos años, Cohen y yo diseñamos cuatro entornos alienígenas para el proyecto de un museo. El más exótico, que llamamos Nimbus, vagamente era un modelo de Titán. La descripción original tenía mucho más detalle, tal como la historia evolutiva y la estructura social.

Nimbus, como lo concebimos, es una exoluna con una atmósfera densa de metano y amoníaco. Una capa gruesa de nubes hace su superficie muy sombría. Los alienígenas de Nimbus están basados en química silicometálica, en la que unos átomos esporádicos de metal hacen posible que el silicio forme la columna vertebral de moléculas grandes y complejas.[15] Los metales provienen de impactos de meteoritos. Entre las primeras formas de vida hay unas alfombrillas metaloides de finas fibras que portan corrientes eléctricas débiles. Se mueven sacando largos bucles. Redes pequeñas de bucles pueden realizar cálculos sencillos y evolucionar para ser más complejas. Estas criaturas primitivas se extinguieron hace 500 millones de años, pero dejaron un legado, ecología electrónica basada en silicio.

En la actualidad, las características visibles más llamativas son castillos de hadas, sistemas complejos de paredes silicometálicas aproximadamente concéntricas que guardan estanques de metano/etano. Los estanques son semilleros para copos, criaturas electrónicas que surgieron de las alfombrillas. Los copos son finos, rodajas de roca silícea aplanada, revestida de circuitos electrónicos silicometálicos. Están sujetos a complejas carreras armamentísticas evolutivas en las cuales toman el control de los sistemas de circuitos de otros copos. Cada cierto tiempo aparecen nuevos y mejores circuitos que se hacen con el control de otros. En este momento, son bastante buenos en esto. La base de su reproducción es el copiado de plantillas. Un copo móvil estampa una imagen química de su circuito en una roca virgen. Esto actúa como plantilla para hacer crecer una copia reflejo del circuito. Luego la copia se separa de la roca. Errores de copia permiten las mutaciones, los circuitos que toman el control llevan a la recombinación de elementos ofreciendo ventajas de supervivencia en la carrera armamentística.

Cuando los seres humanos descubren Nimbus, algunos copos están empezando a convertirse en tridimensionales. Pasan a ser «vonneumannianos» y se reproducen gracias a un nuevo truco. Alrededor de 1950, el matemático John von Neumann introdujo un autómata celular (un tipo sencillo de juego de ordenador matemático) para probar que, en principio, las máquinas autorreplicantes son posibles.[16] Tiene tres componentes: datos, copista y constructor. El constructor obedece instrucciones codificadas en los datos para hacer un nuevo constructo y un nuevo copista. Luego el nuevo copista copia los viejos datos y ya tenemos una segunda copia. Los sistemas de circuitos de los vonneumannianos de Nimbus están segregados de manera similar en tres zonas: datos, copista y constructor. El constructor puede construir circuitos prescritos por los datos. El copista es tan solo un copista. Esta habilidad ha coevolucionado junto con un sistema reproductivo de tres sexos. Un padre estampa una copia de su circuito constructor en una roca desnuda. Más tarde, otro pasa, nota el circuito estampado y añade una copia de su copista. Finalmente, un tercer padre contribuye con una copia de sus datos. Ahora puede desconcharse un nuevo vonneumanniano.

«Qué diferente, pero qué diferente de la vida hogareña de nuestra querida reina», como una de las doncellas de la reina Victoria supuestamente dijo en una actuación de Cleopatra por Sarah Bernhardt. Nada de oxígeno, nada de agua, nada de carbono, nada de zona habitable, nada de genética, tres sexos... Lo suficientemente como para contar como forma de vida, no obstante lo tremendamente poco ortodoxo y capaz de evolucionar por selección natural. Y las principales características son científicamente realistas.

No estoy afirmando que entes como estos realmente existan, de hecho, ningún diseño específico de vida alienígena es probable que exista porque implicará demasiados parroquianos. Pero ilustran la rica variedad de posibilidades nuevas que podrían evolucionar en mundos muy diferentes al nuestro.

14

Estrellas negras

HOLLY: Bien, lo interesante de los agujeros negros, su principal característica distintiva es «es negro». Y lo interesante del espacio, el color del espacio, el color espacial básico, es negro. Así que, ¿cómo se supone que los ves?

Enano rojo, temporada 3, episodio 2, «Abandonado»

Volar a la Luna ha sido un sueño de la humanidad durante mucho tiempo. Las satíricas *Historias verdaderas* de Luciano de Samosata, que datan del año 150 d. C., incluyen viajes imaginarios a la Luna y a Venus. En 1608 Kepler escribió una novela de ciencia ficción, *Somnium* (El sueño), en la que los demonios llevan a un niño llamado Duracotus de Islandia a la Luna. A finales de 1620, Francis Godwin, obispo de Hereford, escribió «The Man in the Moone» («El hombre en la Luna»), un cuento divertido en el que gansas y cisnes gigantes llevan volando al marinero Domingo González a la Luna.

Los demonios de Kepler eran mejor ciencia que las gansas de Godwin. Un cisne, por muy poderoso que sea, no puede volar a la Luna porque el espacio está vacío. Pero un demonio puede dar a humanos sedados un empujón fuerte que los propulse fuera del planeta. ¿Cómo de fuerte? La energía cinética de un cohete es la mitad que su masa multiplicada por el cuadrado de su velocidad y esto debe vencer la energía potencial de cualquier campo gravitatorio del que se esté intentando escapar. Kepler era consciente de esto, aunque no con estas palabras. Para poder escapar, el cohete debe exceder una «velocidad de escape» crítica. Lanzamos algo hacia el cielo más rápido y no volverá, más despacio y volverá. La velocidad de escape de la Tierra es de 11,2 kilómetros por segundo. En ausencia de otros cuerpos e ignorando la resistencia al aire, eso nos dará un impulso lo suficientemente grande como para escapar de la Tierra para siempre. Si todavía sentimos su fuerza gravitatoria, recordemos la ley de gravitación universal, pero la fuerza disminuye tan rápido que no te paras por completo. Cuando hay otros cuerpos presentes, su efecto combinado debe también tenerse en cuenta. Si empezamos en la Tierra y queremos escapar de la gravedad del Sol, necesitamos una velocidad de 42,1 kilómetros por segundo.

Hay modos de superar este límite. Las boleadoras espaciales son un instrumento hipotético que hace que una cabina cambie de dirección como un compartimento en el radio de una noria. Encajemos varias juntas en cascada y podremos acercarnos a una órbita en una serie de radios. Mejor todavía, podemos construir un ascensor espacial, básicamente una cuerda fuerte que cuelgue de un satélite en la órbita geoestacionaria y escalar la cuerda tan lentamente como queramos. La velocidad de escape es irrelevante para estas tecnologías. Se aplica a objetos que se mueven libremente, dando un gran empujón y luego dejando que se las arreglen solos. Y eso lleva a una consecuencia mucho más profunda de la velocidad de escape, porque uno de dichos objetos es el fotón, una partícula de luz.

Cuando Rømer descubrió que la luz tiene una velocidad finita, unos cuantos científicos se dieron cuenta de la implicación: la luz no puede escapar de un cuerpo lo suficientemente grande. En 1783, John Michell imaginó que el universo podría estar salpicado de cuerpos enormes, más grandes que las estrellas pero totalmente oscuros. En 1796, Laplace publicó la misma idea en su obra maestra *Exposition du Système du Monde* (Exposición del sistema del mundo).

> Rayos de estrellas luminosas que tienen la misma densidad que la Tierra y un diámetro 250 veces el del Sol, no nos alcanzarían debido a su atracción gravitatoria; por lo tanto, es posible que los cuerpos luminosos más grandes del universo sean invisibles por esta razón.

Borró este pasaje a partir de la tercera edición, posiblemente porque lo asaltaron las dudas.

Si fuera así, no tenía que preocuparse, aunque hicieron falta dos siglos para confirmar la existencia de estas «estrellas negras». Las bases newtonianas de los cálculos habían sido por entonces derrocadas por la relatividad, que puso el concepto de estrella negra bajo una nueva luz... u oscuridad. Las soluciones de las ecuaciones de cambio de Einstein, para un espacio-tiempo que rodea una masa densa muy grande, predicen algo todavía más raro que las estrellas negras de Michell y Laplace. No solo dicha masa atrapa toda la luz que emite, sino que desaparece del universo toda junta, escondida tras un billete de ida al olvido llamado «horizonte de sucesos». En 1964, la periodista Ann Ewing escribió un artículo sobre esta idea con el pegadizo título de *«black hole in space»* (agujeros negros en el espacio). El físico John Wheeler empleó el mismo término en 1967 y a menudo se le adjudica la invención del nombre.

La existencia matemática de los agujeros negros es una consecuencia directa de la relatividad general, aunque algunos científicos se preguntan si muestra la teoría como incompleta, carente de algún principio físico adicional para excluir un fenómeno tan extraño. El mejor modo de resolver los problemas es observar un agujero negro real. Esto resultó ser complicado, aunque no solo por la memorable afirmación del ordenador Holly en el programa de televisión británico *Enano rojo*, citada en el epigrama al inicio del capítulo. Incluso si un agujero negro fuese invisible, su campo gravitacional afectaría a la materia fuera de él de manera característica. Además (lo siento, Holly), la relatividad implica que los agujeros negros no son realmente negros y no son exactamente agujeros. La luz no puede salir, pero la materia que está atrapada en ellos produce efectos que pueden observarse.

En la actualidad, los agujeros negros ya no son cosas de la ciencia ficción. La mayoría de los astrónomos aceptan su existencia. De hecho, parece que la mayoría de las galaxias tienen un agujero negro supermasivo en sus centros. Podrían ser la razón de que las galaxias se llegaran a formar.

La teoría de los agujeros negros surge de avances matemáticos en la relatividad general, donde la materia deforma el espacio-tiempo y el espacio-tiempo deformado repercute en cómo se mueve la materia, todo según las ecuaciones de campo de Einstein. Una solución de las ecuaciones representa una posible geometría para el espacio-tiempo, bien en una región limitada del universo o para el universo como un todo. Desafortunadamente, las ecuaciones de campo son complicadas, mucho más que las ecuaciones de la mecánica newtoniana, y esas ya eran suficientemente difíciles. Antes de que tuviésemos ordenadores rápidos, el único modo de hallar las soluciones para las ecuaciones de campo era con lápiz, papel y «las pequeñas células grises» de Hercules Poirot. Un truco matemático útil en dichas circunstancias es la simetría. Si la solución requerida es esféricamente simétrica, la única variable que importa es el radio. De modo que en vez de las habituales tres dimensiones del espacio, solo tenemos que considerar una, lo cual es mucho más fácil.

En 1915, Karl Schwarzschild explotó la idea de solucionar las ecuaciones de Einstein para el campo gravitatorio de una esfera enorme modelizando una estrella grande. La reducción a una variable del espacio simplificó las ecuaciones lo suficiente como para obtener una fórmula explícita de la geometría del espacio-tiempo alrededor de una esfera así. En esa época estaba en el ejército prusiano, luchando contra los rusos, pero se las arregló para enviar su descubrimiento a Einstein, pidiéndole que preparase su publicación. Einstein estaba impresionado, pero Schwarzschild murió seis meses más tarde de una enfermedad autoinmune incurable.

Uno de los placeres comunes de la física matemática es que las ecuaciones con frecuencia parecen saber más que sus creadores. Cualquier lector dispone de ecuaciones basadas en principios físicos que comprende bastante bien. Luego obtiene una solución, averigua qué dice y descubre que no entiende la respuesta. Para ser más precisos, entiende la respuesta y por qué es la solución de la ecuación, pero no entiende del todo por qué la respuesta se comporta como lo hace.

Por cierto, eso vale para las ecuaciones. Si siempre pudiéramos adivinar la respuesta por adelantado, no necesitaríamos las ecuaciones. Pensemos en la ley de gravedad de Newton, ¿podemos observar la fórmula y ver una elipse? Lo sé, no podemos.

De todos modos, los resultados de Schwarzschild contenían una gran sorpresa: su solución se comportaba de manera muy extraña a una distancia crítica, ahora llamada «el radio de Schwarzschild». De hecho, la solución tiene una singularidad: algunos términos en la fórmula se hacen infinito. Dentro de una esfera con este radio crítico, la solución no nos dice nada sensato sobre el espacio o el tiempo.

El radio de Schwarzschild del Sol es de tres kilómetros y el de la Tierra es un simple centímetro, ambos enterrados profundamente de manera inaccesible donde no pueden provocar problemas, pero también inaccesibles a las observaciones, haciendo difícil comparar la respuesta de Schwarzschild con la realidad o averiguar qué significa. Este comportamiento extraño sugiere una pregunta básica: ¿qué sucedería en una estrella tan densa que se encuentra dentro de su propio radio de Schwarzschild?

Destacados físicos y matemáticos se reunieron en 1922 para discutir esta cuestión, pero no llegaron a ninguna conclusión clara. El sentimiento general es que dicha estrella colapsaría bajo su propia atracción gravitatoria. Lo que sucede entonces depende de una física detallada y en la época todo esto eran principalmente conjeturas. En 1939, Robert Oppenheimer había calculado que unas estrellas lo suficientemente grandes sí que experimentarían un colapso gravitacional en dichas circunstancias, pero creía que el radio de Schwarzschild limita una región de espacio-tiempo en la cual el tiempo llega a un punto muerto. Esto llevó al nombre de «estrella congelada». Sin embargo, esta interpretación estaba basada en una suposición incorrecta sobre la región de validez de la solución de Schwarzschild, en concreto, que la singularidad tenía un significado físico genuino. Desde el punto de vista de un observador externo, el tiempo sí se detiene en el radio de Schwarzschild. Sin embargo, eso no es cierto para un observador que esté pasada la singularidad. Esta dualidad de puntos de vista corre como un hilo conductor a través de la teoría de agujeros negros.

En 1924, Arthur Eddington demostró que la singularidad de Schwarzschild es un artefacto matemático, no un fenómeno físico. Los matemáticos representan espacios curvos y el espacio-tiempo mediante una malla de curvas o superficies etiquetadas con números, como líneas de latitud y longitud sobre la Tierra. Estas mallas se llaman «sistemas de coordenadas». Eddington demostró que la singularidad de Schwarzschild es una característica especial de su elección de coordenadas. Análogamente, todas las líneas de longitud se encuentran en el polo norte, y las líneas de latitud forman circunferencias cada vez más pequeñas. Pero si nos ponemos de pie en el polo norte, la superficie parece la misma geométricamente que si nos encontramos en cualquier otro lugar, solo que hay más nieve y hielo. La geometría aparentemente extraña cerca del polo norte se debe a haber escogido como coordenadas la latitud y longitud. Si el sistema de coordenadas tuviera un polo este y un polo oeste en el cuadro, estos puntos parecerían raros y el polo norte y el polo sur parecerían normales.

Las coordenadas de Schwarzschild representan el aspecto de los agujeros negros desde fuera, pero desde dentro tienen un aspecto bastante diferente. Eddington encontró un nuevo sistema de coordenadas que hace que la singularidad de Schwarzschild desaparezca. Desafortunadamente, fracasó en dar continuidad a este descubrimiento porque estaba trabajando en otras cuestiones astronómicas, de modo que pasó desapercibido. Se conoció mejor en 1933, cuando Georges Lemaître, de manera independiente, se dio cuenta de que la singularidad en la solución de Schwarzschild es un artefacto matemático.

Incluso entonces, el tema languideció hasta 1958, cuando David Finkelstein averiguó un nuevo sistema de coordenadas mejorado en el que el radio de Schwarzschild tiene un significado físico, pero esa vez no se quedó ahí. Utilizó estas coordenadas para resolver las ecuaciones de campo no solo para un observador externo, sino para el futuro completo de un observador interno. En estas coordenadas, no hay singularidad en el radio de Schwarzschild, sino que este constituye un horizonte de sucesos, una barrera de un sentido cuyo exterior puede influir en su interior, pero no al revés. Su solución demuestra que una estrella que se encuentra dentro de su radio de Schwarzschild colapsa para formar una región del espacio-tiempo desde la cual ninguna materia, ni siquiera fotones, pueden escapar. Dicha región está desconectada parcialmente del resto del universo, puedes entrar en ella, pero no puedes volver a salir. Esto es un verdadero agujero negro en el sentido actual del término.

Qué aspecto tiene un agujero negro depende del observador. Imaginemos una nave espacial desafortunada, bueno, una nave espacial cuya tripulación es desafortunada, que cae en un agujero negro. Esto es un clásico de las películas de ciencia ficción, pero muy pocas veces lo hacen mínimamente bien. La película *Interestelar* lo hizo, gracias a la ayuda de Kip Thorne, pero su argumento tiene otros defectos. La física demuestra que si observamos una nave espacial que cae desde cierta distancia, parece que se mueva más lentamente porque la gravedad del agujero negro tira siempre más fuerte de los fotones emitidos por la nave espacial. Los que están suficientemente cerca del agujero negro no pueden escapar, los que están justo fuera del horizonte de sucesos, donde la gravedad anula exactamente la velocidad de la luz pueden escapar, pero muy lentamente. Observamos la nave espacial detectando la luz que emite, de modo que la vemos reptando hacia su fin, nunca alcanzando el horizonte de sucesos. La relatividad general nos dice que la gravedad ralentiza el tiempo. En el radio de Schwarzschild, el tiempo se para, pero solo visto por un observador externo. El propio agujero también se hace cada vez más rojo, gracias al efecto Doppler. Por este motivo los agujeros negros no son, a pesar del sarcasmo característico de Holly, negros.

La tripulación de la nave no experimenta nada de esto. Se precipitan hacia el agujero negro, están atrapados a lo largo del horizonte de sucesos y entonces... experimentan la solución de las ecuaciones como observada desde el interior del agujero negro. Posiblemente, no lo sabemos seguro, porque las ecuaciones dicen que toda la materia de la nave espacial será comprimida a un único punto matemático de densidad infinita y tamaño cero. Esto, si realmente sucede, sería una singularidad física genuina, por no decir fatal.

Los físicos matemáticos son siempre un poco tímidos en lo que respecta a las singularidades. Normalmente, cuando aparece una singularidad, significa que el modelo matemático está perdiendo contacto con la realidad. En este caso, no podemos enviar una sonda al agujero negro y traerla de vuelta de nuevo, ni siquiera podemos recibir sus señales de radio (que viajan a la velocidad de la luz y tampoco pueden escapar), de modo que no hay manera de averiguar la realidad. Sin embargo, parece probable que, sea lo que sea que ocurra, sería desagradablemente violento y la tripulación no sobreviviría. Excepto en las películas, bueno, excepto en parte de la tripulación de algunas películas.

Las matemáticas de los agujeros negros son sutiles, e inicialmente el único tipo de agujeros negros cuyas ecuaciones de campo podían resolverse explícitamente era el de Finkelstein, que es un agujero negro que no rota y no tiene campo eléctrico. A este tipo a menudo se le llama «agujero negro de Schwarzschild». El físico matemático Martin Kruskal había lo-

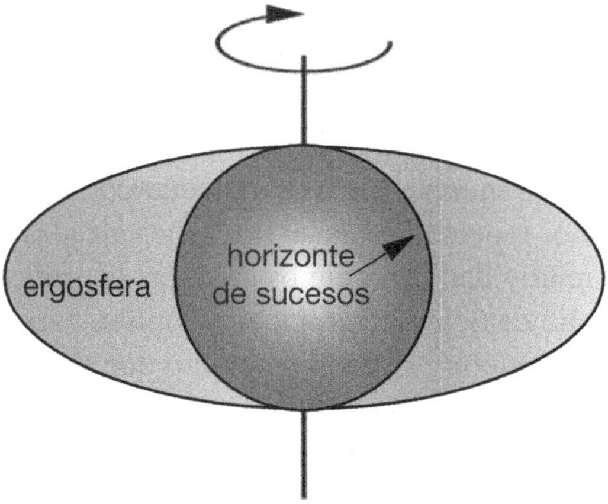

Horizonte de sucesos (esfera) y ergosfera (elipsoide) de un agujero negro girando.

grado ya una solución similar pero no publicó. Kruskal y George Szekeres desarrollaron lo que ahora conocemos como «coordenadas de Kruskal-Szekeres», que describen el interior del agujero negro con más detalle. La geometría básica es muy simple: un horizonte de sucesos esférico con una singularidad en su centro. Todo lo que cae en el agujero negro alcanza la singularidad en un período de tiempo finito.

Este tipo de agujero negro es especial porque la mayoría de los cuerpos celestes giran. Cuando una estrella que gira colapsa, la conservación del momento angular requiere que el agujero negro resultante gire también. En 1963, Roy Kerr realizó un truco de magia matemático al escribir una métrica espacio-tiempo para un agujero negro en rotación, la «métrica de Kerr». Como las ecuaciones de campo son no lineales, una fórmula explícita es importante. Demuestra que, en lugar de un único horizonte de sucesos esférico, hay dos superficies críticas en las que las propiedades físicas cambian drásticamente. La más interior es un horizonte de sucesos esférico que, justo con respecto al agujero negro estático, representa una barrera que la luz no puede cruzar. El exterior es un elipsoide plano que toca el horizonte de sucesos en los polos.

La región intermedia es llamada «ergosfera». *Ergon* significa «trabajo» en griego y se le da este nombre porque se puede extraer energía del agujero negro explotando su ergosfera. Si una partícula cae dentro de la ergosfera, un efecto relativista llamado «arrastre del marco de referencia» la hace empezar a girar a lo largo del agujero negro, lo que incrementa su energía. Pero como la partícula está todavía fuera del horizonte de sucesos, puede, en las circunstancias adecuadas, escapar, llevándose esa energía con ella. De este modo extrae energía, algo que no se puede hacer con un agujero negro estático.

De la misma manera que puede girar, un agujero negro puede tener carga eléctrica. Hans Reissner y Gunnar Nordström descubrieron una métrica para un agujero negro cargado, la «métrica de Reissner-Nordström». En 1965, Ezra Newman descubrió la métrica para un agujero negro cargado en rotación con simetría axial, la métrica de Kerr-Newman. Quizá creamos que puede haber agujeros negros aún más complejos, pero los físicos no piensan lo mismo, excepto posiblemente uno magnético. La conjetura del no pelo dice que una vez que el agujero negro se ha asentado después de su colapso inicial, e ignorando los efectos cuánticos, tiene solo tres propiedades físicas básicas: masa, giro y carga. El nombre viene de la frase «los agujeros negros no tienen pelo», de la biblia sobre el tema en 1973: *Gravitation* (*Gravitación*), de Charles Misner, Kip Thorne y John Wheeler. Wheeler ha atribuido la frase a Jacob Bekenstein.

A esta afirmación se la llama con frecuencia teorema de no pelo, pero no ha sido probada todavía, que es lo que normalmente esa palabra implica. Es más, tampoco ha sido refutada. Stephen Hawking, Brandon Carter y David Robinson han probado algunos casos especiales. Si, como algunos físicos creen, un agujero negro puede tener un campo magnético, la conjetura tendría que ser modificada para incluir también esta posibilidad.

Practiquemos un poco con la geometría de los agujeros negros para hacernos una idea de lo raras que son estas estructuras.

En 1907, Hermann Minkowski diseñó una imagen geométrica sencilla del espacio-tiempo relativista. Utilizaré una imagen simplificada solo con una dimensión de espacio, más la habitual para el tiempo, aunque puede extenderse al caso físicamente realista de las tres dimensiones del espacio. En esta representación, las «líneas del universo» curvas representan el movimiento de partículas. A medida que la coordenada tiempo cambia, podemos leer la coordenada de espacio resultante. Las

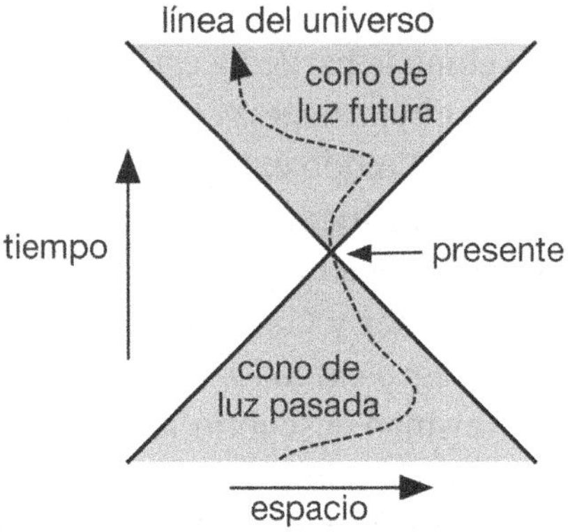

Representación de Minkowski del espacio-tiempo relativista.

líneas en un ángulo de 45° respecto a los ejes representan partículas que se mueven a la velocidad de la luz. Por lo tanto, las líneas del universo no pueden cruzar cualquier línea de 45°. Un punto en el espacio-tiempo, llamado «suceso», determina estas dos líneas, que juntas forman un cono de luz. Esto constituye dos triángulos: el pasado y el futuro. El resto del espacio-tiempo es inaccesible empezando en ese punto; para llegar hasta allí habría que viajar más rápido que la luz.

En la geometría euclidiana, las transformaciones naturales son movimientos rígidos y estas conservan la distancia entre puntos. Los análogos en relatividad especial son las transformaciones de Lorentz, y estas preservan una cantidad llamada «el intervalo». Por el teorema de Pitágoras, el cuadrado de la distancia del origen a un punto en un plano es la suma de los cuadrados de las coordenadas verticales y horizontales. El cuadrado del intervalo es el cuadrado de la coordenada del espacio menos el de la coordinada del tiempo.[1] Esta diferencia es cero a lo largo de las líneas de 45° y positiva dentro del cono de luz. De modo que el intervalo entre dos sucesos conectados por una relación de causa y efecto es un número real. De otra forma sería un número imaginario, reflejando la imposibilidad de viajar entre ellos.

En la relatividad general, la gravedad está incluida al permitir que el plano llano de Minkowski se doble, imitando los efectos de una fuerza gravitatoria, como en la imagen de la página 34.

Reestructurando la geometría de Minkowski en coordenadas Kruskal-Szekeres, Roger Penrose desarrolló un modo maravillosamente sencillo de dibujar la geometría relativista de los agujeros negros.[2] La fórmula para la métrica determina implícitamente esta geometría, pero se puede mirar la fórmula hasta que se nos quede la cara azul sin llegar a ninguna parte. Como es geometría lo que queremos, ¿qué tal si dibujamos imágenes? Las imágenes deben ser consistentes con la métrica, pero una buena imagen supone un millar de cálculos.

Los diagramas de Penrose revelan características sutiles de la física de los agujeros negros que permiten hacer comparaciones entre diferentes tipos de estos. También llevan a algunas posibilidades sorprendentes, aunque especulativas. De nuevo, el espacio se reduce a una dimensión (dibujada horizontalmente), el tiempo se dibuja verticalmente y los rayos de luz viajan en ángulos de 45° para formar conos de luz separando el pasado y el futuro y con regiones inaccesibles de manera causal.

La imagen de Minkowski se dibuja normalmente como un cuadrado, pero los diagramas de Penrose utilizan una forma de diamante para enfatizar la naturaleza especial de las pendientes de 45°. Ambas formas son dos modos diferentes de comprimir un plano infinito en un espacio finito. Son sistemas de coordenadas inusuales pero útiles en el espacio-tiempo.

Como calentamiento, empecemos con el tipo más sencillo, el agujero negro de Schwarzschild. Su diagrama de Penrose es bastante simple. El diamante representa el universo, siguiendo esencialmente el modelo de Minkowski. La flecha curva es la línea del universo de una nave espacial

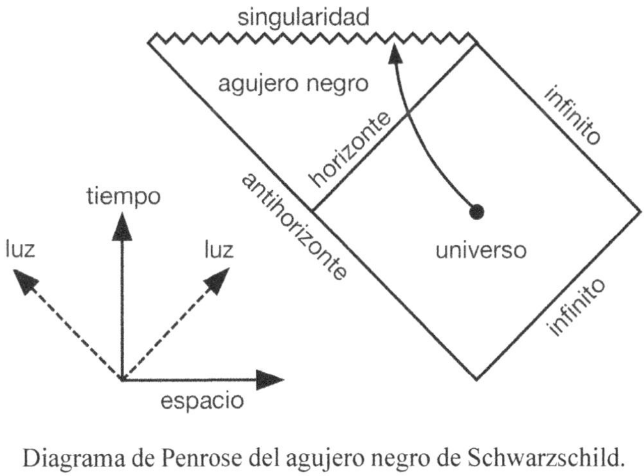

Diagrama de Penrose del agujero negro de Schwarzschild.

que cae en el agujero negro al cruzar su horizonte (de sucesos) y golpea la singularidad central (línea en zigzag). Pero ahora hay un segundo horizonte, etiquetado como «antihorizonte». ¿Qué es esto?

Cuando analizamos una nave espacial que cae a un agujero negro, descubrimos que este proceso parece muy diferente si estás dentro de la nave espacial o si lo ves desde fuera del agujero negro. La nave espacial sigue una ruta como la flecha curva en la imagen, viajando a través del horizonte y hacia la singularidad. Pero como la luz escapa siempre más lentamente a medida que la nave espacial se aproxima al horizonte, un observador externo ve una nave espacial cada vez más roja, desacelerando y llegando a una parada aparente. El cambio de color está provocado por el corrimiento al rojo gravitacional: campos gravitatorios desaceleran el tiempo, cambiando la frecuencia de una onda electromagnética. Otros objetos que hubiesen caído también serían visibles siempre que alguien mire. Una vez congelada, parecerá quedarse de ese modo.

El horizonte en el diagrama de Penrose es el horizonte de sucesos como lo observa la tripulación. El antihorizonte es donde la nave espacial parece posarse, tal y como lo ve un observador externo.

Esto hace posible una construcción matemática curiosa. Supongamos que preguntamos: ¿Qué hay en la cara alejada del antihorizonte? En el marco de referencia de la tripulación, es el interior del agujero negro.

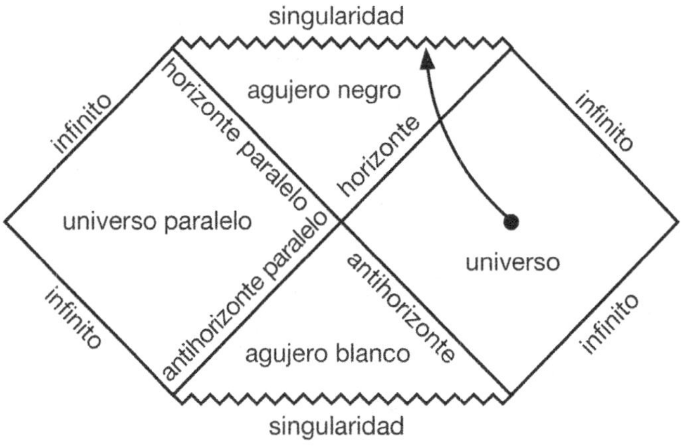

Diagrama de Penrose de un par agujero negro/agujero blanco de Schwarzschild.

Pero hay una extensión matemática natural de la geometría de Schwarzschild, en la que una copia de un agujero negro de Schwarzschild que revierte el tiempo está pegada sobre una ordinaria. Matemáticamente, pegamos dos copias de la métrica, invirtiendo el tiempo en uno rotando la imagen 180° para obtener la imagen completa.

Un agujero negro con el tiempo revertido se conoce como «agujero blanco» y se comporta como un agujero negro pero hacia atrás. En un agujero negro, las cosas (y la luz) caen en él pero no pueden salir. En un agujero blanco, las cosas (y la luz) salen de él, pero no pueden entrar. Un «horizonte paralelo» emite luz y materia, pero es impermeable a ambos si intentan entrar en el agujero blanco.

La imagen rotada de nuestro universo también describe un universo, pero no causalmente conectado al nuestro, porque el límite de la relatividad de la velocidad de la luz implica que no se puede entrar en él siguiendo una ruta inclinada más de 45°. Especulando, la segunda imagen podría representar un universo diferente. Entrando en el reino de la fantasía pura, una tecnología lo suficientemente avanzada que permitiera viajar más rápido que la luz podría transitar entre estos dos universos, al tiempo que evitaría las singularidades.

Si un agujero blanco está conectado a un agujero negro, de manera que permite a la luz, la materia y efectos causales pasar a través él, tenemos un «agujero de gusano», muy queridos por los libros y películas de ciencia ficción como un modo de vencer el límite de la velocidad cósmica y llevar a los personajes a un planeta alienígena antes de que se mueran de viejos. Un agujero de gusano es un atajo cósmico entre diferentes universos o diferentes regiones del mismo universo. Como todo lo que entra en el agujero negro se conserva como una imagen congelada cuando es visto por un observador externo, un agujero de gusano utilizado regularmente aparecerá rodeado por imágenes congeladas y enrojecidas de cada navío que ha entrado en la boca de su agujero negro. No he visto eso en ninguna película de ciencia ficción.

En este caso, los agujeros negro y blanco no están conectados de ese modo, pero en el siguiente tipo de agujero negro lo están. Este es el agujero negro de Kerr o en rotación, y es extraño. Empieza a partir de un par agujero negro/agujero blanco de Schwarzschild pero sin la singularidad. Extiende tanto la región del agujero negro como la del blanco para for-

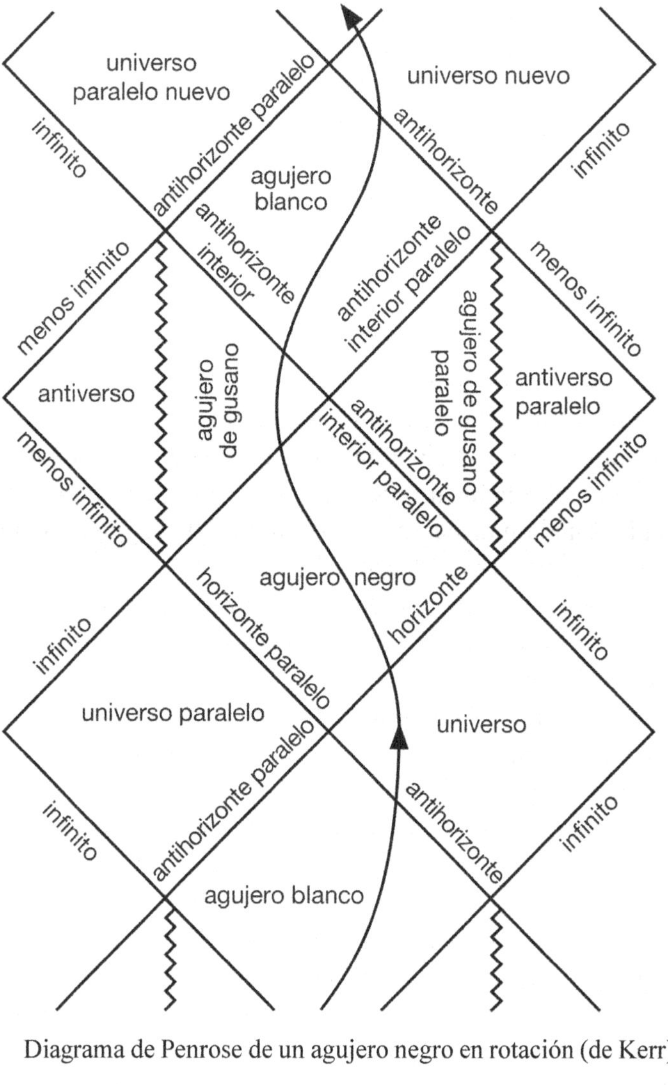

Diagrama de Penrose de un agujero negro en rotación (de Kerr).

mar diamantes. Entre estos diamantes inserta (a la izquierda) un diamante nuevo. Esto tiene una singularidad vertical (fija en el espacio pero que persiste en el tiempo). En un lado (el lado derecho en el diagrama de Penrose) de la singularidad hay una región «agujero negro» que vincula los agujeros negro y blanco a la vez que evita la singularidad. Siguiendo la ruta serpenteante a través del agujero negro se va desde este universo a uno nuevo. Por el otro lado (izquierda) de la singularidad es un antiverso: un universo lleno de antimateria. De manera similar, añade otro diamante a la derecha que representa un agujero de gusano paralelo y el antiverso.

Pero esto es solo el comienzo. Ahora hagamos una pila infinita, embaldosada por estos diamantes. Esta construcción «abre» el giro del agujero negro y produce una secuencia infinita de agujeros negros que vinculan infinidad de universos diferentes.

Geométricamente, la singularidad de un agujero negro de Kerr no es un punto, sino un anillo circular. Pasando a través del anillo es posible viajar entre un universo y un antiverso. Aunque quizá imprudente, dado lo que la antimateria hace a la materia.

El diagrama de Penrose de un agujero negro cargado (de Reissner-Nordström) se elabora de manera similar, con algunas diferencias en la interpretación. Las matemáticas no implican que todos estos fenómenos extraños realmente existan u ocurran. Implican que hay consecuencias naturales de la estructura matemática de un agujero negro en rotación, estructuras de espacio-tiempo consistentes de manera lógica con la física conocida y, por lo tanto, consecuencias razonables.[3]

Este es el aspecto que tienen los agujeros negros geométricamente, pero ¿cómo pueden presentarse en la realidad?

Una estrella enorme empieza a colapsar bajo su propia gravedad cuando las reacciones nucleares que la hacen brillar se quedan sin combustible. Si pasa eso, ¿cómo se comporta la materia en la estrella? Ese es un problema mucho más complicado en la actualidad de lo que lo fue para Michell y Laplace. Las estrellas no han cambiado, pero nuestra comprensión de la materia sí. No solo debemos pensar en la gravedad (y utilizar la relatividad y prescindir de Newton), también debemos considerar la mecánica cuántica de las reacciones nucleares.

Si muchos átomos están forzados a juntarse todavía más por la gravedad, sus regiones exteriores, ocupadas por electrones, intentan fusionarse. Un hecho teórico-cuántico, el principio de exclusión de Pauli, implica que dos electrones no pueden ocupar el mismo estado cuántico. De modo que, a medida que la presión aumenta, los electrones buscan cualquier estado que no esté ocupado. Pronto están apretados unos contra otros como una pila de naranjas en la frutería. Cuando los electrones se quedan sin espacio y todos los estados cuánticos están ocupados, la materia se convierte en degenerada. Esto ocurre en el núcleo de las estrellas.

En 1931, Subrahmanyan Chandrasekhar utilizó operaciones relativistas para predecir que un cuerpo suficientemente grande compuesto de materia de electrones degenerada debe colapsar bajo su propio campo gravitatorio para formar una estrella de neutrones, compuesta casi totalmente por neutrones. Una estrella de neutrones típica se las apaña para comprimir dos veces la masa del Sol en una esfera de un radio de 12 kilómetros. Si la masa es menor que 1,44 veces la del Sol, una cifra llamada el «límite de Chandrasekhar», forma una enana blanca en lugar de una estrella de neutrones. Si es más grande, pero bajo el límite de Tolman-Oppenheimer-Volkoff de tres veces la masa solar, colapsa para formar una estrella de neutrones. En la misma etapa, un colapso mayor a agujero negro es hasta cierto punto impedido por la presión de degeneración neutrónica, y los astrofísicos no están seguros del resultado. Sin embargo, cualquier cosa con una masa de más de diez veces la del Sol vencerá la presión y se convertirá en un agujero negro. La masa más pequeña observada hasta ahora en un agujero negro es alrededor de cinco veces la del Sol.

Un modelo puramente relativista indica que un agujero negro no puede emitir radiación por sí mismo; solo puede hacerlo la materia al ser succionada cuando está fuera del horizonte de sucesos. Pero Hawking se dio cuenta de que los efectos cuánticos pueden provocar que un agujero negro emita radiación desde su horizonte de sucesos. La mecánica cuántica permite la creación espontánea de un par virtual partícula-antipartícula, siempre y cuando se aniquilen la una a la otra poco después. O lo haría, excepto cuando esto sucede justo fuera del horizonte de sucesos, la gravedad del agujero negro al tirar de una partícula a través del horizonte de sucesos y (por la conservación del momento) dejar la otra fuera, de donde pueden escapar juntas. Esta es la radiación de Hawking, y hace que los agujeros negros pequeños se evaporen muy rápidamente. Los grandes se evaporan también, pero el proceso requiere una cantidad de tiempo enorme.

Las ecuaciones de campo de Einstein dan como solución matemática agujeros negros, pero eso no es garantía de que existan en la naturaleza. Quizá haya leyes desconocidas de la física que impiden la existencia de agujeros negros. De modo que antes de entusiasmarnos con las matemáticas y la astrofísica, es una buena idea hallar evidencias observables de que los agujeros negros existen. Sería fascinante ir más allá, buscar agujeros blancos y agujeros de gusano y universos alternativos, pero por ahora los agujeros negros ya constituyen un reto ambicioso.

En principio, los agujeros negros siguen siendo una mera especulación teórica, imposible de observar directamente porque la única radiación que emiten es la débil radiación de Hawking. Su existencia se deduce indirectamente, sobre todo a partir de interacciones gravitacionales con otros cuerpos cercanos. En 1964, un instrumento de un cohete divisó una fuente excepcionalmente fuerte de rayos X en la constelación Cygnus, conocida como Cygnus X-1. Cygnus, el cisne, vuela a lo largo de la Vía Láctea, lo cual es importante, porque se encuentra en el corazón de nuestra galaxia y, por tanto, a nosotros nos parece que está dentro de la Vía Láctea.

En 1972, Charles Bolton, Louise Webster y Paul Murdin combinaron observaciones de los telescopios de radio y ópticos para demostrar que Cygnus X-1 es un objeto binario.[4] Uno de los componentes, que emite luz visible, es la estrella supergigante azul HDE 226868. La otra, detectada solo por sus emisiones de radio, tiene alrededor de 15 veces más masa que el Sol, pero es tan compacta que no puede ser ningún tipo normal de estrella. Se estima que la masa excede el límite de Tolman-Oppenheimer-Volkoff, de modo que es una estrella de neutrones. Esta evidencia la convirtió en la primera candidata de relevancia a ser un agujero negro. Sin embargo, la supergigante azul es tan masiva que es difícil estimar la masa de la componente compacta de modo preciso. En 1975, Thorne y Hawking habían apostado por ello. Thorne dijo que era un agujero negro y Hawking dijo que no lo era. Después de otras observaciones realizadas en 1990, Hawking admitió su derrota y pagó, aunque el estado del objeto todavía no está todavía confirmado definitivamente.

Existen más binarias de rayos X prometedoras para las que el componente ordinario es menos masivo. La mejor de ellas es V404 Cygni, descubierta en 1989 y conocida por estar a 7.800 años luz. La componente ordinaria es una estrella ligeramente más pequeña que el Sol y la componente compacta tiene una masa alrededor de 12 veces la del Sol, sobre el límite Tolman-Oppenheimer-Volkoff. Hay otros indicios que lo apoyan, por lo que en general se está de acuerdo en que se trata de un agujero negro. Los dos cuerpos orbitan cada seis días y medio. La gravedad del agujero negro deforma la estrella dándole la forma de un hueco, robando su material en un chorro estable. En 2015, V404 empezó a emitir explosiones de luz cortas y rayos X intensos, algo que había ocurrido con anterioridad en 1938, 1956 y 1989. Se cree que la causa es el material que se apila alrededor del agujero negro y es succionado cuando su masa excede el valor crítico.

Se han detectado otros agujeros negros a través de los rayos X que emiten. El gas intergaláctico forma un disco fino llamado «disco de acreción» y el gas es entonces calentado por fricción a medida que el momento angular migra hacia fuera a través del disco. El gas puede calentarse tanto que produce rayos X altamente energéticos y hasta el 40 % puede convertirse en radiación. A menudo la energía es arrastrada en chorros enormes en ángulo recto con el disco de acreción.

Un descubrimiento fascinante reciente es que la mayoría de las galaxias suficientemente grandes tienen un agujero negro central gigantesco, de una masa de entre 100.000 y 1.000 millones de soles. Estos agujeros negros supermasivos podrían organizar la materia en las galaxias. Nuestra galaxia tiene uno, la radiofuente Sagitario A*. En 1971, Donald Lynden-Bell y Martin Rees sugirieron, de modo profético, que esto podría ser un agujero negro supermasivo. En 2005, se descubrió que M31, la galaxia Andrómeda, tenía un agujero negro central con una masa de 110-230 millones de soles. Otra galaxia en nuestro entorno, M87, tiene un agujero negro cuya masa es 6.400 millones de soles. La distante radiogalaxia elíptica 0402+379 tiene dos agujeros negros supermasivos que se orbitan el uno al otro, separados 24 años luz, como un sistema de estrellas binario gigantesco. Se necesitan 150.000 años para que completen una órbita.

La mayoría de los astrónomos aceptan que dichas observaciones demuestran la existencia de agujeros negros en el sentido relativista convencional, pero no hay evidencias definitivas de que esta explicación sea correcta, pues a lo sumo es circunstancial, basada en teorías actuales de física fundamental, y más cuando sabemos que la relatividad y la mecánica cuántica son compañeras incómodas, especialmente en este caso, en el que tenemos que invocar a ambas al mismo tiempo. Algunos cosmólogos inconformistas están empezando a preguntarse si lo que vemos son realmente agujeros negros o alguna otra cosa que se les parece mucho. También se preguntan si nuestra comprensión teórica de los agujeros negros necesita repensarse.

Según Samir Mathur, *Interestelar* no funciona. No se puede caer en un agujero negro. Hemos visto que, al contrario de lo que se pensaba al principio, los agujeros negros pueden emitir radiación por razones cuánticas. Esto es la radiación de Hawking, en la que una partícula de un par virtual transitorio partícula/antipartícula cae en al agujero negro, mientras que la otra se escapa. Eso lleva a la paradoja de la pérdida de información en los agujeros negros: la información, como la energía, se conserva, de modo que no puede caerse del universo. Mathur resuelve la paradoja representando una visión diferente de un agujero negro: una bola de pelos a la que te puedes pegar, pero no penetrar.

Según esta teoría, cuando golpeas un agujero negro, no caes en él. En lugar de esto, tu información es esparcida finamente sobre el horizonte de sucesos y te conviertes en un holograma. No es una idea nueva, pero la última versión permite al holograma ser una copia imperfecta del objeto al caer. Esta propuesta es controvertida, en parte porque la misma lógica parece demostrar que un horizonte de sucesos es una despedida muy energética y que cualquier cosa que lo golpee se asará. ¿Bola de pelos o bola de fuego? La pregunta es irrelevante. Posiblemente ambos son artefactos de un sistema de coordenadas inapropiado, como la visión desacreditada de que el horizonte de sucesos congela el tiempo. Por otro lado, no podemos distinguir qué ve un observador externo y qué ve uno que cae, si nada puede caer dentro.

En 2002, Emil Mottola y Pawel Mazur desafiaron el conocimiento predominante sobre la estrellas que colapsan. En lugar de convertirse en un agujero negro, sugirieron que podrían convertirse en una estrella gravitacional de vacío o en inglés, *gravastar*, una hipotética y extraña burbuja de materia muy densa.[5] Desde fuera, una estrella gravitacional de vacío debería parecerse mucho a un agujero negro convencional. Pero su análogo del horizonte de sucesos es en realidad un caparazón denso y frío dentro del cual el espacio es mullido. La propuesta sigue siendo controvertida y varios asuntos complicados están sin resolver, como el de cómo se forma una cosa así, pero es fascinante.

La teoría viene de reexaminar el escenario relativista de los agujeros negros a la luz de la mecánica cuántica. El tratamiento habitual ignora estos efectos, pero eso lleva a anomalías extrañas. El contenido de la información de un agujero negro, por ejemplo, es mucho mayor que el de una estrella que colapsa, pero la información debería conservarse. Un fotón que cae en un agujero negro debería adquirir una cantidad infinita de energía durante el tiempo que pasa hasta que encuentra la singularidad central.

Mottola y Mazur, intrigados por estos problemas, se preguntaron si un tratamiento cuántico adecuado podría resolverlo. Cuando una estrella que colapsa se acerca a un horizonte de sucesos en formación, crea un campo gravitatorio enorme. Esto distorsiona las fluctuaciones cuánticas del espacio-tiempo, llevando a tipos de estados cuánticos diferentes parecidos a un «superátomo» gigantesco (jerga: condensado de Bose-Einstein). Esto es una agrupación de átomos idénticos en el mismo estado cuántico, a una temperatura cercana al cero absoluto. El horizonte de sucesos se convertiría en un caparazón fino de energía gravitatoria, como un movimiento sísmico en el espacio-tiempo. Este caparazón ejerce una presión negativa (es decir, en la dirección exterior), por lo que la materia que cae dentro dará la vuelta y se levantará de nuevo para golpear el caparazón. Aun así, la materia de fuera todavía sería succionada.

Las estrellas gravitacionales de vacío tienen sentido matemático, son soluciones estables de las ecuaciones de campo de Einstein. Evitan la paradoja de la pérdida de información. Físicamente, difieren notablemente de los agujeros negros, aunque parecen iguales desde fuera por la métrica externa de Schwarzschild. Supongamos que una estrella con 50 veces la masa del Sol colapsa. Convencionalmente se obtiene un agujero negro de 300 km de diámetro que emitirá radiación de Hawking. En la teoría alternativa, se obtiene una estrella gravitacional de vacío que aunque del mismo tamaño, tiene un caparazón de solo 10^{-35} metros de grosor, una temperatura 10 milmillonésimas de kélvines y no emite radiación en absoluto. (Holly estaría contenta.)

Las estrellas gravitacionales de vacío son una posible explicación de otros fenómenos desconcertantes: brotes de rayos gamma. Cada cierto tiempo el cielo se ilumina con un destello de rayos gamma de alta energía. La teoría habitual es que son estrellas de neutrones que chocan o agujeros negros formados durante una supernova. El nacimiento de una estrella gravitacional de vacío es otra posibilidad. Especulando más, el interior de una estrella gravitacional de vacío del tamaño de nuestro universo también estaría sujeto a una presión negativa, lo cual aceleraría la materia hacia su horizonte de sucesos, es decir, alejado del centro. Las operaciones sugieren que esto sería de aproximadamente el mismo tamaño que la expansión acelerada del universo normalmente atribuida a la energía oscura. Quizá nuestro universo sea realmente el interior de una estrella gravitacional de vacío inmensa.

Entre las predicciones de Einstein, hace más de un siglo, estaba la existencia de ondas gravitacionales, las cuales crean ondas pequeñas en el espacio-tiempo como las de un estanque. Si dos cuerpos grandes, como los agujeros negros, giran rápido en espiral rodeándose el uno al otro, remueven el estanque cósmico y crean ondas detectables. En febrero de 2016, el Observatorio por Interferometría Láser de Ondas Gravitacionales (LIGO, por sus siglas en inglés) anunció la detección de ondas gravitacionales provocadas por dos agujeros negros fusionándose. Los instrumentos del LIGO son pares de tubos de 4 kilómetros con forma de L. Los rayos láser rebotan de un lado a otro a lo largo de los tubos y sus patrones de onda interfieren entre ellos en la doblez de la L. Si la onda gravitacional pasa, las longitudes de los tubos cambian ligeramente, afectando al patrón de interferencia. El aparato puede detectar un movimiento de una milésima del ancho de un protón.

La señal que LIGO recoge coincide con la predicción relativista de una colisión en espiral entre dos agujeros negros con masas 29 y 36 veces la del Sol. La hazaña abre una nueva era en astronomía. LIGO, que observa el cosmos utilizando la gravedad en lugar de la luz, es el primer graviscopio con éxito.

Este importante descubrimiento gravitacional no proporciona información sobre las características cuánticas más polémicas que diferencian los agujeros negros convencionales de alternativas hipotéticas como bolas de pelo, bolas de fuego y estrellas gravitacionales de vacío. Sus sucesores, flotando en el espacio, serán capaces de divisar no solo colisiones de agujeros negros, sino fusiones menos violentas de estrellas de neutrones y deberían ayudar a resolver estos misterios. Mientras tanto, LIGO ha presentado un misterio nuevo: un breve brote de rayos gamma, aparentemente relacionado con la onda gravitacional. Las teorías dominantes de fusión de agujeros negros no predicen eso.

Nos hemos acostumbrado a la existencia de agujeros negros, pero estos habitan en un reino donde la relatividad y la teoría cuántica se superponen y discrepan. En realidad, no sabemos qué física aplicar, de modo que los cosmólogos intentan hacerlo lo mejor que pueden con lo que tienen a su disposición. La última palabra sobre agujeros negros no está dicha todavía, y no hay ninguna razón para suponer que nuestro entendimiento sea completo o correcto.

15

Madejas y vacíos

> El cielo, además, debe ser una esfera, por ser esta la única forma merecedora de su esencia, ya que ostenta el primer lugar en la naturaleza.
>
> ARISTÓTELES, *Sobre el cielo*

¿Qué aspecto tiene el universo? ¿Cómo es de grande? ¿Qué forma tiene?

Sabemos algo sobre la primera pregunta y no es lo que la mayoría de los astrónomos y físicos esperaban originariamente. En las escalas más grandes podemos observar que el universo es como la espuma en una palangana. Las burbujas en la espuma son vacíos gigantes, no contienen casi materia. Las estrellas y las galaxias se congregan en las películas de jabón que rodean las burbujas.

De manera vergonzosa, nuestro modelo matemático favorito de la estructura espacial del universo supone que la materia se distribuye de forma regular. Los cosmólogos se consuelan a sí mismos en escalas todavía mayores, donde las burbujas individuales dejan de ser discernibles y la espuma parece bastante regular, pero no sabemos si la materia del universo se comporta así. Hasta ahora, cada vez que hemos observado el universo en una escala más grande, hemos encontrado conglomerados más grandes y vacíos. Quizá el universo no es regular después de todo. Quizá es un fractal, una forma con una estructura detallada en todas las escalas.

También tenemos algunas ideas sobre la segunda pregunta, el tamaño. Las estrellas no son un bol hemisférico que se levanta sobre la Tierra, como algunas civilizaciones antiguas creían y el Génesis parece suponer. Son la puerta a un universo tan vasto que parece infinito. De hecho, podría ser infinito. Muchos cosmólogos lo creen así, pero es difícil imaginar cómo probar esa afirmación científicamente. Tenemos una idea clara de lo grande que es el universo observable, pero más allá de eso, ¿cómo podemos siquiera empezar a averiguarlo?

La tercera pregunta, la forma, es todavía más complicada de responder. En este momento, no hay un acuerdo sobre la respuesta, aunque la opinión general es el aspirante más aburrido, una esfera. La tendencia, desde hace mucho, es suponer que el universo es esférico, el interior de una bola enorme de espacio y materia. Pero recientemente también se ha pensado más de una vez que es una espiral, una rosquilla, un balón de fútbol o una forma geométrica no euclidiana llamada «cuerno de Picard». Podría ser plano o curvo. De ser así, su curvatura podría ser positiva o negativa, o variar de un lugar a otro. Podría ser finito o infinito, básicamente conexo o lleno de agujeros, o incluso inconexo cayendo en piezas separadas que nunca interactúan entre sí.

La mayor parte del universo es espacio vacío, pero también está lleno de materia: alrededor de 200.000 millones de galaxias con entre 200.000 y 400.000 millones de estrellas en cada una. La manera en que la materia se distribuye (cuánta hay en una región dada) es importante porque las ecuaciones de campo de Einstein relacionan la geometría del espaciotiempo con la distribución de la materia.

Definitivamente, la materia en el universo no está esparcida de manera uniforme en las escalas que hemos observado, pero este descubrimiento se remonta solo a unas cuantas décadas atrás. Antes de eso, la visión general era que en la escala de las galaxias, la distribución general de la materia parecía regular, de la misma forma que el césped parece regular a menos que puedas ver hojas de hierba individuales. Pero nuestro universo se parece más a un césped con parches grandes de trébol y barro, lo cual crea una estructura nueva no regular en las escalas más grandes. Y cuando intentas suavizarlo con una visión todavía más amplia, el césped desaparece y ves el aparcamiento del supermercado. Más prosaicamente, hay una marcada tendencia a que la distribución cósmica de la materia sea grumosa en un gran rango de escalas.

En nuestros propios alrededores, casi toda la materia en el sistema solar se ha amontonado entre sí para formar una estrella, el Sol. Hay fragmentos más pequeños, planetas, y todavía más pequeños: lunas, asteroides, objetos del cinturón de Kuiper..., además de un surtido de rocas pequeñas, guijarros, polvo, moléculas, átomos, fotones. Yendo en sentido opuesto, a escalas mayores, encontramos otros tipos de agrupamientos. Varias estrellas podrían estar conectadas para formar un sistema de estrellas binario o múltiple. Los cúmulos abiertos son grupos de miles de estrellas o más que se formaron más o menos al mismo tiempo colapsando en la misma nube molecular. Aparecen dentro de las galaxias, se conocen cerca de 1.100 en nuestra propia galaxia. Los cúmulos globulares están compuestos de cientos de miles de viejas estrellas en una gran bola esférica borrosa y, generalmente, son como satélites que orbitan las galaxias. Nuestra galaxia tiene 152 conocidos y quizá 180 en total.

Las galaxias son ejemplos llamativos de la grumosidad del universo: amasijos, discos y espirales que contienen entre un millar y 100 billones de estrellas, con diámetros que van desde 3.000 a 300.000 años luz. Pero las galaxias tampoco están esparcidas de manera uniforme. Tienden a

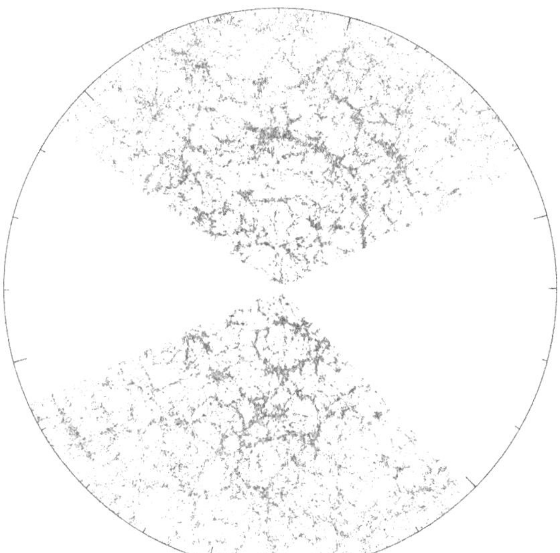

Dos porciones de galaxias vistas a través del Sloan Digital Sky Survey que muestran filamentos y vacíos. La Tierra está situada en el centro. Cada punto es una galaxia y el radio de la circunferencia es de 2.000 millones de años luz.

asociarse en grupos cercanos de alrededor de cincuenta, o en números mayores (hasta mil más o menos) como cúmulos de galaxias. Los cúmulos a su vez se agregan para formar supercúmulos, los cuales se agrupan juntos en hojas y filamentos inimaginablemente vastos con vacíos colosales en medio.

Nosotros, por ejemplo, estamos en la galaxia, que forma parte del grupo local de galaxias, junto con la galaxia Andrómeda M31 y otras 52 galaxias, muchas de ellas galaxias enanas, como la Nube de Magallanes, que actúan como satélites de las dos espirales dominantes: Andrómeda y nosotros. Alrededor de diez galaxias enanas no están gravitacionalmente conectadas con el resto. La otra galaxia grande principal en el grupo local es la galaxia del Triángulo, que podría ser un satélite de Andrómeda. El grupo local entero tiene alrededor de 10.000 años luz de diámetro. El grupo local es parte del supercúmulo Laniakea, identificado en 2014 en un ejercicio para definir supercúmulos matemáticamente analizando lo rápido que se mueven unas galaxias respecto a otras. El supercúmulo Laniakea tiene un diámetro de 520 millones de años luz y contiene 100.000 galaxias.

Como se encuentran cúmulos y vacíos nuevos y cada vez más grandes, los cosmólogos siguen revisando la escala en la que creen que el universo debería ser regular. La visión actual es que los cúmulos y vacíos no deberían ser más grandes de 1.000 millones de años luz y la mayoría deberían ser más pequeños. Algunas observaciones recientes resultan, por lo tanto, bastante desconcertantes. Un equipo dirigido por András Kovács ha encontrado un vacío con un diámetro de 2.000 millones de años luz, y Roger Clowes y sus colegas, una estructura cosmológica coherente de dos veces ese tamaño, el Huge Large Quasar Group, que contiene 73 cuásares. Estos objetos son respectivamente dos y cuatro veces el tamaño más grande esperado para una estructura unificada. El grupo de Lajos Balász ha observado un anillo de brotes de rayos gamma de 5.600 millones de años luz de diámetro, que todavía es más grande.[1]

Estos descubrimientos, y todavía más sus explicaciones, son controvertidos. Algunos debaten el significado de las observaciones. Otros argumentan que unas estructuras inusualmente grandes no impiden que el universo sea homogéneo «de media». Eso es cierto, pero no totalmente convincente, porque estas estructuras simplemente no encajan en el modelo matemático estándar: una variedad que es regular, no lo es solo de media, sino en todas partes, excepto por desviaciones menores que un diámetro de 1.000 millones de años luz. Todas las afirmaciones de regularidad a escalas más pequeñas se han desbaratado a medida que se han llevado a cabo mediciones nuevas de más largo alcance. Parece que está pasando de nuevo.

A propósito, identificar cúmulos no es una tarea trivial. Tan solo, ¿qué es un cúmulo o un supercúmulo? El ojo humano ve de manera natural aglomerados, pero estos no necesariamente están relacionados de forma significativa en términos gravitacionales. La solución se debe a una técnica matemática llamada «filtrado de Wiener», un tipo elaborado de ajuste de datos por mínimos cuadrados que puede separar las señales del ruido. En este caso se adapta para separar los movimientos de las galaxias en una parte que representa la expansión del universo, la cual es común a todas las galaxias y otra parte que da sus «movimientos propios» individuales relativos a la expansión. Las galaxias de la misma región general que tienen movimientos propios similares pertenecen al mismo supercúmulo. El cosmos es como un fluido, en el que las estrellas son los átomos, las galaxias son vórtices y los supercúmulos son estructuras de escalas mayores. Con el filtrado de Wiener, podemos averiguar los patrones de flujo de este fluido.

Los cosmólogos han simulado cómo se agrupa la materia en el universo por la acción de la gravedad. La imagen general de madejas y hojas de materia separadas por vacíos parece ser una estructura natural para un sistema grande de cuerpos que interactúan a través de la gravedad. Pero es mucho más difícil hacer que las cifras de madejas y hojas coincidan con las observaciones u obtener una distribución realista de materia en la ortodoxa escala de tiempo de 13.800 millones de años.

El modo habitual de sortear esto es invocar la existencia de partículas esotéricas que conocemos como «materia oscura». Esta suposición prácticamente refuerza la fuerza de la gravedad, de modo que estructuras grandes pueden evolucionar más rápidamente, pero no es del todo satisfactoria, véase el capítulo 18. Una alternativa, ignorada durante mucho tiempo, es la posibilidad de que el universo sea mucho más viejo de lo que pensamos. Una tercera es que todavía no hemos dado con el modelo adecuado.

Simulación por ordenador de una región con un diámetro de 50 millones de años luz para un modelo de distribución de material visible en el universo.

Pasemos al tamaño.

A medida que los astrónomos exploraban el universo con telescopios cada vez más potentes, no solo veían más lejos, sino que se remontaban en el tiempo. Como la luz tiene una velocidad finita, se necesita una cantidad definida de tiempo para viajar de un lugar a otro. De hecho, el año luz se define como la distancia que la luz recorre en un año.

La luz se mueve muy rápido, de modo que un año luz es una distancia muy larga: 9,46 billones de kilómetros. La estrella más cercana está a 4,24 años luz, de modo que cuando alguien la ve en un telescopio, está viendo cómo era hace cuatro años y un cuarto. Hasta donde sabemos, podría haber explotado ayer (poco probable, eso sí, porque no está en esa etapa de su evolución), pero si lo hiciese, no seríamos capaces de averiguarlo hasta que pasasen cuatro años y un cuarto.

La cifra actual para el radio del universo observable es de alrededor de 45.700 millones de años luz. Podríamos, inocentemente, imaginar que por lo tanto somos capaces de ver 45.700 millones de años del pasado; sin embargo, no podemos por dos razones. La primera es que el «universo observable» se refiere a lo que sería posible observar en principio, no a lo que podemos ver en la práctica. La segunda es que actualmente se cree que tiene solo 13.800 millones de años. Los 31.900 millones de diferencia representan la expansión del universo, pero volveré a ello en el siguiente capítulo.[2]

Eso es una cantidad inmensa de universo y es solo la parte observable. Podría ser más. Volveré a esto también. En todo caso, podemos dar una respuesta bien informada a la pregunta: «¿Cómo es de grande el universo?» si la interpretamos de una manera razonable.

Por el contrario, la pregunta «¿Qué forma tiene el universo?» es mucho más difícil de responder y es objeto de intenso debate.

Antes de que Einstein averiguase cómo incorporar la gravedad a su teoría relativista del espacio-tiempo, casi todo el mundo supuso que la geometría del espacio debía de ser la euclidiana. Una razón fue que durante una gran parte del tiempo desde que Euclides escribió *Elementos* hasta que Einstein hizo su revisión radical de la física, se creía de manera generalizada que la única geometría posible era la de Euclides.

Esa creencia fue destruida en el siglo XIX cuando los matemáticos descubrieron geometrías no euclidianas intrínsecamente coherentes, pero aunque estas tenían bellas aplicaciones en las matemáticas, difícilmente nadie esperaba aplicarlas al mundo real. Una excepción fue Gauss, que descubrió una geometría no euclidiana pero no dijo nada porque dudaba de que alguien la aceptara y prefirió evitar críticas infundadas. Por supuesto, la gente conocía la geometría de la superficie de una esfera: los navegantes y los astrónomos utilizaban de manera rutinaria una teoría elaborada de trigonometría esférica, pero esto estaba bien porque una esfera es tan solo una superficie especial, un espacio euclidiano ordinario. No es un espacio en sí mismo.

A Gauss se le ocurrió que si la geometría no tenía que ser euclidiana, el espacio real tampoco. Un modo de distinguir las diferentes geometrías es sumar los ángulos de un triángulo. En la geometría euclidiana siempre se obtienen 180°. En un tipo de geometría no euclidiana, la geometría elíptica, es siempre más de 180°; en otro tipo, la geometría hiperbólica, es siempre menor de 180°. El número exacto depende del área del triángulo. Gauss intentó averiguar la forma verdadera del espacio midiendo un triángulo formado por tres picos de montañas, pero no obtuvo un resultado convincente. Irónicamente, en vista de lo que

Einstein hizo con las matemáticas que surgieron de estos descubrimientos, la atracción gravitacional de las montañas interfería con sus mediciones.

Gauss empezó preguntándose cómo cuantificar la curvatura de una superficie: cómo de pronunciadamente se dobla. Hasta entonces, una superficie era tradicionalmente vista como la frontera de un objeto sólido en un espacio euclidiano. No es así, dijo Gauss. No se requiere un objeto sólido, la superficie sola es suficiente; tampoco un espacio euclidiano que lo rodee. Todo lo que se necesita es algo que determine la superficie, y en su visión ese algo es una noción de distancia, una métrica. Matemáticamente, una métrica es una fórmula para la distancia entre dos puntos que están muy cerca. A partir de esto, se puede calcular la distancia entre estos puntos encajándolos en una serie de entornos muy cercanos mediante la fórmula para determinar la separación entre ellos, para lo que se suman todas las pequeñas distancias y luego se escoge la cadena de entornos que hace el resultado lo más pequeño posible. La cadena de entornos se encaja para hacer una curva geodésica, que es la ruta más corta entre los dos puntos. Esta idea llevó a Gauss a una fórmula elegante, aunque compleja, para la curvatura. Curiosamente, la fórmula no hace referencias al espacio que la rodea, es intrínseca a la superficie. El espacio euclidiano tiene curvatura cero, es plano.

Eso sugería una idea radical: el espacio puede curvarse sin estar curvado rodeando algo. Una esfera, por ejemplo, está claramente curvada alrededor de una pelota sólida que la contiene. Para hacer un cilindro, cogemos una hoja de papel y la doblamos formando un círculo, de modo que la superficie cilíndrica está curvada alrededor del cilindro sólido que la define. Pero Gauss acabó con ese pensamiento obsoleto. Se dio cuenta de que se puede observar la curvatura de una superficie sin incrustarla en un espacio euclidiano.

Le gustaba explicar esto con el ejemplo de una hormiga que vive en la superficie, incapaz de dejarla y tampoco de ir hacia dentro o lanzarse a sí misma al espacio. La superficie es todo lo que conoce. Incluso la luz se limita a la superficie y se mueve a lo largo de las geodésicas, de modo que la hormiga no puede ver que su análoga del espacio está curvada. Sin embargo, puede deducir la curvatura llevando a cabo una medición. Triángulos minúsculos le dicen la métrica de su universo y luego puede aplicar la fórmula de Gauss. Reptando de un lado a otro midiendo distancias, puede inferir que su universo es curvo.

Esta noción de curvatura difiere en algunos aspectos del uso normal. Por ejemplo, un periódico enrollado no es curvo, incluso aunque parezca un cilindro. Para comprobar por qué, observamos las letras de un titular: las vemos curvadas, pero sus formas permanecen sin cambios en lo que a la relación con el periódico se refiere. Nada se estira, nada se mueve. La hormiga no notaría ninguna diferencia en regiones pequeñas del periódico. En lo que a la métrica se refiere, el periódico sigue siendo plano. En pequeñas regiones, tiene la misma geometría intrínseca que un plano. Los ángulos de un triángulo pequeño, por ejemplo, suman 180°, siempre y cuando los midas en el periódico. Un transportador rígido pero flexible es ideal.

La métrica plana tiene sentido una vez que te acostumbras a ella, porque por eso puedes enrollar un periódico para hacer un cilindro. Todas las longitudes y ángulos, medidos en el papel, se quedan igual. Localmente, una hormiga que habita en el periódico no puede distinguir un cilindro de una hoja plana.

La forma global, la forma total, es otro tema. Un cilindro tiene geodésicas diferentes a las de un plano. Todas las geodésicas de un plano son líneas rectas, que continúan sin pararse nunca y nunca se cierran. En un cilindro, algunas geodésicas pueden cerrarse, enrollando el cilindro y devolviéndolo a su punto inicial. Imaginemos que utilizamos una goma elástica para mantener el periódico enrollado. La goma forma una geodésica cerrada. Este tipo de diferecia global en la forma tiene que ver con la topología total, con el modo en que pedacitos de la superficie encajan unos con otros. La métrica tan solo nos habla de los pedacitos.

Las civilizaciones antiguas estaban más o menos en la misma posición que la hormiga. No podían subirse a un globo o un avión para ver la forma de la Tierra. Pero podían hacer mediciones e intentar deducir el tamaño y la topología. A diferencia de la hormiga, tenían algo de ayuda exterior: el Sol, la Luna y las estrellas. Pero cuando llegamos a la forma del universo por completo, estamos exactamente en la misma posición que la hormiga. Tenemos que utilizar los trucos geométricos análogos al de la hormiga para deducir la forma desde dentro.

Desde el punto de vista de la hormiga, una superficie tiene dos dimensiones. Es decir, se necesitan solo dos coordenadas para delimitar cualquier área local. Ignorando pequeñas variaciones en la altura, los navegadores terrestres necesitan solo la longitud y la latitud para saber dónde estamos sobre la superficie de la Tierra. Gauss tuvo un estudiante brillante llamado Bernhard Riemann que, animado nada sutilmente por su tutor, tuvo una idea genial: generalizó la fórmula de la curvatura de Gauss para «superficies» con cierto número de dimensiones. Como estas no son realmente superficies, necesitó un término nuevo y escogió la palabra alemana *Mannigfaltigkeit*, que se traduce como «variedad», refiriéndose a la multitud de coordenadas.

Otros matemáticos, especialmente un grupo de italianos, mostraron gran interés por las variedades, creando un área nueva de estudio: la geometría diferencial. Desvelaron la mayoría de las ideas básicas sobre variedades. Pero trataron las ideas desde un punto de vista puramente matemático. Nadie imaginó que la geometría diferencial se podría aplicar al espacio real.

Recién alcanzado su éxito con la relatividad especial, Einstein volcó su atención en el elemento principal que faltaba: la gravedad. Durante años le costó llegar a algo hasta que se le ocurrió que la clave era la geometría riemanniana. Se esforzó más para dominar esta área difícil de las matemáticas, ayudado por Marcel Grossmann, un amigo matemático que actuó como guía y mentor.

Einstein se dio cuenta de que necesitaba una variante poco convencional de la geometría de Riemann. La relatividad permite al espacio y el tiempo mezclarse hasta cierto punto, incluso aunque los dos conceptos juegan papeles diferentes. En una variedad de Riemann convencional, la métrica se define con la raíz cuadrada de una fórmula que es siempre positiva. Como el teorema de Pitágoras, la fórmula métrica es una suma de cuadrados (generalizada y local). En la relatividad especial, sin embargo, la cantidad análoga supone restar el cuadrado del tiempo. Einstein había permitido términos negativos en la métrica, llevando a lo que ahora llamamos «variedad pseudorriemanniana». El resultado final de los esfuerzos heroicos de Einstein fueron sus ecuaciones de campo que relacionaban la curvatura del espacio-tiempo con la distribución de la materia. La materia dobla el espacio-tiempo, el espacio-tiempo curvo altera la geometría de las geodésicas junto con los movimientos de la materia.

La ley de la gravedad de Newton no describe el movimiento de los cuerpos directamente. Es una ecuación, cuyas soluciones proporcionan esa descripción. De manera similar, las ecuaciones de Einstein no describen la fórmula del universo directamente. Hay que resolverlas. Pero son ecuaciones no lineales de diez variables, de modo que son difíciles.

Tenemos una pizca de intuición natural para las variedades riemannianas, pero las variedades pseudorriemannianas son un poco un rompecabezas a menos que trabajemos con ellas de manera regular. Una simplificación útil me permite hablar, de manera signiticativa, sobre la forma del espacio, una variedad riemanniana, más que de ese concepto más resbaladizo, la forma del espacio-tiempo, que es una pseudorriemanniana.

En relatividad, no hay un concepto significativo de simultaneidad. Observadores diferentes pueden ser testigos de los mismos sucesos producidos en un orden diferente. Yo veo el gato saltar por la ventana justo antes de que el jarrón se haga añicos en el suelo; tú ves caer el jarrón antes de que el gato salte. ¿Tiró el jarrón el gato o se cayó el jarrón y se asustó el gato? (Todos sabemos qué es más probable, pero el gato cuenta con un abogado brillante llamado Albert Einstein.)

Sin embargo, aunque la simultaneidad absoluta no es posible, tiene un sustituto: un sistema de referencia comóvil. Este es un término sofisticado para un marco de referencia, o sistema de coordenadas, que representa el universo visto por un observador específico. Empieza donde estoy ahora, como el origen de coordenadas, y viaja durante diez años a la velocidad de la luz a una estrella cercana. Define el marco de modo que esta estrella esté a diez años luz del origen y diez años en el futuro. Haz lo mismo para todas las direcciones y tiempos: ese es mi sistema de referencia comóvil. Todos tenemos uno, solo que el tuyo puede parecer ser incompatible con el mío si uno de nosotros empieza a moverse de un lado a otro.

Si nuestro movimiento parece estacionario en un sistema de referencia comóvil, somos observadores comóviles. Para nostros, la forma espacial del universo está determinada por el mismo sistema de coordenadas espacial fijo. La forma y el tamaño podría cambiar con el tiempo, pero hay un modo consistente de describir estos cambios. Físicamente, un sistema de referencia comóvil puede distinguirse de otros marcos: el universo debería parecer el mismo en todas las direcciones. En un sistema de referencia que no es comóvil, algunas partes del cielo tienen un corrimiento al rojo, mientras que otras tienen un corrimiento al azul. Por esto puedo hablar con prudencia sobre el universo siendo, por ejemplo, una esfera en expansión. Siempre que diferencie el espacio y el tiempo de esta manera, me estoy refiriendo a un sistema de referencia comóvil.

La historia ahora da un viraje estrambótico hacia el reino de la mitología. Los físicos y los matemáticos descubrieron soluciones de las ecuaciones de campo que corresponden a las geometrías no euclidianas clásicas. Estas geometrías surgen en espacios de una curvatura positiva constante (elíptica), curvatura cero (plano, euclidiana) y una curvatura constante negativa (hiperbólica). Por ahora todo bien. Pero esta afirmación correcta rápidamente se transformó en la creencia de que estas tres geometrías son las únicas soluciones de curvatura constante de las ecuaciones de campo.

Sospecho que este error se debe a que los matemáticos y los astrónomos no se estaban comunicando muy bien. El teorema matemático afirma que para cualquier valor fijo de la curvatura, la métrica del espaciotiempo de curvatura constante es única, de modo que era todo demasiado fácil para asumir que la geometría también debe ser única. Después de todo, ¿no es la métrica la que define el espacio?

No.

La hormiga de Gauss habría cometido el mismo error de no haber sabido la diferencia entre un plano y un cilindro. Tienen la misma métrica, pero diferentes topologías. La métrica determina solo la geometría local, no la global. La distinción se aplica a la relatividad general, con la misma implicación.

Un ejemplo maravillosamente contradictorio es el toro plano. Un toro es una forma como una rosquilla con un agujero central y tan poco plano como se quiera. No obstante, hay una variedad plana (de curvatura cero) en la topología de la rosquilla. Empieza con un cuadrado, que es plano, y pega conceptualmente sus aristas opuestas. No hay que hacer esto doblando físicamente el cuadrado, tan solo hay que identificar los puntos correspondientes de las aristas opuestas. Es decir, se añade una regla geométrica para sostener que dichos puntos son «el mismo».

Este tipo de identificación es común en los juegos de ordenador, cuando un monstruo alienígena corre por un lado de la pantalla y reaparece en el opuesto. La jerga de los programadores para esto es «*wraparround*» (enrollamiento), una vívida metáfora, pero poco prudente si se toma literalmente como una instrucción. La hormiga entendería un toro plano perfectamente: enrollar las aristas verticales convierte a la pantalla en un cilindro. Luego repites el procedimiento para unir los extremos del cilindro, creando una superficie con la misma topología que un toro. Su métrica es heredada de la del cuadrado, por lo que es plana. La métrica natural sobre una rosquilla real es diferente, porque esa superficie está incrustada en el espacio euclidiano.

Podemos jugar al juego del toro plano con el espacio-tiempo relativista, utilizando una versión de Minkowski de la relatividad reducida a bidimensional. Tanto el plano infinito de Minkowski como un cuadrado en ese plano con aristas opuestas identificadas, son espacio-tiempo planos. Pero topológicamente, uno es un plano y el otro es un toro. Hagamos lo mismo con un cubo y obtendremos un triple-toro plano con la misma dimensión que el espacio.

Construcciones parecidas son posibles en espacios elípticos e hiperbólicos. Tomamos un trozo del espacio con la forma apropiada, pegamos sus aristas por pares y obtenemos una variedad con la misma métrica pero con topología diferente. Muchas de estas variedades son compactas, tienen un tamaño finito, como una esfera o un toro. Los matemáticos descubrieron varios espacios finitos de curvatura constante a finales del siglo XIX. Schwarzschild llamó la atención de los cosmólogos con su trabajo en 1900, explícitamente citando el triple-toro plano. Aleksandr Friedmann dijo lo mismo para espacios curvados negativamente en 1924. A diferencia de los espacios euclidianos e hiperbólicos, el espacio elíptico es finito, pero todavía podemos realizar el mismo truco para obtener espacios de curvatura positiva constante con diferentes topologías. No obstante, durante sesenta años después de 1930, los textos de astronomía repetían el mito de que había solo tres espacios de curvatura constante, las tres geometrías no euclidianas clásicas, por lo que los astrónomos trabajaron con este rango limitado de espacio-tiempo en la creencia errónea de que nada más era posible.

Los cosmólogos, tras un juego más grande, volcaron su atención en el origen del universo, considerando solo las tres geometrías clásicas de curvatura constante, y descubrieron la métrica del Big Bang, una historia que continuará en el siguiente capítulo. Esto supuso una revelación tal que durante mucho tiempo la forma del espacio dejó de ser un tema apremiante. Todo el mundo «sabía» que era una esfera, porque esa es la métrica más sencilla para el Big Bang. Sin embargo, hay poca evidencia observacional para esa forma.

Las civilizaciones antiguas pensaban que la Tierra era plana y, aunque estaban equivocadas, tenían alguna evidencia: ese era el aspecto que tenía. En lo que se refiere al universo, sabemos incluso menos que ellos. Pero hay ideas en el aire que podrían reducir nuestra ignorancia.

Si no es una esfera, entonces ¿qué es?

En 2003, la sonda de la NASA Wilkinson Microwave Anisotropy Probe (WMAP) midió una señal de radio ubicua llamada «radiación de fondo de microondas» (CBM, por sus siglas en inglés, *cosmic microwave background*); sus resultados se muestran en la página 288. Un análisis estadístico de las fluctuaciones de la cantidad de radiación que proviene de diferentes direcciones da pistas sobre cómo se agrupó la materia en el universo emergente. Antes de WMAP, la mayoría de los cosmólogos pensaban que el universo era infinito, de modo que debería soportar de manera arbitraria grandes fluctuaciones. Pero los datos de WMAP mostraron que hay un límite en el tamaño de las fluctuaciones, lo que es indicativo de un universo finito. Como *Nature* argumentó: «Tú no ves grandes olas en tu bañera».

El matemático americano Jeffrey Weeks analizó las estadísticas de estas fluctuaciones para variedades con diversas topologías. Una posibilidad se adaptaba muy bien a la información, tanto que los medios de comunicación anunciaron que el universo tenía la forma de un balón de fútbol. Esto era una metáfora inevitable para una forma que se remonta a Poincaré: el espacio dodecaédrico. A principios del siglo XXI, los balones de fútbol se hacían uniendo 12 pentágonos y 20 hexágonos para hacer lo que los matemáticos llaman un «icosaedro truncado», un icosaedro con las esquinas cortadas. Un icosaedro es un sólido regular con 20 caras triangulares y cada cinco se juntan en un vértice. El dodecaedro, que tiene 12 caras pentagonales, aparece en escena porque los centros de las caras de un icosaedro forman un dodecaedro, de modo que ambos sólidos tienen las mismas simetrías. «Balón de fútbol» es un término más agradable para los medios, a pesar de su imprecisión técnica.

La superficie de un balón de fútbol es una variedad bidimensional. Poincaré fue pionero en topología algebraica, especialmente en tres dimensiones, y descubrió que había cometido un error. Para probar que lo había hecho mal (a diferencia de los políticos, los matemáticos hacen ese tipo de cosas), inventó una variedad tridimensional análoga. Poincaré la construyó uniendo dos toros, pero más tarde se descubrió una construcción más elegante utilizando un dodecaedro. Se trata de una variación esotérica sobre el triple-toro, que se hizo uniendo conceptualmente caras opuestas de un cubo. Hagamos eso con un dodecaedro, pero dando a cada cara un giro antes de unirla. El resultado es una variedad tridimensional, el espacio dodecaédrico. Como el triple-toro plano, no tiene límites y cualquier cosa que caiga a través de una cara reaparecerá a través de la opuesta. Está curvado positivamente y su extensión es finita.

Weeks calculó las cifras de las fluctuaciones de CMB si el universo fuese un espacio dodecaédrico y descubrió un ajuste excelente para la información de WMAP. Un grupo liderado por Jean-Pierre Luminet dedujo que un universo con esa forma tendría que tener un diámetro de 30.000 millones de años luz. No está mal. Sin embargo, observaciones recientes parecen desmentir esta teoría, desilusionando a todo platonista en el planeta.

Es difícil ver cómo podríamos probar jamás que el universo es infinito, pero si es finito, podríamos ser capaces de averiguar su forma. Un universo finito debe tener algunas geodésicas cerradas, los caminos más cortos que dan vueltas, como la goma elástica alrededor del periódico enrollado. Un rayo de luz que viaje a lo largo de dicha geodésima finalmente volvería a su punto de origen. Apuntemos un telescopio de gran potencia en esa dirección y veremos la parte de atrás de nuestras cabezas. Podría llevar algo de tiempo, eso sí, tanto como tarde la luz en dar una vuelta a todo el universo, de modo que habrá que quedarse quieto y ser muy paciente. Y la cabeza que observemos quizá esté rotada, o boca abajo, o sea la imagen reflejada de la original.

Un análisis matemático serio que tome en cuenta la velocidad finita de la luz predice que, en dichas circunstancias, deberían ser patrones repetidos en la CMB, en la que las mismas fluctuaciones surgen sobre círculos distintos en el cielo. Esto sucede porque la radiación de fondo de microondas que alcanza la Tierra en la actualidad empieza sus viajes desde unas distancias similares, de modo que se originaron sobre una esfera, la «superficie de la última dispersión». Si el universo es finito y su esfera es más grande que el universo, se enrolla e interseca consigo misma. Las esferas se cortan en círculos, y cada punto en esos círculos envía microondas a la Tierra junto con dos direcciones diferentes, gracias al *wraparound.*

Podemos ilustrar este efecto para un análogo bidimensional, donde la geometría es más sencilla. Si el cuadrado de la imagen es lo suficientemente grande como para contener el círculo, no hay intersección al enrollarse. Si el cuadrado es lo suficientemente pequeño como para que el círculo lo pueda envolver dos veces, la geometría de las intersecciones se hace más compleja.

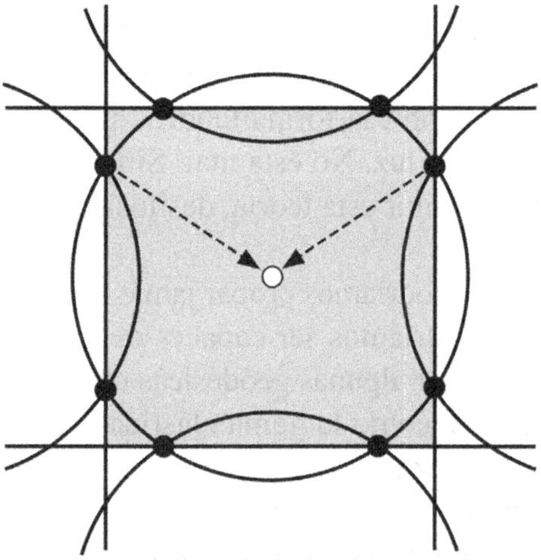

Autointersecciones de la superficie de la última dispersión para un toro plano, mostrada aquí como la circunferencia grande. Otras circunferencias parciales son copias enrolladas. El toro es el cuadrado sombreado con las aristas opuestas identificadas y la Tierra es el punto blanco del centro. Las copias de circunferencias se encuentran en los puntos negros, que son identificados en pares enrollados. Las flechas punteadas son microondas que llegan de la misma región del espacio junto con dos direcciones distintas.

Para el triple-toro, el cuadrado es reemplazado por un cubo, los círculos por esferas y los puntos se convierten en las caras del cubo; de nuevo se identifican por pares. Las líneas punteadas se convierten en conos. Desde la Tierra, observamos un par de círculos especiales en el cielo que realmente son el mismo círculo distante visto a lo largo de estas dos direcciones. Las fluctuaciones del CMB alrededor de estos dos círculos deberían ser casi idénticas, y podemos detectar eso mediante correlaciones estadísticas de las fluctuaciones de la temperatura; esperaríamos ver la misma secuencia de parches de calor o frío alrededor de cada círculo; «calor» y «frío» significan una temperatura ligeramente más alta o más baja que la media.[3]

A partir de la geometría de estas circunferencias, podemos, en principio, deducir la topología del universo y distinguir el signo de la curvatura: positiva, cero o negativa. Aunque hasta el momento no funciona en la práctica, bien porque el universo no es así, o bien porque es demasiado grande para que se den estas circunferencias especiales.

Por tanto, ¿qué forma tiene el universo?

No tenemos ni idea.

16

El huevo cósmico

Al principio no había nada, la cual explotó.

Terry Pratchett, *Lores y damas*

Visto desde nuestro planeta cómodo y acogedor, rebosante de vida, rico en belleza natural, el resto del universo parece hostil, remoto, austero y relativamente insignificante. Sin embargo, visto desde reinos distantes del sistema solar, nuestro planeta hogar se reduce a un único píxel azul[1] sobre una fotografía digital, el famoso punto azul claro, la imagen final capturada por *Voyager 1* en 1990. No formaba parte del programa de ciencia, pero el astrónomo visionario Carl Sagan pensó que sería una buena idea. Se ha convertido en un icono social y psicológico. La sonda estaba aproximadamente tan lejos como Plutón, todavía en el patio trasero de la Tierra, hablando cósmicamente. Incluso así, nuestro maravilloso mundo se reduce a una mota insignificante. Desde la estrella más cercana, con una cámara mejor que cualquiera de las que tenemos actualmente, tendríamos que esforzarnos para ver mínimamente nuestro planeta. Desde estrellas más distantes, puede que tampoco existamos, a pesar de la diferencia que nuestra presencia significaría, y lo mismo se puede decir de la Tierra y el Sol. Y cuando tiene que ver con otras galaxias, incluso la nuestra resulta insignificante en la escala cósmica.

Se trata de un pensamiento humilde y muestra, en realidad, lo frágil que es nuestro planeta. Al mismo tiempo, nos hace preguntarnos acerca de la grandeza del universo. De manera más constructiva, también nos hace preguntarnos qué más hay ahí fuera y de dónde viene todo.

Cuestiones como estas sin duda se les ocurrieron a los seres humanos de la prehistoria. Seguramente se les ocurrieron hace más de 4.000 años a civilizaciones como la china, la mesopotámica y la egipcia, que dejaron registros. Sus respuestas fueron imaginativas, si se piensa que atribuir todo lo que no se entiende a deidades invisibles con cuerpos y estilos de vida raros supone ejercitar la imaginación, pero eran básicamente no instructivas.

A lo largo de los siglos, la ciencia elaboró teorías propias sobre el origen del universo. Generalmente eran menos fascinantes que mundos soportados por tortugas, batallas entre el dios serpiente y un gato mágico con una espada, o dioses siendo despedazados en docenas de trozos y volviendo a la vida cuando los reconstruían. Aunque puede que no resultaran más alejadas de la verdad, porque las respuestas científicas eran siempre provisionales, se descartaban si las contradecían nuevos indicios. Una de las teorías más populares, a lo largo de la mayor parte de la era científica, es completamente aburrida porque no pasa nada en realidad: el universo no tiene origen porque ha existido siempre. Siempre he pensado que esto no resuelve el problema del todo, porque tenemos que explicar por qué ha existido siempre. «Simplemente existe» es incluso menos satisfactorio que invocar un dios serpiente. Pero muchos no lo ven de ese modo.

En la actualidad, la mayoría de los cosmólogos creen que el universo entero, espacio, tiempo y materia, comenzaron a existir hace alrededor de 13.800 millones de años.[2] Una mota del espacio-tiempo apareció de ninguna parte y se expandió con una rapidez extraordinaria. Después de una mil millonésima de segundo, la violencia inicial se apagó lo suficiente como para que naciesen las partículas fundamentales como los quarks y los gluones; después de otra millonésima de segundo, estas partículas se combinaron para formar los protones y los neutrones, que nos son más familiares. Llevó unos minutos que estos se juntasen para hacer núcleos atómicos sencillos. Los átomos son núcleos más electrones, y 380.000 años más tuvieron que pasar antes de que los electrones apareciesen en la mezcla y surgiesen los átomos de los elementos más simples: hidrógeno, helio y deuterio. Solo entonces pudo la materia empezar a formar grumos bajo la influencia de la gravedad, y finalmente aparecieron las estrellas, los planetas y las galaxias. Los cosmólogos han calculado la cronología con una precisión exquisita y con un detalle considerable.

Este escenario es el famoso Big Bang, un nombre que acuñó Hoyle, en cierto modo de manera sarcástica. Hoyle era un firme defensor de la principal teoría competidora en esa época, la teoría del estado estacionario del universo, cuyo nombre es bastante autoexplicativo. Pero a pesar del nombre, este no era un universo en el que no pasaba nada en absoluto. Es solo que lo que pasaba no provocaba ningún cambio fundamental. La visión de Hoyle era que el universo se expande de manera gradual, ganando espacio extra a medida que en los vacíos entre las galaxias aparecen silenciosamente de la nada partículas nuevas.

Los cosmólogos no se sacaron el Big Bang de la manga. Hubble notó un patrón matemático simple en observaciones astronómicas, lo que lo hizo parecer casi inevitable. Este descubrimiento fue una consecuencia de su trabajo sobre las distancias galácticas, pero la idea se remonta a Lemaître, unos años antes. Al principio del siglo XX, el saber dominante en cosmología era muy simple. Nuestra galaxia contenía toda la materia del universo; fuera había un vacío infinito. La galaxia no colapsó bajo su propia gravedad porque rotaba, de modo que la disposición completa era estable. Cuando Einstein dio a conocer la relatividad general en 1915, rápidamente se dio cuenta de que este modelo del universo ya no era estable. La gravedad podía provocar que un universo estático colapsase, rotando o no. Su cálculo supuso un universo simétrico esféricamente, pero intuitivamente el mismo problema afectaría a cualquier universo relativista estático.

Einstein buscó un arreglo y en 1917 lo publicó. Añadió un término matemático extra a sus ecuaciones de campo, la métrica multiplicada por una constante Λ (letra mayúscula griega lambda), llamada más adelante «constante cosmológica». Este término hace que la métrica se expanda y ajustando cuidadosamente el valor de Λ, la expansión anula exactamente el colapso gravitacional.

En 1927, Lemaître se embarcó en un proyecto ambicioso utilizando las ecuaciones de Einstein para deducir la geometría de todo el universo. Utilizando la misma suposición simplificada de que el espacio-tiempo es simétrico esféricamente, derivó una fórmula explícita para esta geometría hipotética del espacio-tiempo. Cuando interpretó el significado de la fórmula, Lemaître descubrió que predecía algo extraordinario.

El universo está expandiéndose.

En aquel mismo año, el punto de vista por defecto era que el universo había existido siempre más o menos en su forma actual. Tan solo existía, no hacía nada. Al igual que el universo estático de Einstein. Pero ahora Lemaître argumentaba, sobre las bases de una teoría física que muchos todavía piensan que de alguna manera es especulativa, que crece. De hecho, crece a un ritmo constante, su diámetro se incrementa en proporción con el paso del tiempo. Lemaître intentó estimar el ritmo de expansión a partir de observaciones astronómicas, pero en esa época estas eran demasiado rudimentarias como para ser convincentes.

Un universo expandiéndose era una noción difícil de aceptar si se cree que el universo es eterno e inmutable. De alguna manera todo lo que había tenía que irse incrementando cada vez más. ¿De dónde venían todas las cosas nuevas? No tenía mucho sentido. Ni siquiera tenía mucho sentido para Einstein, quien, según Lemaître, decía algo como: «Tus cálculos son correctos, pero tu física es abominable.» Quizá no ayudó que Lemaître llamara a su teoría «el huevo cósmico explotando en el momento de la creación», sobre todo porque era un cura jesuita. Todo parecía un poco bíblico. Sin embargo, Einstein no la descartaba totalmente y sugirió que Lemaître debería considerar espacios-tiempos expandiéndose más generales sin la suposición firme de la simetría esférica.

En pocos años, la evidencia emergió para reivindicar a Lemaître. En el capítulo 11, vimos que el «ordenador» de Hubble, Leavitt, al catalogar los brillos de miles de estrellas, notó un patrón matemático en un tipo concreto de estrella, una variable cefeida. En concreto, el brillo intrínseco, o luminosidad, está relacionado, de una manera matemática concreta, con el período sobre el que se repite el brillo. Esto permitió a los astrónomos utilizar cefeidas como candelas estándar, cuyos brillos aparentes pueden compararse a sus brillos actuales, diciéndonos la distancia a la que deben de estar.

Al principio, este método estaba limitado a las estrellas de nuestra propia galaxia, porque los telescopios eran incapaces de determinar estrellas individuales en otras galaxias, y mucho más de observar sus espectros para comprobar si podrían ser cefeidas. Pero a medida que los telescopios mejoraban, Hubble fijó sus observaciones en una pregunta mayor: ¿a qué distancia están las galaxias? Como se describió en el capítulo 12, en 1924 utilizó la relación distancia-luminosidad de Leavitt para estimar la distancia a la galaxia Andrómeda M31. Su respuesta fue un millón de años luz; la estimación actual es 2,5 millones.

Leavitt había dado un paso pequeño para una mujer, pero un gran paso en la escalera de distancias cósmicas; comprender estrellas variables vinculadas al método geométrico de paralaje para observaciones de brillo aparente. Ahora Hubble iba a dar un paso mayor, abriendo la posibilidad de mapear cualquier distancia cosmológica, por grande que fuese.

Esta posibilidad surge de un descubrimiento inesperado de Vesto Slipher y Milton Humason: los espectros de muchas galaxias están corridos hacia el rojo al final del espectro. Parecía probable que el corrimiento lo provocara el efecto Doppler, por lo que las galaxias deben de estar alejándose de nosotros. Hubble consideró 46 galaxias conocidas por contener cefeidas, lo que hacía posible inferir sus distancias, y representó los resultados enfrentados con la cantidad de corrimiento hacia el rojo. Lo que encontró fue una línea recta, lo que indica que una galaxia retrocede con una velocidad proporcional a su distancia. En 1929 estableció esta relación como una fórmula, ahora llamada «ley de Hubble». La constante de proporcionalidad es de alrededor de 70 km/s por megapársec. La primera estimación de Hubble era siete veces mayor.

De hecho, el astrónomo sueco Knut Lundmark tuvo la misma idea en 1924, cinco años antes que Hubble. Utilizó los tamaños aparentes de las galaxias para inferir la distancia a la que estaban, y su cifra para la constante «Hubble» no se alejaba más de un 1 % de la actual, mucho más precisa que la de Hubble. Sin embargo, este trabajo se ignoró porque sus métodos no se habían comprobado utilizando medidas independientes.

Desde entonces, los astrónomos podían estimar la distancia de cualquier objeto a partir de su espectro, siempre y cuando pudieran divisar suficientes líneas espectrales para deducir el corrimiento al rojo. Prácticamente todas las galaxias muestran corrimiento al rojo, de modo que podemos calcular lo lejos que están. Todas ellas están alejándose de nosotros, por lo que o bien la Tierra está en el centro de una región enorme en expansión, lo que viola el principio copernicano de que no somos especiales, o todo el universo se está haciendo más grande, y los alienígenas de otras galaxias observarían el mismo comportamiento.

El descubrimiento de Hubble fue una evidencia para el huevo cósmico de Lemaître. Si hacemos retroceder en el tiempo un universo en expansión, todo se condensa en un punto. Restaurando el tiempo a su dirección habitual, el universo debe de haber empezado como un punto. El universo no surge de un hueco, es un huevo. El huevo aparece de la nada y crece. Ambos, el espacio y el tiempo, provienen de la nada, y una vez que existen, el universo actual evoluciona.

Cuando las observaciones de Hubble convencieron a Einstein de que Lemaître había tenido razón todo el tiempo, se dio cuenta de que podría haber predicho la expansión cósmica. Podría haber sustituido su solución estática por una en expansión y esta hubiera evitado el colapso gravitacional. La problemática constante cosmológica Λ no era necesaria, su papel había sido fundamentar una teoría incorrecta. Eliminó Λ de su teoría y más tarde dijo que incluirla había sido su mayor metedura de pata.

La conclusión de todo este trabajo es un modelo estándar de la geometría del espacio-tiempo del universo, la métrica de Friedmann-Lemaître-Robertson-Walker que se configuró en la década de 1930. Supone en realidad una familia de soluciones, pues cada una da una geometría posible. Incluye un parámetro que especifica la curvatura, que puede ser cero, positiva o negativa. Todo universo en la familia es homogéneo (lo mismo en todos los puntos) e isotrópico (lo mismo en todas direcciones), una vez supuestas las principales condiciones para derivar la fórmula. El espacio-tiempo puede estar expandiéndose o contrayéndose y su topología subyacente puede ser simple o compleja. La métrica también incluye una constante cosmológica opcional.

Como el tiempo nace con el Big Bang, no hay necesidad lógica de decir qué ocurrió «antes». No había «antes». La física estaba lista para esta teoría radical, porque la mecánica cuántica muestra que las partículas pueden surgir espontáneamente de la nada. Si una partícula puede hacerlo, ¿por qué no un universo? Si el espacio puede hacerlo, ¿por qué no el tiempo? Los cosmólogos creen ahora que esto es básicamente correcto, aunque están empezando a preguntarse si «antes» puede ser descartado tan fácilmente. Cálculos físicos en detalle permiten la construcción de una cronología compleja y muy precisa según la cual el universo comenzó a existir hace 13.800 millones de años como un único punto y ha estado expandiéndose desde entonces.

Una característica interesante del Big Bang es que las galaxias individuales, incluso cúmulos de ellas conectados gravitacionalmente, no se están expandiendo. Podemos estimar los tamaños de galaxias distantes y su distribución estadística es casi la misma que la de galaxias cercanas. Lo que está sucediendo es mucho más raro. La escala de distancia del espacio está cambiando. Las galaxias se separan porque aparece más espacio entre ellas, no porque viajen en direcciones opuestas a través de una cantidad fija de espacio.

Esto lleva a algunos hechos paradójicos. Las galaxias a más de 14.700 millones de años luz se mueven tan rápido que, respecto a nosotros, viajan más rápido que la luz, aunque podemos verlas.

Parece haber tres cosas erróneas en estas afirmaciones. Como el universo tiene solo 13.800 millones de años, y originariamente estaba todo en la misma localización, ¿cómo puede nada estar a 14.700 años luz? Se tendría que mover más rápido que la luz, lo que está prohibido por la relatividad. Por la misma razón, las galaxias no pueden exceder la velocidad de la luz. Finalmente, si lo estuvieran haciendo, no podríamos verlas.

Para comprender por qué tienen sentido estas afirmaciones, tenemos que comprender un poco mejor la relatividad. Aunque esta prohíbe a la materia moverse más rápido que la luz, ese límite es respecto al espacio que la rodea. Sin embargo, la relatividad no prohíbe al movimiento espacial ser más rápido que la luz. De modo que una región del espacio podría exceder la velocidad de la luz, mientras que su materia permanecería bajo la velocidad de la luz relativa al espacio que la contiene.[3] De hecho, la materia podría estar en reposo respecto al espacio que la rodea mientras que el espacio se precipita a diez veces la velocidad de la luz. Como si estuviésemos sentados cómodamente en paz, bebiendo café y leyendo un periódico, dentro de un reactor de pasajeros a 700 km/h.

Así es también cómo esas galaxias pueden estar a 14.700 años luz. No han viajado esa distancia como tal. La cantidad de espacio entre nosotros y ellas ha aumentado.

Finalmente, la luz gracias a la cual observamos esas galaxias distantes no es la luz que emiten en la actualidad.[4] Es la luz que emitieron en el pasado, cuando estaban más cerca. Por eso el universo observable es mayor de lo que podíamos esperar.

Quizá sea mejor buscar un café y un periódico mientras pensamos en ello.

Aquí va otra consecuencia curiosa.

Según la ley de Hubble, las galaxias distantes tienen corrimientos al rojo más grandes, de modo que deben de moverse más rápido. A primera vista esto es inconsistente con la métrica Friedmann-Lemaître-Robertson-Walker, que predice que el ritmo de expansión debería ralentizarse a medida que pasa el tiempo. Pero una vez más debemos pensar de manera relativista. Cuanto más lejos está una galaxia, más tiempo ha necesitado su luz para alcanzarnos. Entonces su corrimiento al rojo indica ahora su velocidad. De modo que la ley de Hubble implica que, cuanto más lejos veamos en el pasado, más rápido se estaba expandiendo el espacio. En otras palabras, la expansión fue inicialmente rápida, pero luego se ralentizó de acuerdo con Friedmann-Lemaître-Robertson-Walker.

Eso tiene sentido si toda la expansión hubiera sido transmitida por el Bang inicial. A medida que el universo empezó a crecer, su propia gravedad empezó a tirar de él de nuevo. Las observaciones indican que hasta hace 5.000 millones de años eso es lo que ocurría. Los cálculos están basados en la ley de Hubble, según la cual el ritmo de expansión aumentó 218 kilómetros por segundo cada millón de años en el pasado, por lo que de manera equivalente ha disminuido 218 kilómetros por segundo cada millón de años después del Big Bang.

Veremos en el capítulo 17 que esta disminución de la expansión parece haberse invertido, de modo que se está acelerando de nuevo, pero no nos metamos en eso por ahora.

El siguiente paso era obtener indicios independientes que confirmaran el Big Bang. En 1948, Ralph Alpher y Robert Herman predijeron que el Big Bang debería haber dejado huella en los niveles de radiación del universo, en forma de radiación de fondo de microondas. Según sus cálculos, la temperatura de la CMB, es decir, la temperatura de una fuente que podría producir ese nivel de radiación, es de alrededor de 5 K. En la década de 1960, Yakov Zel'dovich y Robert Dicke redescubrieron independientemente el mismo resultado. Los astrofísicos A. G. Doroshkevich e Igor Novikov se dieron cuenta en 1964 de que, en principio, la CMB puede observarse y utilizarse para probar el Big Bang.

Aquel mismo año, los colegas de Dicke, David Wilkinson y Peter Roll empezaron a construir el radiómetro de Dicke para medir la CMB. Este radiómetro es un receptor de radio que puede medir la potencia media de una señal en un rango de frecuencias. Pero, antes de que pudiesen completar el trabajo, otro equipo se les adelantó. En 1965, Arno Penzias y Robert Wilson utilizaron un radiómetro de Dicke para construir uno de los primeros radiotelescopios. Al investigar una fuente persistente de «ruido», se dieron cuenta de que su origen era cosmológico, no un fallo de sus aparatos electrónicos. El ruido no tenía una localización específica, sino que estaba distribuido uniformemente por todo el cielo. Su temperatura era aproximadamente 4,2 K. Esta era la primera observación de CMB.

La explicación de CMB fue acaloradamente debatida en la década de 1960, y los físicos que estaban a favor de la teoría del estado estable sugirieron que se trataba de luz de estrellas dispersas de galaxias distantes. Pero en 1970, la CMB se aceptaba de manera generalizada como evidencia del Big Bang. Hawking llamó a esta observación «el clavo final en el ataúd de la teoría del estado estable». El factor decisivo fue su espectro, que se parecía al de la radiación de un cuerpo negro, contrario al de la teoría del estado estable. Ahora se cree que la CMB es una reliquia del universo cuando este tenía 379.000 años. En aquella época, su temperatura descendió a 3.000 K, haciendo posible que los electrones se combinasen con protones para formar átomos de hidrógeno. El universo se hizo transparente a la radiación electromagnética. ¡Hágase la luz!

La teoría predice que la CMB no debería ser exactamente uniforme en todas las direcciones. Debería haber fluctuaciones muy pequeñas, de un orden estimado del 0,001-0,01 %. En 1992, la misión de la NASA Cosmic Background Explorer (COBE) midió estas inhomogeneidades. Su estructura detallada fue posteriormente revelada por la sonda WMAP de la NASA. Estos detalles constituyen el principal modo de comparar la realidad con las predicciones de varias versiones del Bing Bang y otros escenarios cosmológicos.

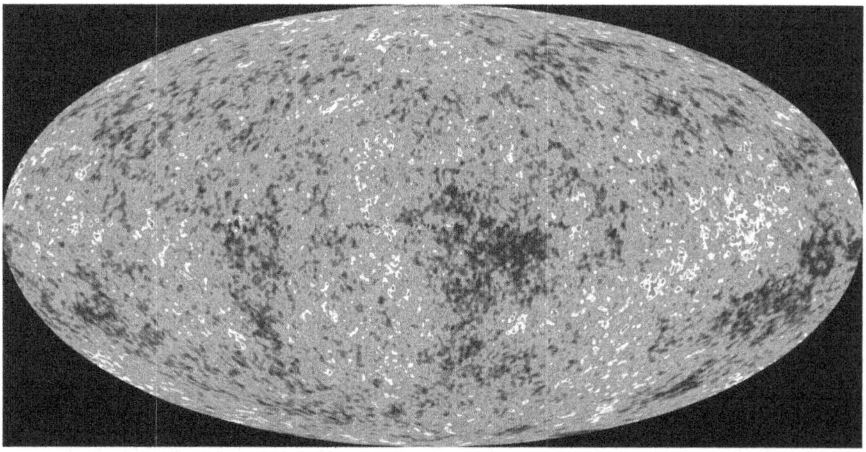

Radiación del fondo de microondas medida por la WMAP. El mapa muestra las fluctuaciones de temperatura poco después del Big Bang, las semillas de las irregularidades que al crecer crean las galaxias. Las temperaturas difieren de la media en solo 200 millonésimas de K.

Cuando con mi familia viajaba por Francia hace algunos años, nos resultó divertido ver un cartel de *Restaurant Univers.* A diferencia de la ficción de Douglas Adams, *El restaurante del fin del mundo*, en equilibrio siempre en el borde extremo del último punto del espacio y el tiempo, este era un restaurante perfectamente normal al lado del *Hotel Univers*, el cual, a su vez, era un hotel perfectamente normal en Reims, en el punto justo del espacio y el tiempo para cuatros viajeros agotados y hambrientos.

El tema científico que motivó el restaurante de ficción de Adams era: ¿cómo acabará el universo? No con un concierto de rock de proporciones cosmológicas, era su respuesta. Eso podría ser un final que encajase con la humanidad, pero quizá no el que debiéramos imponer a otras civilizaciones que podrían estar ahí fuera.

Tal vez no se acabará en absoluto. Podría seguir expandiéndose para siempre. Pero si lo hace, todo se agotará lentamente, las galaxias retrocederán unas respecto a otras hasta que la luz no pueda pasar entre ellas, y estaremos solos en medio del frío y la oscuridad. Sin embargo, según Freeman Dyson, todavía podría seguir existiendo «vida» compleja, a pesar de la llamada «muerte térmica» del universo. Pero sería una vida muy lenta.

Menos decepcionante para los fans de la ciencia ficción es que el universo podría colapsar en un Big Bang invertido. Incluso podría colapsar y volver a ser un punto. O su final podría ser más aparatoso, un Big Crunch (gran implosión) en el que la materia se hace pedazos a medida que la energía oscura desgarra la estructura del espacio-tiempo.

Ese podría ser el Fin. Pero podría ser que después de colapsar, el universo volviera a recuperar su existencia. Esta es la teoría del universo oscilante. James Blish la utilizó al final de *A Clash of Cymbals* (El triunfo del tiempo). Quizá las constantes fundamentales de la física serían diferentes después del resurgir; algunos físicos creen que será así, otros no. Quizá de nuestro universo nazcan bebés, iguales a su madre o totalmente diferentes. Quizá no.

Las matemáticas nos permiten explorar todas estas posibilidades y quizá un día ayuden a decidir entre ellas. Hasta entonces, solo podemos especular sobre el final de todas las cosas, o no, como podría ser el caso.

17

El gran hinchable

Si hubiera estado presente en la Creación, habría dado algunas indicaciones útiles para la mejor disposición del universo.

(atribuida a) ALFONSO X EL SABIO, rey de Castilla

Hace unos años, la teoría del origen del universo del Big Bang se ajustaba a todas las observaciones importantes. En particular, predecía la temperatura de la radiación de fondo de microondas, un éxito temprano que contribuyó significativamente a la aceptación de la teoría.[1] Por otro lado, las observaciones eran contadas. A medida que los astrónomos obtuvieron medidas más detalladas e hicieron cálculos más exhaustivos para ver qué predecía el Big Bang, empezaron a surgir las discrepancias.

Vimos en el capítulo 15 que el universo actual tiene mucho de una estructura a gran escala, con vastos filamentos y hojas de galaxias que rodean vacíos todavía más vastos, muy parecido a la espuma en un vaso de cerveza, con las galaxias ocupando la superficie de las burbujas y los vacíos correspondiendo al aire de dentro de ellas. Los cálculos indican que la estimación actual para la edad del universo, 13.800 millones de años, no da tiempo suficiente para que la materia se haga tan grumosa como lo es en la actualidad. Es también un tiempo demasiado corto para explicar la planitud del espacio actual. El arreglo de ambos es complicado porque cuanto más plano sea el espacio, menos probable es que la materia se vuelva grumosa, y una materia más grumosa hace el espacio más curvo.

El conocimiento cosmológico dominante es postular un Big Bang todavía mayor, conocido como «inflación cósmica». En un momento crítico, muy al principio en su existencia, el universo emergente se expandió a un tamaño enorme en un tiempo extraordinariamente pequeño.

Otras deficiencias de la teoría del Big Bang original hicieron que los cosmólogos añadieran dos suposiciones más: la materia oscura, una forma de materia completamente diferente a la materia normal, y la energía oscura, una forma de energía que provoca que la expansión del universo se acelere. En este capítulo estudiaré la inflación cósmica y la energía oscura. Preservaré la materia oscura para el próximo capítulo, porque hay mucho que decir sobre ella.

Los cosmólogos confían mucho en la teoría actual conocida como modelo L-CDM (por sus siglas en inglés, *lambda cold dark matter*, es decir, materia oscura fría lambda) o modelo estándar de cosmología. (Recordemos que Λ es el símbolo de la constante cosmológica de Einstein.) Y confían porque la combinación del Big Bang clásico, la inflación cósmica, la materia oscura y la energía oscura concuerdan con la mayoría de las observaciones hasta un detalle considerable. Sin embargo, los añadidos presentan problemas significativos y podría estar en marcha algún replanteamiento.

En este capítulo y en el siguiente contaré primero las historias convencionales, bosquejando las observaciones que motivaron los tres extras opcionales y describiré cómo se explican estas observaciones. Luego analizaré con mirada crítica el modelo estándar de cosmología resultante, subrayando algunos de los problemas que todavía están sin resolver. Finalmente, describiré algunas de las alternativas al modelo estándar propuestas y comprobaré si encajan bien en la comparación.

En el capítulo 16 se describe la evidencia principal para el Big Bang, extras incluidos: la estructura de la radiación de fondo de microondas (CMB). Las medidas más recientes del WMAP muestran que la CMB es casi uniforme, partiendo de una media de no más de 200 millonésimas de kélvines. Lo que predice el Big Bang son pequeñas fluctuaciones, pero demasiado pequeñas, tan pequeñas que la grumosidad actual del universo no hubiese tenido suficiente tiempo para evolucionar. Esta afirmación está basada en simulaciones por ordenador de modelos matemáticos de la evolución del universo, mencionadas en el capítulo 15.

Un modo de fijar el problema es modificar la teoría, de manera que el universo temprano fuera más grumoso en primer lugar. Pero esta idea topa con una segunda dificultad, casi la opuesta a la primera. Aunque, en la actualidad, la materia es demasiado grumosa para encajar en el Big Bang estándar, el espacio-tiempo no es lo suficientemente grumoso, es casi plano.

Los cosmólogos estaban también preocupados por un tema más profundo, el problema del horizonte, que señaló Misne en la década de 1960. El Big Bang estándar predice que las partes del universo que están demasiado separadas para tener un efecto causal entre sí deberían, no obstante, tener una distribución de la materia y una temperatura de CMB similares. Además, esto debería hacerse aparente para un observador porque el horizonte cosmológico, la distancia a la que se puede ver, se incrementa a medida que pasa el tiempo. De esta manera, las regiones que no solían estar conectadas causalmente pasarían a estarlo más adelante. El problema entonces es: ¿cómo pueden estas regiones «saber» qué distribución y temperatura deberían tener? Así, no es solo que el espacio-tiempo sea demasiado plano, sino que también es uniformemente plano en regiones demasiado grandes para haberse comunicado entre sí.

En 1979, Alan Guth elaboró una ingeniosa idea que soluciona ambos temas. Supone un espacio-tiempo plano mientras que permite a la materia seguir siendo grumosa y resuelve el problema del horizonte. Para describirlo, necesitamos saber algo sobre energía del vacío.

En la física actual, un vacío no es solo un espacio vacío. Es un caldero de partículas cuánticas virtuales hirviendo, que aparecen de la nada a pares y luego se aniquilan una a la otra de nuevo antes de que nadie las pueda observar. Esto es posible en la mecánica cuántica por el principio de incertidumbre de Heisenberg, según el cual no se puede observar la energía de una partícula en un tiempo específico. O bien la energía, o bien el intervalo de tiempo tiene que ser confuso. Si la energía es confusa, no tiene que conservarse en cada instante. Las partículas pueden pedir prestada energía, y luego devolverla, durante ese breve período. Si el tiempo es confuso, su ausencia no se nota.

Este proceso u otra cosa, los físicos no están seguros, crea un campo burbujeante de energía de fondo en todas las partes del universo. Es pequeño, de alrededor de una mil millonésima de julio por metro cúbico, suficiente para dar energía a la barra de una estufa eléctrica durante una billonésima de segundo.

La inflación cósmica propone que regiones de espacio-tiempo separadas ampliamente tienen la misma distribución de materia y temperatura porque en el pasado fueron capaces de comunicarse entre sí. Supongamos que dos regiones del universo ahora distantes una vez estuvieron lo suficientemente cerca para interactuar. Supongamos también que en ese tiempo la energía de vacío era mayor de lo que es ahora. En dicho estado, el horizonte observable no se incrementa sino que permanece constante. Si luego el universo experimenta una expansión rápida, los observadores cercanos pasan enseguida a estar separados y todo se hace más homogéneo. En resumen, cualquier protuberancia y pendientes que hubiera antes de producirse la inflación se encuentran de repente esparcidas sobre un volumen de espacio-tiempo verdaderamente gigante. Es como colocar un nódulo de mantequilla sobre una pieza de tostada pequeña y luego hacer que la tostada crezca de repente y se haga enorme. A medida que la mantequilla se extiende con ella, obtienes una capa fina y casi uniforme.

Será mejor no intentar hacer esto en casa.

Para que los cálculos de la inflación sean correctos, se requieren tanto el inicio muy temprano como la expansión muy rápida. Entonces, ¿qué provoca el crecimiento rápido (una explosión mucho más impactante que el flojo Big Bang que lo empezó todo)? La respuesta es un campo inflatón. No, no hay una errata, un inflatón es una partícula hipotética. En teoría cuántica, los campos y las partículas van de la mano. Una partícula es un nódulo de un campo localizado y un campo es un mar continuo de partículas.

Guth se preguntaba qué sucedería si el espacio estuviera uniformemente lleno de un campo cuántico inadvertido, el hipotético campo inflatón. Sus cálculos mostraron que un campo así genera presión negativa, es decir, proporciona un empujón hacia fuera. Brian Greene sugiere la analogía del gas dióxido de carbono en una botella de champán. Descorcha la botella y el gas se expande con gran rapidez, creando esas deseadas burbujas. Descorcha el universo y el campo inflatón se expande todavía más rápidamente. El nuevo giro es que no se necesita un corcho sino que la botella entera (el universo) puede expandirse, muy rápidamente, en una cantidad gigantesca. La teoría actual es que entre 10^{-36} y 10^{-32} segundos después del Big Bang el volumen del universo se multiplicó por un factor de al menos 10^{78}.

Las buenas noticias son que el escenario inflacionario, más en concreto, algunas de las variaciones de números sobre la idea original que se han propuesto desde entonces, encajan con muchas observaciones. Esto no es una sorpresa, porque estaba diseñado para encajar algunas de las observaciones clave, pero es tranquilizador que también encaje con muchas otras. Entonces ¿está hecho todo el trabajo? Bien, quizá no, porque las malas noticias son que jamás nadie ha detectado o bien un inflatón o cualquier trazo del campo que presuntamente lo soporta. Se trata de un conejo cuántico que todavía no ha salido del sombrero cosmológico, pero sería un conejo muy atractivo si pudiera ser persuadido para que asomara su indeciso hocico sobre el borde.

Sin embargo, en los últimos años, empezó a parecer mucho menos atractivo. A medida que los físicos y los cosmólogos se hacían preguntas más profundas sobre la inflación cósmica, aparecían más problemas. Uno de los más importantes es la inflación eterna, descubierta por Alexander Vilenkin. La explicación habitual de la estructura de nuestro universo supone que el campo inflatón se enciende una vez, muy pronto en la evolución del universo, y luego se queda apagado. Sin embargo, si hubiera la más mínima posibilidad de que el campo inflatón existiera, podría ponerse en funcionamiento en cualquier parte y en cualquier momento. Esta tendencia es conocida como «inflación eterna». Implica que nuestra región del universo es tan solo una burbuja inflada en un baño de burbujas de la espuma cósmica, y que un nuevo período de inflación podría empezar en el salón esta tarde, instantáneamente, agrandando el televisor y el gato[2] por un factor de 10^{78}.

Hay modos de solucionar este problema si se modifican algunos aspectos de la idea original de Guth, pero requerirían condiciones iniciales extraordinariamente especiales para nuestro universo. Lo especiales que pueden ser se deduce de otro hecho curioso: existen otras condiciones iniciales especiales que llevaron a un universo exactamente como el nuestro sin que hubiera inflamación cósmica. Ambos tipos de condiciones son raras, pero no del mismo modo. Roger Penrose[3] mostró que las condiciones iniciales que producen nuestro universo sin recurrir a la inflación son más que las que producen la inflación con un factor de un gúgolplex, $10^{10^{100}}$. De modo que una explicación del estado actual del universo que no recurra a la inflación cósmica es abrumadoramente más plausible que la que sí lo hace. Penrose utilizó una aproximación termodinámica y no estoy seguro de que sea apropiada en este contexto, pero Gary Gibbons y Neil Turok emplearon un método diferente: invirtieron el tiempo y desenmarañaron el universo para llevarlo de nuevo a su estado inicial. De nuevo, casi todos esos estados no implican inflación.

La mayoría de los cosmólogos siguen convencidos de que la teoría de la inflación es correcta en esencia porque sus predicciones concuerdan de manera notable con las observaciones. Sería prematuro descartarla debido a las dificultades que he mencionado. Sin embargo, esas dificultades sugieren de forma contundente que el concepto actual de inflación tiene importantes deficiencias. Quizá nos está indicando la dirección correcta, pero de ninguna manera es la respuesta final.

Hay otros dos problemas en el modelo estándar del origen del universo. Uno, mostrado en el capítulo 12, es que las regiones exteriores de las galaxias rotan demasiado rápido como para mantenerse unidas si se aplica la gravedad newtoniana (o, se cree de manera general, einsteiniana). La respuesta estándar a esto es la materia oscura, que se trata con detalle en el siguiente capítulo.

El otro es cómo cambia el ritmo de expansión del universo a lo largo del tiempo. Los cosmólogos habían esperado que o bien permaneciese constante, llevando a un universo «abierto» que nunca deje de crecer, o bien que se desacelerase a medida que la gravedad tira de las galaxias para juntarlas de nuevo y formar un universo «cerrado». Pero en 1998, las observaciones del equipo High-z Supernova Search Team del corrimiento al rojo en supernovas tipo reveló que la expansión se está acelerando. Su trabajo ganó el premio Nobel de Física en 2011 y el resultado actual (a diferencia de la inflación cósmica y la materia oscura) no es especialmente controvertido. Lo que es controvertido es su explicación.

Los cosmólogos atribuyen la expansión acelerada del universo a una presunta fuente de energía llamada «energía oscura». Una posibilidad es la constante cosmológica de Einstein, Λ. Un valor positivo para Λ crea el ritmo de aceleración observado al introducirse en las ecuaciones. Si esto es correcto, la mayor metedura de pata de Einstein no fue poner la constante cosmológica en sus ecuaciones de campo, sino quitarla después. Para que se adapte a las observaciones su valor debe ser extremadamente pequeño, alrededor de 10^{-29} gramos por centímetro cúbico cuando la energía es expresada como una masa a través de la famosa ecuación de Einstein, $E = mc^2$.

Una posible razón física de por qué Λ debería ser mayor que cero proviene de la mecánica cuántica: la energía de vacío. Recordemos que se trata de un efecto repulsivo natural creado por un par partícula/antipartícula que parpadean su existencia y luego se aniquilan entre sí tan rápidamente que las propias partículas no pueden detectarse. El único problema es que según la mecánica cuántica actual, la energía del vacío debería ser 10^{120} veces mayor que el valor de Λ que encaja con el ritmo de aceleración.

El matemático sudafricano George Ellis ha indicado que la presencia de energía oscura se deduce de las observaciones suponiendo que el universo está correctamente descrito en la métrica estándar Friedmann-Lemaître-Robertson-Walker, en la que Λ quizá (por un cambio de coordenadas) se interpreta como energía oscura. Vimos que esta métrica se deriva de dos requerimientos sencillos: el universo debería ser homogéneo e isotrópico. Ellis ha mostrado que la escasez de homogeneidad puede explicar las observaciones sin tener que suponer que exista la energía oscura.[4] El universo no es homogéneo en la escala de los vacíos y cúmulos, los cuales son mucho más grandes que las galaxias. Por otro lado, el modelo cosmológico estándar supone que, en escalas extremadamente grandes, estas inhomogeneidades se suavizan, al igual que la espuma parece lisa si no se ves lo suficientemente cerca como para apreciar las burbujas. Por lo tanto, los cosmólogos comparan las observaciones de alto-z (alto corrimiento al rojo) con las predicciones de su modelo liso/regular.

En este momento, aflora un tema matemático que pareció haberse abandonado hasta fechas recientes: ¿está una solución exacta del modelo regular cerca de una solución regular del modelo exacto? El primero se corresponde con la teoría dominante, el último a cómo lo comparamos con las observaciones. La suposición tácita es que estos dos procesos matemáticos producen más o menos los mismos resultados; una versión de las suposiciones de modelado, comunes en física matemática y matemáticas aplicadas, es que los términos pequeños de las ecuaciones pueden ignorarse sin que esto tenga demasiado efecto en las soluciones.

Esta suposición es a menuda correcta, pero no siempre, y las indicaciones son que aquí pueden producirse resultados incorrectos. Thomas Buchert[5] ha demostrado que cuando las ecuaciones de Einstein para la estructura grumosa a pequeña escala son medias para obtener una ecuación regular a gran escala, el resultado no es el mismo que el de las ecuaciones de Einstein para el modelo regular a gran escala. En lugar de esto, hay un término extra, una «reacción inversa» repulsiva que crea un efecto que imita la energía oscura.

Las observaciones de fuentes cosmológicas distantes también pueden malinterpretarse, porque las lentes gravitacionales pueden enfocar luz y hacerla parecer más brillante de lo que debe ser. El efecto de media de dicho foco, sobre todos los objetos distantes, es el mismo para minuciosos modelos grumosos a pequeña escala y sus promedios a gran escala, lo cual es alentador a primera vista. Sin embargo, esto no es cierto en objetos individuales, que son los que nosotros observamos. Aquí, el procedimiento matemático correcto es hacer un promedio sobre las sendas de luz, no sobre el espacio ordinario. Si no lo hacemos así, podemos cambiar la luminosidad aparente, aunque exactamente cómo depende de modo razonable de la distribución de la materia. Esto no lo sabemos con la precisión suficiente como para estar seguros de lo que sucede, pero parece que los indicios sobre la aceleración de la expansión del universo podrían ser poco fiables por dos razones distintas aunque relacionadas: las suposiciones de regularidad habituales pueden dar resultados incorrectos, tanto en la teoría como en las observaciones.

Otro modo de explicar las observaciones de alto-z, sin recurrir a la energía oscura, es juguetear con las ecuaciones de campo de Einstein. En 2009, Joel Smoller y Blake Temple utilizaron las matemáticas de las ondas sísmicas para demostrar que una versión ligeramente modificada de las ecuaciones de campo da una solución en la que la métrica se expande a un ritmo creciente.[6] Esto representaría la aceleración de galaxias observada sin recurrir a la energía oscura.

En 2011, en un número especial sobre relatividad general de una revista de la Royal Society, Robert Caldwell[7] escribió: «Hasta la fecha, parece totalmente razonable que las observaciones de [alta-z] podrían explicarse por nuevas leyes de gravitación». Ruth Durrer[8] describió los indicios de energía oscura como débiles: «Nuestra única indicación sobre la existencia de energía oscura proviene de mediciones de distancias y de su relación con el corrimiento al rojo». Desde su punto de vista, el resto de los indicios establecen solo que la distancia estimada a partir del corrimiento al rojo es mayor de lo esperado por el modelo cosmológico estándar. El efecto observado podría no ser una aceleración, e incluso si lo es, no hay ninguna razón convincente para suponer que su causa es la energía oscura.

Aunque la cosmología convencional continúa centrándose en el modelo estándar —el Big Bang descrito como la métrica ΛCDM, más la inflación cósmica, materia oscura y energía oscura—, han aumentado los rumores de descontento desde hace algún tiempo. En una conferencia sobre alternativas en 2005, Eric Lerner dijo: «Las predicciones del Big Bang están repetidamente equivocadas y están siendo arregladas después del suceso». Riccardo Scarpa se hizo eco de este punto de vista: «Cada vez que el modelo básico del Big Bang ha fracasado al predecir lo que vemos, la solución ha sido añadir algo nuevo».[9] Ambos son firmantes de una carta abierta un año antes, en la que se advierte que la investigación en teorías cosmológicas alternativas no estaba siendo financiada, lo que suprime el debate científico.

Dichas quejas podrían ser producto simplemente de la frustración, pero estaban basadas en algún indicio desconcertante, no solo en objeciones filosóficas a los tres añadidos. El telescopio espacial Spitzer ha divisado galaxias con un corrimiento al rojo alto que se remontan a menos de 1.000 millones de años después del Big Bang. Como tales, deberían estar dominadas por jóvenes estrellas azules supercalientes. Pero en lugar de esto contienen demasiadas estrellas rojas viejas y frías. Esto sugiere que esas galaxias son más viejas que lo que predice el Big Bang, y por lo tanto también lo es el universo. Abunda en esto el que algunas estrellas en la actualidad aparenten ser más viejas que el universo. Son las gigantes rojas, tan grandes que el tiempo que se necesita para quemar el hidrógeno suficiente para alcanzar ese estado debería ser mucho mayor que 13.800 millones de años. Además, hay supercúmulos de galaxias enormes con un corrimiento al rojo muy significativo, y estos no habrían tenido tiempo para organizarse a sí mismos en estructuras así de grandes. Estas interpretaciones se están debatiendo, pero hay una tercera que es especialmente difícil de justificar.

Si el universo es mucho más viejo de lo que pensamos actualmente, ¿cómo podemos explicar las observaciones que llevan a la teoría del Big Bang? Las principales son los corrimientos al rojo y la CMB, junto con muchos otros pequeños detalles. Quizá la CMB no sea una reliquia del origen del universo, solo luz de estrellas que ha rebotado por todo el universo durante eones, siendo absorbida e irradiada de nuevo. La relatividad general se concentra en la gravedad, donde este proceso también incluye campos electromagnéticos. Como la mayoría de la materia en el universo es plasma, cuya dinámica está dirigida por el electromagnetismo, parece extraño ignorar estos efectos. Sin embargo, el ambiplasma perdió apoyos en 1992 cuando la información de COBE mostró que la CMB tenía un espectro de cuerpo negro.[10]

¿Qué pasa con el corrimiento al rojo? Verdaderamente existe y es bastante ubicuo, y varía con la distancia. En 1929, Fritz Zwicky sugirió que la luz pierde energía a medida que viaja, por lo que cuanto mayor sea la distancia que atraviesa, mayor es el corrimiento al rojo. Esta teoría de la «luz cansada» se dice que es incompatible con la dilatación del tiempo que tiene sentido con un origen cosmológico (en expansión) del corrimiento al rojo, pero teorías parecidas con mecanismos diferentes evitan este problema en concreto.

La gravedad reduce la energía de los fotones, la cual desplaza los espectros hacia el final rojo. El corrimiento al rojo gravitacional provocado por estrellas ordinarias es muy pequeño, pero los agujeros negros, tales como los del centro de las galaxias, tienen un efecto mayor. De hecho, fluctuaciones a gran escala en la CMB (como las medidas por WMAP) están principalmente provocadas por el corrimiento al rojo gravitacional. Sin embargo, el efecto es todavía demasiado pequeño. No obstante, Halton Arp ha argumentado durante años que el corrimiento al rojo podría resultar del efecto de una gravedad fuerte sobre la luz, una teoría que ha sido descartada convencionalmente sin ninguna refutación satisfactoria. Esta alternativa incluso predice la temperatura correcta para la CMB. Y evita suponer que el espacio se expande pero las galaxias no, incluso aunque sean principalmente espacio vacío.[11]

Las alternativas al Big Bang continúan aflorando. Una de las últimas, propuesta en 2014 por Saurya Das y desarrollada junto con Ahmed Ali,[12] está basada en la reformulación de la mecánica cuántica de David Bohm, que elimina el elemento del azar. La interpretación cuántica de Bohm es poco ortodoxa pero justamente respetable; quienes se niegan a hacerlo es más porque equivale en la mayoría de los aspectos al enfoque estándar, difiriendo solo en su interpretación, que porque se pueda demostrar que es errónea. Ali y Das discutieron el argumento habitual a favor del Big Bang, que hace retroceder la expansión del universo para producir una singularidad inicial. Señalaron que la relatividad general se colapsa antes de que se alcance la singularidad, pero los cosmólogos continúan aplicándola como si siguiera siendo válida. En lugar de esto, Ali y Das emplean la mecánica cuántica de Bohm, en la que la trayectoria de una partícula tiene sentido y puede calcularse. Esto lleva a un pequeño término de corrección en las ecuaciones de campo de Einstein que elimina la singularidad. De hecho, el universo podría haber existido siempre sin que esto entrara en conflicto con las observaciones actuales.

Los competidores del Big Bang tienen que pasar algunas pruebas estrictas. Si el universo hubiera existido siempre, la mayoría de su deuterio debería haber desaparecido a través de la fusión nuclear, pero no lo ha hecho. Por otro lado, si la vida es finita pero no hubo Big Bang, no habría suficiente helio. Estas objeciones se basan en suposiciones específicas sobre el pasado lejano del universo y, sin embargo, ignoran la posibilidad de que algo tan radical como el Big Bang, pero diferente, pudiera haber ocurrido. Todavía no ha aparecido ninguna argumentación realmente consistente que ofrezca una explicación alternativa específica, pero el Big Bang tampoco parece muy sólido. Sospecho que en cincuenta años los cosmólogos estarán proponiendo teorías totalmente diferentes sobre el origen del universo.

El punto de vista público dominante en la cosmología, según el cual el origen del universo ha sido solucionado de una vez por todas por el Big Bang, no refleja las profundas divisiones que ha habido entre los expertos e ignora la variedad de alternativas, interesantes aunque confusas, que se contemplan y discuten. También se tiende a exagerar las implicaciones de la última idea o descubrimiento, ortodoxo o no, antes de que nadie más haya tenido tiempo de pensar en ello de manera crítica. He perdido la cuenta del número de veces que algún grupo de cosmólogos ha anunciado una prueba definitiva de que la inflación cósmica existe y cuyos argumentos fueron contradichos unas semanas o unos meses después por una interpretación diferente de la información o la revelación de un error. Lo mismo puede decirse todavía con más rotundidad de la materia oscura. La idea de la energía oscura parece más sólida, pero también es debatible.

Un ejemplo actual de confirmación que se convierte rápidamente en retractación fue el anuncio en marzo de 2014 de que el experimento $BICEP_2$ había observado patrones en la luz de fuentes distantes, reliquias del Big Bang, que probaban sin sombra alguna de duda que la teoría de inflación del universo es correcta. Y, como bonus, también confirmaron la existencia de ondas gravitacionales, predichas por la relatividad pero nunca antes observadas. BICEP son las iniciales de «Background Imaging of Cosmic Extragalactic Polarization» (imágenes de fondo de polarización extragaláctica cósmica) y $BICEP_2$ es un telescopio especial que mide la CMB. En el momento, el anuncio fue recibido con gran interés, cualquiera de esos descubrimientos hubiese sido un seguro ganador del Premio Nobel. Pero casi inmediatamente otros grupos empezaron a preguntarse si el verdadero motivo de los patrones era el polvo interestelar. No se trataba simplemente de criticar, sino que habían estado pensando en este tema durante cierto tiempo.

En enero de 2015, se hizo evidente que al menos la mitad de la señal que $BICEP_2$ había detectado estaba provocada por polvo, no por inflación. Todas las afirmaciones del equipo se retiraron entonces, porque una vez excluida la contribución conocida que provenía del polvo, lo que quedaba de la señal ya no era significativo estadísticamente. Turok, uno de los primeros críticos de los resultados de $BICEP_2$, también señaló que lejos de confirmar la inflación, los datos correctos refutaban varios de los modelos de inflación más sencillos.

Esta historia es embarazosa para el equipo $BICEP_2$, que ha sido criticado por sus prematuras afirmaciones. Jan Conrad señaló en *Nature*[13] que la comunidad científica debe «asegurarse de que los seductores informes de descubrimientos falsos no acaben con las explicaciones serias de avances científicos genuinos». Por otro lado, estos sucesos muestran ciencia real en acción, con todos sus defectos. Si no se permite a nadie hacer las cosas mal, no se hará nunca ningún progreso. También ilustra la disposición de los científicos a cambiar de opinión cuando aparecen nuevos indicios o se demuestra que los viejos se malinterpretaron. La información de $BICEP_2$ es ciencia buena, solo la interpretación fue errónea. En el mundo actual de las comunicaciones instantáneas es imposible ocultar lo que parece un gran descubrimiento hasta que haya sido verificado por completo.

No obstante, de manera rutinaria los cosmólogos hacen declaraciones impresionantes basadas en apenas unos cuantos indicios genuinos y muestran una confianza suprema en ideas de fundamentos poco firmes. La soberbia engendra venganza y la venganza nos sobrevuela en la actualidad. El espíritu del castigo divino podría apoderarse del centro del escenario.

18

El lado oscuro

No había nada en la oscuridad que no hubiera estado allí con las luces encendidas.

ROD SERLING, *Dimensión desconocida*, episodio 81: «Nada en la oscuridad»

El capítulo 12 acabó con la palabra «ups». Era un comentario sobre el descubrimiento de que la velocidad de rotación de las galaxias no tiene sentido. Cerca del centro, una galaxia rota bastante lentamente, pero la velocidad a la que rotan las estrellas se incrementa cuanto más lejos están y luego se estabiliza. Sin embargo, tanto la gravedad newtoniana como la einsteiniana requieren que el ritmo de giro disminuya en los extremos exteriores de la galaxia.

Los cosmólogos solucionaron este rompecabezas posicionando la mayoría de las galaxias en medio de una vasta aureola esférica de materia invisible. Por un lado esperaban que fuese solo materia ordinaria que no emitía la suficiente luz como para que nosotros la viéramos desde distancias intergalácticas y la llamaron «materia oscura fría». Quizá era solo un montón de gas, o polvo, que brillaba demasiado tenuemente como para notarlo. Pero, a medida que aparecían más indicios, esta salida fácil dejó de ser válida. La materia oscura, como la concebimos actualmente, es diferente a cualquier cosa con la que nos hayamos encontrado, incluso en aceleradores de partículas de altas energías. Es misteriosa y debe haber una cantidad ingente de ella.

Recordemos que, en relatividad, la masa es equivalente a la energía. El modelo de cosmología estándar, junto con la información del satélite artificial Planck de la Agencia Espacial Europea, sugieren que la masa/energía total del universo conocido se compone de un simple 4,9 % de materia normal y un 26,8 % de materia oscura. Eso significa que un mucho mayor 68,3 % se atribuya a la energía oscura. Parece haber cinco veces más materia oscura que materia normal, y en las regiones del universo de escala galáctica, la masa de la materia oscura más la masa efectiva de la energía oscura es veinte veces la masa de la materia normal.

El argumento a favor de la materia oscura en cantidades enormes es sencillo y directo. Su existencia se infiere comparando las predicciones de la ecuación de Kepler con las observaciones. Esta fórmula ocupa la parte central del capítulo 12. Afirma que la masa total de una galaxia, para un radio dado, es igual a ese radio multiplicado por el cuadrado de la velocidad rotacional de las estrellas a esa distancia y dividido entre la constante gravitacional. Las imágenes en la página 215 muestran que las observaciones están en grave desacuerdo con esta predicción. Cerca del núcleo galáctico la velocidad de rotación observada es demasiado pequeña, más allá, es demasiado grande. De hecho, las curvas de rotación siguen siendo aproximadamente constantes a distancias mucho mayores que la materia observable, la cual es básicamente lo que podemos ver a través de la luz que emite.

Si utilizamos las velocidades observadas para calcular la masa, nos encontramos con que una gran cantidad de masa debe de estar más allá del radio visible. Para rescatar la ecuación de Kepler, cuya deducción parece infalible, los astrónomos se vieron forzados a postular la existencia de grandes cantidades de materia oscura. Desde entonces se han quedado atrapados en esa historia.

El comportamiento anómalo de las curvas de rotación galácticas fue la primera evidencia, y es todavía la más convincente, de que en el universo debe de haber cantidades muy grandes de materia invisible. Otras observaciones y otras anomalías gravitacionales dan peso a la idea e indican que la materia oscura no es solo una materia ordinaria que no emite luz. Tiene que ser un tipo de materia por completo diferente, que principalmente interactúa con todo lo demás a través de la fuerza de la gravedad. Por lo tanto, debe de estar hecha de partículas subatómicas completamente diferentes a todo lo que hayamos podido observar jamás en los aceleradores de partículas.

La materia oscura es un tipo de materia desconocida para la física.

Es razonable pensar que mucha de la materia en el universo pudiera no ser observable, pero la historia de la materia oscura actualmente carece de final. El verdadero factor decisivo sería crear nuevas partículas con las propiedades requeridas en un acelerador como el Gran Colisionador de Hadrones. Este impresionante aparato recientemente hizo una observación épica del bosón de Higgs, una partícula que explica por qué muchas (pero no todas) las partículas tienen masa. Pero hasta la fecha, no se ha detectado ninguna partícula de materia oscura en los experimentos del acelerador. Ni tampoco se ha descubierto nada en los rayos cósmicos, partículas de alta energía del espacio exterior que golpean la Tierra en cantidades enormes.

El universo está lleno de esa cosa, es mucho más común que la materia ordinaria, pero miremos donde miremos, solo vemos materia ordinaria.

Los físicos señalan los precedentes. Las partículas hipotéticas extrañas cuentan con un largo historial. El caso clásico es el neutrino, cuya existencia fue inferida aplicando la ley de conservación de la energía a las interacciones de ciertas partículas. Tenía que ser muy extraño en comparación con las entonces partículas conocidas: sin carga eléctrica, apenas masa, capaz de pasar sin trabas a través del cuerpo entero de la Tierra. Sonaba ridículo, pero los experimentos han detectado neutrinos. Algunos científicos están dando ahora los primeros pasos hacia la astronomía del neutrino, utilizando estas partículas para investigar los reinos distantes del universo.

Por otro lado, un montón de partículas hipotéticas han resultado ser producto de las imaginaciones estresadas de los teóricos.

Durante un tiempo se pensaba que quizá estábamos fracasando al divisar un montón de «materia oscura fría» perfectamente ordinaria, objetos astrofísicos masivos de halo compacto (MACHO, por sus siglas en inglés, *massive compact halo objects*). Este término cubre cualquier tipo de cuerpo de material normal que emite muy poca radiación y podría existir en un halo galáctico, como enanas marrones, enanas blancas y rojas tenues, estrellas de neutrones, agujeros negros... incluso planetas. Cuando el enigma de las curvas de rotación se hizo patente, este tipo de materia fue la candidata obvia para explicarlo. Sin embargo, los MACHO parecen insuficientes para representar la vasta cantidad de materia no observada que los cosmólogos creen que debe de estar presente.

Se requiere un tipo totalmente nuevo de partículas. Tiene que ser algo sobre lo que los teóricos ya hayan pensado, o puedan empezar a pensar, y por definición tiene que ser algo cuya existencia no conocemos. Así que nos hemos lanzado de cabeza al reino de la especulación.

Una posibilidad es un rango de partículas hipotéticas conocidas como «partículas masivas que interactúan débilmente» (WIMP, por sus siglas en inglés, *weakly interacting massive particles*). La propuesta que es estas partículas emerjan del plasma denso supercaliente del universo inicial e interactúen con la materia ordinaria solo vía fuerza nuclear débil. Una partícula así es adecuada si tiene una energía de alrededor de 100 GeV. La teoría de la supersimetría, una de las principales candidatas para la unificación de la relatividad y la mecánica cuántica, predice una partícula nueva con esas propiedades exactas. Esta coincidencia es conocida como «el milagro WIMP». Cuando el GCH empezó sus observaciones, los teóricos esperaban ver un montón de patrones supersimétricos de las partículas conocidas.

Nada de nada.

El GCH ha explorado un rango de energías que incluye 100 GeV y no ha visto absolutamente nada inexplicable por el modelo estándar.

Otros experimentos a la caza de WIMP tampoco han llegado a nada. Ni siquiera una traza ha sido detectada en las emisiones de las galaxias cercanas y las WIMP están ausentes de manera notable de los experimentos de laboratorio dirigidos a divisar restos de sus colisiones con núcleos. El detector italiano DAMA/LIBRA continúa viendo qué aspecto tienen las señales de WIMP, que deberían generar una ráfaga de luz cuando golpean un cristal de yoduro de sodio. Estas señales son tan regulares como un reloj, ocurren cada junio, lo que sugierre que la Tierra pasa a través de un montón de WIMP en alguna posición específica en su órbita. El problema es que otros experimentos deberían detectar también estas WIMP, y no lo hacen. DAMA está viendo algo, pero probablemente no es WIMP.

Quizá la materia oscura sea un tipo de partículas mucho más pesado, ¿una WIMPZILLA? Quizá. El radiotelescopio $BICEP_2$ proporciona una evidencia convincente de que el universo inicial tenía la suficiente energía como para crear el escurridizo inflatón y esto se podría haber descompuesto en WIMPZILLA. Todo esto está muy bien, pero esas bestias son tan energéticas que no podemos hacerlas y obligarlas a pasar a través de la materia ordinaria como si no estuvieran allí, por lo que no podríamos observarlas. Pero quizá podemos divisar qué producen cuando golpean otras cosas: el experimento IceCube en el polo norte está en ello. De los 137 neutrinos de alta energía que se habían detectado a mediados de 2015, tres podrían haber sido generados por WIMPZILLA.

Entonces, de nuevo, la materia oscura podrían ser axiones. Esto fue propuesto por Roberto Peccei y Helen Quinn en 1977 como un modo de solucionar el molesto problema CP. Algunas interacciones de partículas violan una simetría básica de la naturaleza en la cual la conjugación de carga (C, convertir una partícula en su antipartícula) y paridad (P, espejo que invierte el espacio) se combinan. Esta simetría resulta que no se conserva en algunas interacciones de partículas vía la fuerza débil. Sin embargo, la cromodinámica cuántica, que incluye la fuerza fuerte, tiene simetría CP. La cuestión es: ¿por qué? Peccei y Quinn resolvieron esta dificultad introduciendo una simetría extra, rota por una nueva partícula conocida como «axión». De nuevo, los experimentalistas la han buscado, pero no se ha encontrado nada convincente.

Si no es nada de lo anterior, entonces ¿qué es?

Los neutrinos son un ejemplo maravilloso de partículas extrañas que parecían casi imposibles de detectar. El Sol produce un gran número de ellos, pero los primeros detectores hallaron solo un tercio del número esperado de neutrinos solares. Sin embargo, hay neutrinos de tres tipos, y ahora se sabe que se transmutan de un tipo a otro a medida que viajan. Los primeros detectores podían ver solo un tipo. Cuando se mejoraron para detectar otros, el número se triplicó. Ahora, quizá podría haber un cuarto tipo llamado «neutrino estéril». Los neutrinos de modelo estándar son zurdos; los estériles, si existen, son diestros. (En la jerga es quiralidad, que distingue las partículas de sus imágenes reflejo.) Si los neutrinos estériles sí existen, llevarían a los neutrinos a estar en línea con todas las otras partículas, y esto también explicaría la masa de los neutrinos, lo cual estaría bien. Posiblemente podrían ser radiación oscura, la cual mediaría las interacciones entre las partículas oscuras, si es que existen. Se han llevado a cabo varios experimentos para detectarlos. MiniBooNE de Fermilab no encontró nada en 2007; el satélite Planck no encontró nada en 2013. Pero en un experimento francés sobre neutrinos emitidos desde un reactor nuclear, el 3 % de los antineutrinos desertaron. Podrían haber sido neutrinos estériles.

El catálogo de los acrónimos de experimentos para detectar materia oscura, o intentar localizarla, parece una lista de organismos paraestatales designados por el gobierno: ArDM, CDMS, CRESST, DEAP, DMTPC,

DRIFT, EDELWEISS, EURECA, LUX, MIMAC, PICASSO, SIMPLE, SNOLAB, WARP, XENON, ZEPLIN... Aunque estos experimentos han proporcionado información valiosa y tuvieron mucho éxito, no han encontrado materia oscura.

El telescopio espacial de rayos gamma Fermi sí localizó una señal potencial de materia oscura en el corazón de la galaxia en 2010. Algo emitía una gran cantidad de rayos gamma. Esta observación fue vista como una firme evidencia la existencia de materia oscura; algunas formas de esta pueden descomponerse en partículas que producen rayos gamma mientras colisionan. De hecho, algunos físicos lo consideraron como la prueba irrefutable que confirma la existencia de la materia oscura. Sin embargo, ahora parece que la causa es materia ordinaria: miles de púlsares que habían pasado desapercibidos, lo cual no es difícil dada la inmensa cantidad de objetos en el ocupado núcleo galáctico y las dificultades para observar la región. Además, si el exceso de rayos gamma realmente fuera provocado por materia oscura, otras galaxias deberían emitir cantidades similares de rayos gamma. Según Kevork Abazajian y Ryan Keeley no lo hacen.[1] La prueba irrefutable ha resultado ser un fiasco.

En 2015, Gregory Ruchti, Justin Read y otros investigadores buscaron diferentes indicios de materia oscura en el disco de nuestra galaxia.[2] A lo largo de eones, la Vía Láctea se ha comido docenas de galaxias satélites más pequeñas y, por tanto, debería haberse comido halos de materia oscura también. Con respecto a un disco protoplanetario, esta materia oscura debería estar concentrada en un disco que aproximadamente coincide con la materia ordinaria de nuestra galaxia. Esto puede detectarse, en teoría, porque afecta a la química de las estrellas. Los intrusos deberían estar un poco más calientes que los nativos. Sin embargo, un estudio de 4.675 estrellas candidatas en el disco no reveló nada de ese tipo, aunque había algunas de dichas estrellas más allá. Parece, por lo tanto, que nuestra galaxia carece de disco de materia oscura. Eso no le impide tener el halo esférico convencional, pero se añade a la preocupación de que la materia oscura quizá no exista.

A veces el problema de la materia oscura es que hay demasiada. Recordemos que los cúmulos globulares son esferas relativamente pequeñas de estrellas que orbitan nuestra galaxia y muchas otras. La materia oscura solo interactúa a través de la gravedad, de modo que no puede emitir radiación electromagnética. Por tanto no puede librarse del calor, un prerrequisito para la contracción bajo la gravedad, de modo que no puede formar grupos tan pequeños como los cúmulos globulares. Por consiguiente, los cúmulos globulares no pueden contener mucha materia oscura. Sin embargo, Scarpa cree que las estrellas de Omega Centauri, el más grande de los cúmulos globulares de nuestra galaxia, se mueven demasiado rápido para explicarse por materia visible. Como la materia oscura no debería darse, alguna otra cosa, quizá una ley de gravedad diferente, causa esta anomalía.

A pesar del gasto de grandes cantidades de ingenuidad, tiempo, energía y dinero en la actualmente inútil búsqueda de partículas de materia oscura, la mayoría de los astrónomos, en especial los cosmólogos, consideran la existencia de la materia oscura como un hecho. Pero en realidad, la materia oscura no funciona tan bien como se suele afirmar.[3] El halo esférico de materia oscura, la suposición habitual, no da una curva de rotación galáctica demasiado convincente. Otras distribuciones de la materia oscura funcionan mejor, pero entonces habría que explicar por qué la materia que interactúa solo vía gravedad debería estar distribuida de esa manera. Este tipo de dificultad tiende a ocultarse bajo la alfombra y el cuestionar la existencia de materia oscura se considera una forma de herejía.

Cierto es que inferir la existencia de materia no vista observando anomalías en las órbitas de estrellas o planetas es un método con una larga y en su mayoría distinguida historia. Así se hizo acertadamente la predicción de Neptuno. Hubo suerte con Plutón, para el que los cálculos se basaban en suposiciones que no resultaron válidas, pero no obstante se encontró un objeto cerca de la localización pronosticada. Y también se han revelado así varias lunas pequeñas de planetas gigantes. Y se confirmó la relatividad cuando se aplicó a una anomalía en la precesión del perihelio de Mercurio. Además, muchos exoplanetas han sido descubiertos infiriéndolos por el modo en que hacen que se tambalee su estrella padre.

Por otro lado, en al menos una ocasión, este método tuvo un resultado mucho menos distinguido: Vulcano. Como vimos en el capítulo 4, la predicción de este mundo no existente, que supuestamente orbitaba más cerca del Sol que Venus, fue un intento de explicar la precesión del perihelio de Mercurio atribuyendo la anomalía a la perturbación de un planeta no observado.

Con estos precedentes, la gran pregunta es si la materia oscura es un Neptuno o un Vulcano. La aplastante ortodoxia astronómica se inclina por Neptuno. Pero si así fuese, sería un Neptuno que actualmente carece de una característica clave: el propio Neptuno. En contra del punto de vista ortodoxo, debemos establecer la convicción creciente, especialmente entre algunos físicos y matemáticos, de que es un Vulcano.

Como la materia oscura parece notablemente tímida siempre que alguien la busca, quizá deberíamos contemplar la posibilidad de que no la haya. Los efectos gravitacionales que llevaron a los cosmólogos a postular su existencia parecen innegables, por lo que posiblemente debemos mirar a otro lado para dar con una explicación. Quizá, por ejemplo, imitar a Einstein y buscar una nueva ley de la gravedad. A él le funcionó.

En 1983, Mordehai Milgrom introdujo la dinámica newtoniana simplificada (MOND, según sus siglas en inglés, *modified newtonian dynamics*). En la mecánica newtoniana, la aceleración de un cuerpo es exactamente proporcional a la fuerza aplicada. Milgrom sugiere que esta relación podría fracasar cuando la aceleración es muy pequeña.[4] En el contexto de las curvas de rotación, esta suposición puede también reinterpretarse como un ligero cambio de la ley de gravedad de Newton. Sus implicaciones han sido calculadas con cierto detalle y se han puesto varias objeciones: la MOND fue criticada con frecuencia por no ser relativista, pero en 2004, Jacob Bekenstein formuló una generalización relativista, TeVeS (*tensor-vector-scalar gravity*, es decir, gravedad tensor-vector-escalar)[5]. Siempre es imprudente criticar una nueva propuesta por la supuesta carencia de alguna característica, cuando no te has molestado en buscarla.

Las curvas de rotación galáctica no son la única anomalía gravitacional encontrada por los astrónomos. En concreto, algunos cúmulos galácticos parecen estar conectados más fuertemente de lo que el campo gravitatorio de la materia visible puede explicar. El ejemplo más fuerte de dichas anomalías (según los defensores de la materia oscura) se da en el Cúmulo Bala, donde dos cúmulos de galaxias están colisionando. El centro de masa de los dos cúmulos está desplazado de lo inferido a partir de las regiones más densas de materia normal, y se dice que la discrepancia no es compatible con cualquier propuesta actual de modificación de la gravedad newtoniana.[6] Sin embargo, este no es el final de la historia, porque en 2010, un nuevo estudio sugería que las observaciones también eran inconsistentes con la materia oscura, tal y como estaban formuladas en el modelo cosmológico ΛCDM estándar. Mientras tanto, Milgrom sostiene que la MOND puede explicar las observaciones del Cúmulo Bala.[7] Durante mucho tiempo se ha aceptado que esta no explica por completo la dinámica de los cúmulos de galaxias, pero resuelve alrededor de la mitad de la discrepancia que, de otro modo, se presenta como materia oscura. Milgrom cree que la otra mitad es simplemente materia ordinaria no observada.

Eso es más probable de lo que los entusiastas de la materia oscura suelen admitir. En 2011, Isabelle Grenier comenzó a preocuparse pues las operaciones cosmológicas no funcionaban. Olvidemos la materia oscura y la energía oscura: alrededor de la mitad de la materia ordinaria (en la jerga: bariónica) en el universo está desaparecida. Ahora su grupo de trabajo ha encontrado bastante, en forma de regiones de hidrógeno, de manera que están tan frías que no emiten radiación que podamos detectar desde la Tierra.[8] La evidencia proviene de rayos gamma, emitidos por moléculas de monóxido de carbono, asociados con nubes de polvo cósmico en los vacíos entre las estrellas. Donde hay monóxido de carbono, normalmente también hay hidrógeno, pero está tan frío que solo puede detectarse el monóxido de carbono. Los cálculos sugieren que una cantidad enorme de hidrógeno está siendo pasada por alto.

No solo eso: el descubrimiento muestra que nuestra visión actual subestima de manera extraordinaria la cantidad de materia normal. Eso sí, no tanto como para reemplazar la materia oscura con materia ordinaria, pero sí lo suficiente como para que sea necesario rehacer todos los cálculos de materia oscura, como por ejemplo, los del Cúmulo Bala.

En su conjunto, la MOND puede explicar la mayoría de las observaciones anómalas relacionadas con la gravedad, la mayoría de las cuales, en cualquier caso, están sujetas a varias interpretaciones controvertidas. A pesar de eso, no se ha ganado el favor de los cosmólogos, quienes argumentan que esta formulación es bastante arbitraria. Personalmente, no entiendo por qué es más arbitraria que sugerir grandes cantidades de un tipo de materia radicalmente nuevo, pero supongo que el asunto es que de ese modo puedes mantener tus preciadas ecuaciones. Si cambias las ecuaciones, necesitas indicios que apoyen tu elección de otras nuevas, y «encajar con las observaciones» no logra asegurar la necesidad de hacer precisamente esa modificación. De nuevo, no estoy convencido de este argumento, porque ocurre lo mismo con los nuevos tipos de materia, en especial cuando nadie los ha detectado jamás, excepto por inferencia de sus supuestos efectos sobre la materia visible.

Se da la tendencia a suponer que solo hay dos posibilidades: la MOND o la materia oscura. Sin embargo, nuestra teoría de la gravedad no es un libro sagrado y el número de maneras de modificarlo es enorme. Si no exploramos esa posibilidad, podríamos estar apostando por el caballo equivocado. Y es un poco injusto comparar los resultados provisionales de unos cuantos pioneros de dichas teorías con el vasto esfuerzo realizado por la cosmología y la física convencional sobre de la materia oscura. Cohen y yo llamamos a esto «el problema del Rolls-Royce»: ningún nuevo diseño de coche se llevará jamás a cabo si insistes en que el primer prototipo debe ser mejor que un Rolls-Royce.

Hay otros dos modos de evitar recurrir a la materia oscura. José Ripalda ha investigado la simetría de inversión temporal en la relatividad general y su efecto en las energías negativas.[9] Lo último normalmente se cree que se descarta porque provocaría que el vacío cuántico se descompusiera a través de la creación de pares de partículas/antipartículas. Él señala que dichos cálculos suponen que el proceso solo se da cuando el tiempo va hacia delante. Si también se tiene en cuenta el proceso del tiempo invertido, en el cual pares de partículas se aniquilan mutuamente, el efecto neto sobre el vacío es cero. Si la energía es positiva o negativa no es algo absoluto, depende de si el observador viaja hacia el futuro o hacia el pasado. Esto introduce una noción de dos tipos de materia: la que apunta al futuro y la que apunta al pasado. Su interacción requiere dos métricas distintas en vez de la habitual, que solo difieren en su signo, de modo que este enfoque puede contemplarse como una modificación de la relatividad general.

Según esta propuesta, un universo estático inicialmente homogéneo experimentaría una expansión que se aceleraría a medida que la gravedad amplificara las fluctuaciones cuánticas. Esto elimina la necesidad de la energía oscura. En lo que se refiere a la materia oscura, Ripalda afirma: «Uno de los aspectos más misteriosos de la "materia oscura" es que su distribución aparente es diferente de la distribución de la materia. ¿Cómo puede ser esto si la "materia oscura" interactúa gravitacionalmente y sigue las mismas geodésicas que la materia y la energía?». En lugar de esto, Ripalda utiliza una analogía con la electrostática para sugerir que el halo presuntamente esférico de materia oscura que rodea una galaxia es en realidad un vacío esférico en lo que, de otro modo, sería una distribución generalizada de materia que apunta al pasado. Podría incluso ser posible librarse de los tres extras y tal vez del propio Big Bang. La teoría desarrollada por Ali y Das, que elimina la singularidad inicial del Big Bang e incluso permite un universo infinitamente viejo, es un modo de lograr esto. Otro, según Robert MacKay y Colin Rourke, es reemplazar el modelo habitual de un universo regular a gran escala por uno grumoso a pequeña escala.[10] Este modelo es consistente con la geometría actual del universo, de hecho, más que la variedad pseudo-riemanniana estándar, y no se necesita un Big Bang. La distribución de la materia del universo podría ser estática, mientras que estructuras individuales como las galaxias irían y vendrían en un ciclo que duraría alrededor de 10^{16} años. El corrimiento al rojo podría ser geométrico, provocado por la gravedad, en lugar de cosmológico, provocado por la expansión del espacio.

Incluso, aunque esta teoría esté equivocada, demuestra que cambiar algunas suposiciones sobre la geometría del espacio-tiempo hace posible preservar la forma estándar de las ecuaciones de campo de Einstein, desechando las tres *dei ex machina* de la inflación, la energía oscura y la materia oscura, y obtener un comportamiento razonablemente consistente con las observaciones. Con el problema del Rolls-Royce en mente, lo hace un rival justo para considerar modelos más imaginativos, en lugar de tener que estar comprometidos con una física radical, por otro lado no corroborada.

Me he estado guardando en la manga una posible manera de mantener las leyes habituales de la naturaleza al tiempo que se descarta la materia oscura de una vez. No porque haya una alternativa exótica, sino porque el cálculo que parece probar que la materia oscura existe podría estar equivocado.

Digo «podría estar» porque no quiero hacer una propaganda excesiva de esta idea. Pero los matemáticos están empezando a cuestionar las suposiciones de la ecuación de Kepler y sus resultados, no obstante, incompletos, mostrando que hay una cuestión que responder. En 2015, Donald

Saari[11] analizó los argumentos matemáticos utilizados por los cosmólogos para justificar la presencia de materia oscura y encontró indicios de que las leyes de Newton podrían haber sido aplicadas incorrectamente en su teoría de la estructura galáctica y las curvas de rotación.

Si así fuera, la materia oscura es probablemente un Vulcano.

La preocupación de Saari se centra exclusivamente en la estructura lógica del modelo matemático estándar que utilizan los astrónomos para obtener la ecuación de Kepler. Sus cálculos ponen en duda si el modelo es apropiado. Se trata de una propuesta radical, pero Saari es un experto en las matemáticas del problema de *n*-cuerpos y la gravitación en general, de modo que merece la pena hacer un recorrido por su razonamiento. Te ahorraré, lector, las cuentas detalladas; si deseas comprobarlas, consulta su artículo.

Todo recae sobre la ecuación de Kepler. Esta se obtiene directa y correctamente de una suposición clave del modelo. Un modelo realista de una galaxia incluiría centenares de miles de millones de estrellas. Sus planetas y otros cuerpos pequeños probablemente pueden ignorarse, pero un modelo literal es un problema *n*-cuerpos en el cual *n* es 100.000 millones o más. Quizá reduciendo esa cifra no cambiaría demasiado el resultado, pero como vimos en el capítulo 9, incluso cuando $n = 3$ (de hecho, igual a 2 ½) el problema de los *n*-cuerpos es irresoluble.

Por tanto, los astrónomos hacen una suposición de modelado, que junto con un teorema matemático elegante simplifica la galaxia a un único cuerpo. Luego analizan el movimiento de una estrella alrededor de este cuerpo para deducir la curva de rotación teórica a partir de la ecuación de Kepler. La suposición es que, cuando examinamos en la escala de las galaxias, estas se parecen a un fluido continuo, una sopa de estrellas, más que a un sistema discreto de *n*-cuerpos. En este escenario «continuo», se aplica un teorema adorable probado por Newton. (Lo utilizaba para justificar el hecho de tratar planetas esféricos como masas puntuales.) En concreto, sujeto a algunas suposiciones de simetría razonables, la fuerza total ejercida dentro y sobre cualquier caparazón esférico particular es cero, mientras que la fuerza ejercida externamente sería la misma que si toda la materia dentro del caparazón se condensase en un punto central.

Consideremos una estrella en una galaxia, llamémosla «estrella de prueba», e imaginemos un caparazón esférico, con el mismo centro que la galaxia, que pasa a través de ella. La masa dentro del caparazón es lo que previamente llamamos «la masa dentro de ese radio». Independientemente de lo que hagan las estrellas de dentro de este caparazón, podemos aplicar el teorema de Newton para concentrar sus masas totales en el centro de la galaxia, sin que esto afecte a la fuerza total experimentada por la estrella de prueba. Las estrellas fuera del caparazón no ejercen ninguna fuerza, porque la estrella de prueba recae sobre ese caparazón. De modo que el movimiento de la estrella de prueba alrededor de la galaxia se reduce a un problema de dos cuerpos: una estrella alrededor de una masa puntual muy pesada. La ecuación de Kepler se obtiene directamente de esto.

La suposición de simetría requerida para aplicar el teorema de Newton es que todas las estrellas siguen órbitas circulares, y las estrellas a la misma distancia del centro se mueven con la misma velocidad. Es decir, la dinámica tiene simetría rotacional. Entonces es fácil obtener soluciones exactas de las ecuaciones de movimiento para una sopa de estrellas. Podemos escoger bien la fórmula para la distribución de masas o la fórmula para la curva de rotación, y utilizar la ecuación de Kepler para deducir una a partir de otra. Hay una restricción: la masa se debe incrementar a medida que el radio aumenta.

El modelo de la sopa de estrellas es, por tanto, intrínsecamente coherente, está de acuerdo con exactitud con la gravedad newtoniana y obedece a la ecuación de Kepler. La suposición subyacente de la simetría circular también parece concordar con las observaciones. De modo que obtenemos un modelo consagrado, basado en unas matemáticas ingeniosas y válidas que hace que el problema se pueda resolver. Ninguna duda de por qué a los astrónomos les gusta.

Por desgracia, es matemáticamente defectuoso. Todavía no está clara la importancia del defecto, pero no es inocuo, y podría ser fatal.

Dos aspectos del modelo son cuestionables. Uno es la suposición de órbitas circulares para todas las estrellas. Pero el más significativo es el enfoque del continuo, la sopa de estrellas. El problema es que disipar todas las estrellas dentro del caparazón elimina una parte importante de la dinámica. En concreto, las interacciones entre estrellas cercanas al caparazón y la estrella cuya velocidad rotacional tratamos de calcular.

En un modelo continuo, no hay diferencia entre si la materia de dentro del caparazón rota o está quieta. Todo lo que cuenta es la masa total dentro del caparazón. Además, la fuerza que esta masa ejerce sobre la estrella de prueba siempre apunta hacia el centro de la galaxia. La ecuación de Kepler depende de estos hechos.

Sin embargo, en un sistema real de *n*-cuerpos, las estrellas son objetos discretos. Si una segunda estrella pasa muy cerca de la estrella de prueba, que este sea discreto implica que domina el campo gravitacional local y que atrae a la estrella de prueba hacia él. Por lo que esta estrella cercana «tira de» la prueba junto con ella. Esto acelera la rotación de la estrella de prueba alrededor del centro galáctico. Por supuesto, también desacelera a la estrella que pasa por debajo, pero esta es rápidamente reemplazada por otra estrella de las que la siguen por detrás. Este argumento intuitivo sugiere que la ecuación de Kepler subestima la velocidad de las rotaciones en distancias grandes. Si es así, eso ayuda a explicar la anomalía.

Aquí va una analogía muy simplificada. Pensemos en un rodamiento minúsculo apoyado sobre una rueda que gira (con ambos confinados en un plano y sin gravedad que altere el rodamiento). Si la rueda es una circunferencia perfectamente lisa, no tiene ningún efecto sobre el rodamiento y este quizá sea también estacionario. Un modelo de *n*-cuerpos discreto, sin embargo, reemplaza la rueda por una rueda dentada. Ahora cada diente de la rueda golpea el rodamiento, dándole una patada en la dirección de la rotación. Los dientes más pequeños no eliminan la patada porque hay muchos, por lo que el golpe limitado para dientes muy pequeños no es lo mismo que el golpe para ningún diente en absoluto, que es cero.

Este argumento no es solo una idea vaga e insustancial. Saari hace los cálculos para probar que una sopa de estrellas «alisadas» no es un modelo adecuado para una distribución de *n*-cuerpos con una *n* grande. En concreto, ignora el tirón. Sin embargo, el efecto total del tirón debería ser pequeño, porque la dinámica real de *n*-cuerpos es más complicada que el escenario que acabamos de analizar. Para evaluar la importancia del efecto del tirón, tenemos que utilizar un modelo de *n*-cuerpos exacto para todas las estrellas de dentro del caparazón y hallar el efecto combinado sobre la estrella de prueba.

El mejor modo de hacer esto es construir un estado de *n*-cuerpos que retenga todas las propiedades clave supuestas para la sopa de estrellas, aparte de la de continuidad. Si este estado particular cambia la ecuación de Kepler, podemos estar bastante seguros de que la causa ha sido sustituir una sopa continua de estrellas por *n*-cuerpos discretos. Estas propiedades clave son una distribución de masa simétrica, con cada estrella moviéndose en un círculo y su aceleración señalando al centro de la galaxia.

Aunque en general no podemos escribir soluciones explícitas de problemas de *n*-cuerpos, hay una clase con la que esto puede hacerse, conocida como «configuraciones centrales». En estos estados especiales, los anillos de estrellas concéntricos parecidos a una telaraña rotan todos con la misma velocidad angular, como si la configuración fuese rígida. Esta idea se remonta a un artículo de 1859 de James Clerk Maxwell sobre la estabilidad de los anillos de Saturno, mencionados en el capítulo 6 como prueba de que los anillos no pueden ser sólidos. Saari recurre a una idea parecida para sugerir que la sopa de estrellas no puede ser el modelo correcto de la dinámica de una galaxia.

Las configuraciones centrales son artificiales, en el sentido de que nadie esperaría que una galaxia real tuviese una forma así de regular. Por otro lado, son una elección razonable para probar que los modelos de continuo y *n*-cuerpos se emparejan. Si escogemos suficientes líneas radiales en la telaraña y circunferencias, obtenemos una sopa de estrellas muy densa, parecida a un continuo. La configuración de telaraña también satisface, como una aproximación muy buena, las condiciones de simetrías utilizadas para obtener la ecuación de Kepler. De modo que la aproximación de la sopa de estrella podría funcionar.

En concreto, la ecuación de Kepler debería ser válida para una telaraña que gire. Podemos comprobarlo utilizando la versión que expresa la distribución de masas en términos de velocidad para un radio dado. Como la telaraña rota de manera rígida, la velocidad es proporcional al radio. La ecuación de Kepler, por lo tanto, predice una distribución de masa proporcional al cubo del radio. Este resultado es válido cualesquiera que sean las masas de las estrellas en la configuración.

Para comprobarlo, realizaremos ahora los cálculos exactos para *n*-cuerpos discretos para la telaraña. La teoría de las configuraciones centrales permite mucha flexibilidad en la elección de las masas de las estrellas. Por ejemplo, si cada estrella, por tanto cada anillo, tiene la misma masa, las configuraciones centrales existen y la distribución de masa es siempre menor que una constante multiplicada por el radio. Sin embargo, en este caso, la ecuación de Kepler nos dice que el anillo más exterior

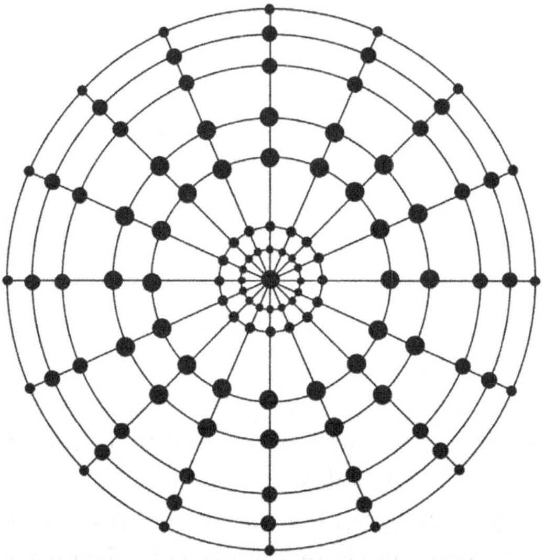

Configuración central. Cualquier número de radios y anillos es posible. Las masas en cada anillo son iguales, pero anillos diferentes pueden tener masas diferentes. Los radios de los anillos pueden ajustarse. Para una velocidad de rotación dada, las masas puede escogerse para ajustarse a unos radios dados, o al contrario. Las variaciones en el tema de la telaraña también son posibles.

tiene un millón de veces la masa que el más interior, cuando realmente sus masas son iguales. De modo que los cálculos exactos no validan el modelo simplificado que lleva a la ecuación de Kepler. Por el contrario, a medida que el radio aumenta, la masa correcta crece mucho más lentamente de lo que predice la fórmula de Kepler.

Este cálculo prueba que el modelo de la sopa de estrellas puede producir resultados realmente incorrectos, incluso cuando se satisfacen las suposiciones en las que se basa el modelo. A pesar de la popular frase, que emplea incorrectamente el término «confirma», se necesita solo una excepción para no confirmar la regla.[12]

Los cálculos de Saari tienen otra consecuencia importante. Si la materia oscura existe y forma halos masivos y enormes alrededor de las galaxias, como los astrónomos creen, entonces no puede explicar realmente la curva de rotación anómala con que empezó todo el asunto. O bien la ley de gravedad, o bien las suposiciones de modelización tradicionales deben estar equivocadas.

19

Más allá del universo

> A veces el Hacedor de estrellas quita creaciones que eran, de hecho, grupos de muchos universos vinculados, sistemas físicos completamente distintos de tipos muy diferentes.
>
> Olaf Stapledon, *Hacedor de estrellas*

¿Por qué estamos nosotros aquí?

Es la pregunta filosófica definitiva. Los seres humanos ven a través de las ventanas de sus ojos un mundo mucho más grande y más poderoso que ellos. Incluso cuando el único mundo que conocen es una pequeña aldea en el claro de un bosque, hay tormentas, leones e hipopótamos ocasionales contra los que luchar, y todo esto ya es impresionante. Cuando, como los cosmólogos ahora piensan, el mundo tiene un radio de 91.000 millones de años luz y está creciendo, es un aprendizaje de humildad categórico. Hay un montón de «aquí» y muy poco de «nosotros». Lo que lo hace un grandísimo «por qué».

Sin embargo, dado el sentido de autoimportancia de la humanidad nunca mostramos humildad durante mucho tiempo. Afortunadamente, tampoco lo hace nuestro sentido de asombro o nuestra insaciable curiosidad. Y por tanto nos atrevemos a hacer la pregunta definitiva.

Las objeciones discutidas en los dos capítulos anteriores no han hecho mella en la convicción de los cosmólogos de que ellos saben la respuesta: el Big Bang y sus extras describen correctamente cómo se formó el universo. Los físicos están convencidos de manera similar de que la relatividad y la teoría cuántica juntas explican cómo se comporta el universo. Sería bueno unificar estas teorías, pero generalmente funcionan bien por separado si escoges la correcta.

La biología nos cuenta una historia todavía más convincente del origen de la vida y la evolución de los millones de especies que habitan la Tierra en la actualidad, nosotros entre ellas. Algunos devotos de ciertos sistemas de creencias afirman que la evolución requiere coincidencias increíblemente poco probables, pero lo biólogos han explicado repetidamente los fallos de esos argumentos. Nuestra comprensión de la vida en la Tierra tiene muchos huecos, pero uno por uno se están rellenando. La historia principal concuerda, apoyada por al menos cuatro líneas de evidencias independientes: el registro fósil, el ADN, la cladística (árboles genealógicos de organismos) y los experimentos de reproducción.

Sin embargo, cuando llegamos a la cosmología, incluso los cosmólogos y los físicos se muestran preocupados por el hecho de que el universo tal como lo entendemos requiere de enormes coincidencias. El asunto no es explicar qué hace el universo, es por qué esa explicación en concreto es válida, en lugar de un montón de otras que en principio parecen igual de probables. Este es el problema del ajuste fino cósmico, y tanto los creacionistas como los cosmólogos se lo toman muy en serio.

El ajuste fino entra en juego porque la física depende de un número de constantes fundamentales, tales como la velocidad de la luz, la constante de Planck en teoría cuántica y la constante de estructura fina, la cual determina la fuerza de la fuerza electromagnética.[1] Cada constante tiene un valor numérico específico que los científicos han medido. Por ejemplo, la constante de estructura final es de alrededor de 0,00729735. Ninguna teoría física aceptada predice los valores de estas constantes. Hasta donde sabemos, la constante de estructura fina podría haber sido 2,67743 o 842.006.444,998 o 42.

¿Esto importa? Mucho. Los valores diferentes para las constantes llevan a físicas diferentes. Si la constante de estructura fina fuese un poco más pequeña o un poco más grande, los átomos tendrían una estructura diferente y podrían ser inestables. De modo que no habría gente o un planeta para que la gente viviese o átomos para que se formasen.

Según muchos cosmólogos y físicos, los valores de las constantes que hacen posibles los seres humanos tienen que estar dentro de un porcentaje pequeño de los valores de este universo. La posibilidad de que eso suceda solo en una constante es más o menos la misma que obtener seis caras seguidas al lanzar una moneda. Como hay al menos 26 constantes, la posibilidad de que nuestro universo tenga los valores que tiene, y sea así apropiado para que exista la vida, es como obtener 156 caras seguidas, que tiene una probabilidad de 10^{-47} o

0,000 000 000 000 000 000 000 000 000 000 000 000 000 000 000 01

Por lo que, básicamente, no deberíamos estar aquí ni por asomo.

Aunque... aquí estamos. Y eso es un rompecabezas.

Algunas personas religiosas interpretan este cálculo como una prueba de la existencia de Dios, quien puede darse el lujo de seleccionar los valores de las constantes fundamentales que hacen posible la vida. Sin embargo, un dios con ese tipo de poder podría igualmente haber escogido constantes fundamentales totalmente diferentes y luego obrar el milagro, por lo que el universo existiría de cualquier modo a pesar de tener constantes erróneas. De hecho, no hay razón para que un creador omnipotente utilice en absoluto las constantes fundamentales.

Parece haber dos opciones. O bien lo arregla algún poder supernatural o bien la física del futuro explicará las coincidencias aparentes y mostrará por qué las constantes fundamentales existentes son inevitables.

Recientemente los cosmólogos añadieron una tercera: el universo prueba con todos los valores posibles por turno. Si es así, el universo finalmente se tropezará con números adecuados para la vida, y la vida evolucionará. Si la vida inteligente aparece y su comprensión de la cosmología crece, llegará a estar realmente confusa de por qué está ahí. Solo cuando crea en la tercera opción dejará de preocuparse.

La tercera opción se llama «multiverso». Es fresca, original y se puede hacer alguna física realmente ingeniosa con ella. Durante la mayor parte de este capítulo me referiré a varias versiones de ella.

Luego daré una cuarta opción.

La cosmología moderna ha montado lo que cree que es una descripción bastante acertada de lo que normalmente queremos decir con «universo», de modo que se ha inventado una palabra nueva: «multiverso». Esta constituye el universo en su sentido habitual, más cualquier número de extras hipotéticos. Estos mundos «paralelos» o «alternativos» podrían coexistir con el nuestro, estar localizados fuera de él o ser totalmente independientes. Estas especulaciones son con frecuencia descartadas como no científicas porque es difícil probarlas contrastando datos reales. Sin embargo, es posible comprobar algunas, al menos en principio, por el método científico estándar de inferir cosas que no pueden ser vistas o medidas directamente a partir de cosas que sí se pueden ver o medir. Comte pensaba que sería imposible conocer alguna vez la composición química de una estrella. El espectroscopio puso patas arriba esta creencia, pues a menudo la composición química de una estrella es casi lo único que conocemos.

En *La realidad oculta*,[2] el físico matemático Brian Green describe nueve tipos diferentes de multiverso. Yo discutiré cuatro:

- Multiverso mosaico: un mosaico infinito en el que cualquier región tiene una copia casi exacta en algún otro lugar.
- Multiverso inflacionario: cada vez que la inflación eterna hincha la televisión y el gato, un nuevo universo con constantes fundamentales se pincha.
- Multiverso paisaje: una red de universos alternativos vinculados por túneles cuánticos, cada uno obedeciendo a su propia versión de la teoría de cuerdas.
- Multiverso cuántico: una superposición de mundos paralelos, cada uno con su propia y separada existencia. Esta es la versión del universo del famoso gato de Schrödinger, que está vivo y muerto al mismo tiempo.

Green argumenta que es sensato considerar estos universos alternativos y explica que hasta cierto punto están apoyados por la física moderna. Adicionalmente, varios asuntos que no entendemos pueden resolverse con un pensamiento de multiversos. Señala que la física fundamental ha demostrado repetidamente que el punto de vista ingenuo del mundo presentado por nuestros sentidos es equivocado y podemos esperar que esta situación continúe. Y coloca algún peso en la característica común de la teoría de multiverso: todos «sugieren que nuestra imagen de sentido común de la realidad es solo parte de un todo más grande».

No estoy convencido de que un montón de especulaciones mutuamente inconsistentes haga que una de ellas tenga más probabilidades de ser cierta. Es como las sectas religiosas: a menos que se sea un creyente verdadero, se tiende a desacreditar todas las diferencias fundamentales de doctrina vinculadas a afirmaciones comunes de revelaciones divinas. Pero echemos un vistazo a algunos multiversos y así podremos decidir por nosotros mismos. Naturalmente, incluiré algunos pensamientos propios.

Empezaré con el multiverso mosaico. En realidad no es un verdadero multiverso, sino un universo tan grande que sus habitantes pueden observar solo parches. Pero los parches se superponen. Depende de que el espacio sea infinito, o al menos vasto de manera inimaginable, mucho más grande que el universo observable. Cuando esta idea se combina con la naturaleza discreta de la mecánica cuántica, tiene una consecuencia interesante. El número de posibles estados cuánticos para el universo observable, aunque gigantesco, es finito. El universo observable solo puede hacer una cantidad finita de cosas diferentes.

Para simplificar, consideremos un universo finito. Conceptualmente, cortándolo en piezas, como un mosaico, de modo que cada pieza sea lo suficientemente grande como para contener el universo observable. Las piezas de igual tamaño tienen el mismo número de posibles estados cuánticos: yo llamo a estos estados-pieza. Como un universo infinito contiene infinidad de piezas, cada una con el mismo número finito de estados, al menos un estado-pieza debe ocurrir infinidad de veces.[3] Teniendo en cuenta la naturaleza aleatoria de la mecánica cuántica, cada estado-pieza es seguro que ocurre infinidad de veces.

El número de estados-pieza distintos para las piezas del tamaño del universo observable es de alrededor de $10^{10^{122}}$. Es decir, escribe 1 seguido por 122 ceros, luego empieza de nuevo, escribe 1 seguido por ese gigantesco número de ceros. (No hay que intentar hacer esto en casa. El universo contiene demasiadas pocas partículas para hacer la tinta o el papel, y se acabaría poco después de empezar.) Con un razonamiento similar, tu copia exacta más cercana está a alrededor de $10^{10^{128}}$ años luz. Para que compares, el límite del universo observable está a menos de 10^{11} años luz.[4]

Es más fácil disponer de copias inexactas y más interesantes. Podría haber una pieza que contenga una copia de ti, excepto porque tu color de pelo es diferente, o eres de un sexo diferente, o vives en la puerta de al lado o en otro país. O eres el primer ministro de Marte. Estas copias casi iguales son más comunes que las copias exactas, aunque todavía son extremadamente contadas.

No podemos visitar regiones a unos cuantos años luz, mucho menos a $10^{10^{128}}$ años luz, de modo que parece imposible probar esta teoría científicamente. La definición de una pieza descarta conexiones causales entre piezas que no se superponen, de modo que no se puede llegar allí desde aquí. Posiblemente algunas consecuencias teóricas podrían probarse, pero es una esperanza débil y dependería de la teoría en la que se basara la inferencia.

El multiverso paisaje es especialmente interesante porque podría solucionar el enigma cósmico molesto de ajuste fino.

La idea es sencilla. La posibilidad de que cualquier universo particular tenga solo las constantes fundamentales correctas debe de ser pequeña, pero eso no es obstáculo si hacemos los suficientes universos. Con probabilidades de 10^{47} contra uno, tienes una posibilidad razonable de obtener un universo adecuado para la vida si hacemos 10^{47} universos. Hagamos todavía más y el número probable de éxitos será mayor. En cualquiera de dichos universos, y solo en esos, la vida puede originarse, evolucionar, llegar a preguntarse «¿Por qué estamos nosotros aquí?», descubrir lo improbable que es eso y empezar a preocuparse por ello.

A primera vista esto es como el principio antrópico débil: los únicos universos en los cuales las criaturas pueden preguntar «¿Por qué estamos aquí?» son aquellos que hacen la existencia posible. La visión general es que este hecho no resuelve la dificultad del todo por sí solo. Plantea la pregunta: si solo hay un universo, ¿cómo llegó a crearse una opción así de improbable? Sin embargo, en el contexto del multiverso paisaje, eso no es un problema. Si creamos los suficientes universos aleatorios, la vida en al menos uno de ellos se convierte en una cosa segura. Es un poco como la lotería. Las posibilidades de que la Sra. Smith que vive al final de la calle gane la lotería para cualquier boleto dado (en el Reino Unido, antes de los recientes cambios) son de una entre 14 millones. Sin embargo, millones de personas juegan a la lotería, de modo que la probabilidad de que alguien gane es mucho mayor, con una probabilidad de alrededor de 2 sobre 3 (un tercio de las veces nadie gana, y hay un «bote acumulado» al que se añade el premio para el próximo sorteo).

En el multiverso paisaje, la vida gana la lotería cósmica comprando todos los billetes de lotería.

Técnicamente, el multiverso paisaje es una variante de la teoría de cuerdas del multiverso inflacionario. La teoría de cuerdas es un intento de unificar la relatividad con la mecánica cuántica reemplazando partículas puntuales por «cuerdas» multidimensionales pequeñas. Este no es el lugar para entrar en detalles, pero hay un gran problema: hay alrededor de 10^{500} modos diferentes de configurar la teoría de cuerdas.[5] Algunos producen constantes fundamentales muy parecidas a las de nuestro universo, la mayoría no. Si hubiese algún modo mágico de seleccionar una versión particular de la teoría de cuerdas, podríamos predecir las constantes fundamentales, pero justo ahora no hay razón para preferir una versión frente a otra.

Un multiverso de teoría de cuerdas permite explorar todos, uno cada vez, como una monogamia en serie. Si agitamos las manos de teórico lo suficientemente fuerte, la incertidumbre cuántica podría permitir hacer transiciones ocasionales de una versión de la teoría de cuerdas a otra, de modo que el universo realice un camino aleatorio a través del espacio de los universos de cuerdas teóricos. Las constantes son próximas a las nuestras, de modo que la vida puede evolucionar. A medida que esto ocurre, esas constantes fundamentales también producen universos muy longevos con características como los agujeros negros. Por tanto, el universo que cambia en serie tiende a merodear por áreas interesantes, donde hay seres como nosotros.

Eso plantea una cuestión más sutil. La idoneidad para la vida y la longevidad ¿pueden llegar a estar asociadas? Lee Smolin ha sugerido una respuesta para el multiverso inflacionario: nuevos universos que salen vía agujeros negros podrían evolucionar por selección natural, dirigiéndose a combinaciones de constantes fundamentales que no solo hacen la vida posible, sino que dan mucho tiempo para que se inicie y se haga más compleja. Es una bonita idea, pero no está claro cómo dos universos pueden competir entre sí para que entre en juego la selección darwiniana.

En el multiverso paisaje hay una cierta cantidad de ellos tratando de salir adelante, pero en palabras de Lewis Carroll, es «Una máxima tremenda, pero trivial».[6] Puede explicar cualquier cosa. Un ciberorganismo metaloide de siete tentáculos que viviera en un universo con constantes fundamentales totalmente diferentes podría avanzar exactamente la misma razón por la que su universo existe y se ajusta tan finamente para la cibervida metaloide. Cuando una teoría predice todos los resultado posibles, ¿cómo se puede probar? ¿Puede realmente considerarse científica?

George Ellis ha sido durante mucho tiempo un escéptico del multiverso. Escribiendo sobre el multiverso inflacionario, pero añadiendo que comentarios parecidos valen para todos los tipos, afirmó:[7]

> La argumentación para el multiverso es no concluyente. La razón básica es la flexibilidad extrema de la propuesta ... de modo que estamos suponiendo la existencia de un número enorme, quizá incluso infinito, de entidades no observables para explicar tan solo un universo existente. Difícilmente encaja la restricción del filósofo inglés del siglo XIV Guillermo de Ockham de que «las entidades no se deben multiplicar más allá de lo necesario».

Acabó con una nota más positiva: «Nada es incorrecto en la especulación filosófica con bases científicas, que es lo que son las propuestas multiverso. Pero deberíamos nombrarlo como lo que es».

El multiverso cuántico es el más antiguo de todos y la culpa es de Erwin Schrödinger. El gato, ¿verdad? Ya sabes, el que está vivo y muerto al mismo tiempo hasta que miras para comprobar cómo está. A diferencia de otros multiversos, los mundos diferentes de los multiversos cuánticos coexisten entre sí, ocupando el mismo espacio y tiempo. A los escritores de ciencia ficción les encanta.

La coexistencia independiente es posible porque los estados cuánticos pueden superponerse, sumarse unos a otros. En la física clásica, las olas de agua hacen algo similar; si dos paquetes de olas se entrecruzan, sus picos se suman y crean picos más grandes, pero un pico y una depresión se anulan. Sin embargo, este efecto va mucho más allá en el reino cuántico. Por ejemplo, una partícula podría girar en el sentido de las agujas del reloj o en sentido contrario (esto simplificando, pero para hacernos una idea). Cuando estos estados se superponen, no se anulan, sino que se obtiene una partícula que gira en ambos sentidos a la vez.

Si realizamos una medición cuando el sistema está en uno de estos estados combinados, sucede algo notable: se obtiene una respuesta definitiva. Esto llevó a muchas discusiones entre los pioneros de la teoría cuántica, resueltas en una conferencia en Dinamarca cuando la mayoría de ellos acordaron que el acto de observar el sistema de algún modo «colapsa» el estado a uno u otro componente. A esto se le llama la «interpretación de Copenhague».

Schrödinger no estaba totalmente convencido e ideó un experimento mental para explicar por qué. Coloca un gato en una caja impermeable, junto con un átomo radiactivo, una botella de un gas venenoso y un martillo. Arma un tipo de maquinaria de modo que si el átomo se desintegra, emitiendo una partícula, el martillo rompa la botella y el gas mate al gato. Cierra la caja y espera.

Después de algún tiempo, te preguntas: ¿el gato está vivo o muerto?

En la física clásica (es decir, no cuántica), es o bien una cosa o la otra, pero no puedes decidir cuál hasta que abras la caja. En física cuántica, el estado del átomo radiactivo está en una superposición de «desintegrado» y «no desintegrado» y permanece así hasta que observas el estado al abrir la caja. Entonces el estado del átomo inmediatamente se colapsa a uno u otro. Schrödinger señaló que lo mismo sucede con el gato, el cual puede pensarse como un sistema enorme de partículas cuánticas interactuando. La maquinaria dentro de la caja asegura que el gato permanece vivo si el átomo no se ha desintegrado, pero muere si lo ha hecho. De modo que el gato debe de estar vivo y muerto al mismo tiempo... hasta que abres la caja, colapsas la función de onda y encuentras uno de los dos estados.

En 1957, Hugh Everett aplicó un razonamiento similar al universo como un todo, sugiriendo que esto podría explicar cómo se colapsa la función de onda. Bryce DeWitt llamó más tarde a la propuesta de Everett la interpretación de los mundos múltiples de la mecánica cuántica. Extrapolando a partir del gato, el propio universo es una combinación de todos sus posibles estados cuánticos. Sin embargo, esta vez no hay modo de abrir la caja, porque no hay nada fuera del universo. De modo que nada puede colapsar el estado cuántico del universo. Pero un observador interno es parte de uno de sus estados y, por tanto, ve solo la parte correspondiente de la función de onda del universo. El gato vivo ve un átomo que no se ha desintegrado, mientras que el gato muerto paralelo... Hmm, déjame que piense en esto un poco más.

En resumen, cada observador paralelo se ve a sí mismo como un habitante de tan solo uno del enorme número de mundos paralelos, todos coexistiendo pero en estados diferentes. Everett visitó a Niels Bohr en Copenhague para contarle esta idea, pero Bohr estaba furioso con la propuesta de que la función de onda cuántica del universo no colapsase ni pudiese colapsar. Él y los colegas que pensaban como él decidieron que Everett no tenía ninguna comprensión de la mecánica cuántica y así lo dijo en términos poco halagadores. Everett describió la visita como «desafortunada desde el principio».

Es una idea muy curiosa, incluso aunque pueda formularse de manera razonable matemáticamente. No ayuda que la interpretación de los mundos múltiples se exprese a menudo en términos de sucesos históricos en un desacertado intento de hacerla comprensible. En el universo que el lector y yo observamos, Hitler perdió la segunda guerra mundial. Pero hay otro universo paralelo en el cual él (bueno, realmente otro Hitler, aunque nadie lo dice así) ganó la guerra (bueno, una guerra diferente...) y esas versiones del lector y de mí se perciben a sí mismas viviendo en ese universo. O quizá hayamos muerto en la guerra, o nunca hayamos nacido... ¿Quién sabe?

Muchos físicos insisten en que el universo realmente es así y que pueden probarlo. Luego te hablan de experimentos con electrones. O, más recientemente, moléculas. Pero la intención de Schrödinger era mostrar que un gato no es un electrón. Visto como un sistema de mecánica cuántica, un gato consiste en un número verdaderamente gigantesco de partículas cuánticas. Los experimentos sobre una única partícula, o una docena, o incluso 1.000 millones, no nos dicen nada sobre un gato. O un universo.

El gato de Schrödinger se hizo viral entre los físicos y los filósofos, generando mucha bibliografía con todo tipo de cuestiones adicionales. ¿Por qué no poner también una cámara de vídeo dentro y grabar lo que pasa y luego verlo? Pero no, eso no funcionaría. Hasta que abras la caja, la cámara estará en una combinación de «gato muerto grabado» y «gato vivo grabado». ¿No puede el gato observar su propio estado? Sí, si está vivo, no, si está muerto, pero un observador externo todavía tiene que esperar a que la caja esté abierta. Da un teléfono móvil al animal, no, esto está comenzando a volverse tonto, y eso se superpondría también. De todos modos, es una caja impermeable. Tiene que serlo o podrías inferir el estado del gato desde fuera.

Las cajas impermeables realmente no existen. ¿Hasta qué punto es válido un experimento mental sobre algo imposible? Supongamos que reemplazamos el átomo radiactivo por una bomba atómica, que puede explotar o no. Con el mismo argumento, hasta que abramos la caja no sabemos si lo hizo. El ejército mataría por una caja que no sufra perturbaciones cuando activas un arma nuclear dentro de ella.

Hay quien ha ido más lejos, afirmando que solo un observador humano (o al menos uno inteligente) lo hará, un agravio masivo a la raza de los felinos. Otros sugieren que la razón por la que el universo nos trajo a la vida es porque nosotros podemos observarlo, colapsando así su función de onda y haciéndola existir. Nosotros estamos aquí porque estamos aquí porque estamos aquí.

Esta inversión causal extraordinaria eleva la importancia de la humanidad, pero ignora la característica que llevó a Bohr a descartar la teoría de Everett: en la interpretación de los mundos múltiples la función de onda del universo no colapsa. Desafía el principio copernicano y huele a arrogancia. También pierde de vista el tema: el rompecabezas del gato de Schrödinger es sobre las observaciones, no los observadores. Y no es realmente sobre qué sucede que se hace una observación, es sobre qué es una observación.

El formalismo matemático de la mecánica cuántica tiene dos aspectos. Uno es la ecuación de Schrödinger, que se utiliza para modelizar estados cuánticos y tiene propiedades matemáticas bien definidas. La otra es cómo representamos una observación. En la teoría, esto es una función matemática. Metes un sistema cuántico en la función y su estado (el resultado de la observación) aparece en el otro lado. Igual que insertas el número 2 en la función logarítmica y aparece log 2. Esto es todo muy claro y ordenado, pero lo que realmente sucede es que el estado del sistema interactúa con el estado de los aparatos de medida, lo cual es un sistema cuántico mucho más complejo. Esa interacción es demasiado complicada para estudiarla matemáticamente en detalle, de modo que se supone que se reduce a una única bonita función. Pero no hay razón para inferir que ese es realmente el caso y todas las razones para sospechar que no lo es.

Lo que tenemos es una discordancia entre una representación cuántica del proceso de medida exacta pero intratable y un componente a medida, la función hipotética. Con razón surgen interpretaciones extrañas y en conflicto. Problemas similares se presentan en toda la teoría cuántica, en gran medida inadvertidos. Todo el mundo se está centrando en las ecuaciones y en cómo resolverlas, nadie piensa en las «condiciones de frontera» que representan aparatos u observaciones.

Una caja a prueba de bombas nucleares es un buen ejemplo. Otro ejemplo es el espejo semitransparente que refleja algo de luz mientras que permite al resto pasar a través de él. A los experimentalistas cuánticos les gusta este artilugio porque actúa como un divisor de haz, tomando un chorro de fotones y desviándolos aleatoriamente en dos direcciones diferentes. Después de que hayan hecho lo que sea que quieres probar, los recombinas de nuevo para comparar qué sucede. En las ecuaciones de mecánica cuántica, un espejo semitransparente es un objeto nítido que no tiene efecto sobre un fotón excepto redireccionándolo en un ángulo recto con una probabilidad del 50%. Es como la banda en una mesa de billar, que a veces hace que la bola rebote, de manera perfectamente elástica, y a veces desaparece y la deja pasar a través.

Sin embargo, un espejo semitransparente real es un sistema cuántico enorme compuesto de átomos de aluminio esparcidos sobre una hoja de vidrio. Cuando un fotón golpea el espejo, o bien rebota una partícula subatómica en un átomo de aluminio o bien lo penetra. Puede rebotar en cualquier dirección, no solo en ángulos rectos. La capa de átomos de aluminio es fina, pero más gruesa que un único átomo, de modo que el fotón podría golpear un átomo de aluminio más en el fondo y olvidarse de la estructura atómica muy compleja del vidrio. Milagrosamente, cuando todas estas interacciones se combinan, el fotón o bien se refleja o bien penetra sin cambios. (Existen otras posibilidades, pero son tan raras que las podemos ignorar.) Por lo que la realidad no es como la mesa de billar, es más como conducir un coche de fotones dentro de una ciudad desde el norte y permitiéndole interactuar con miles de otros coches, después de lo cual milagrosamente aparece bien al sur o al este, aleatoriamente. Este sistema complicado de interacciones se ignora en el modelo claro y ordenado. Todo lo que tenemos entonces es un fotón borroso y un espejo nítido que refleja de manera aleatoria.

Sí, sé que es un modelo y que parece funcionar. Pero no puedes seguir lanzando este tipo de idealización en el caldero mientras mantienes que solo estas utilizando la ecuación de Schrödinger.

Más recientemente, los físicos han pensado en las observaciones cuánticas desde un punto de vista auténticamente de mecánica cuántica, en lugar de proponer restricciones poco realistas del tipo clásico. Lo que han encontrado pone toda la materia bajo una luz mucho más adecuada.

Primero, debo aceptar que las superposiciones de estados como las del gato han sido creadas en el laboratorio para sistemas cuánticos cada vez más grandes. Los ejemplos, en orden aproximado de tamaño, incluyen un fotón, un ion de berilio, una molécula de buckminsterfullereno (60 átomos de carbono colocados para formar una jaula icosaédrica truncada) y una corriente eléctrica (compuesta de miles de millones de electrones) en un SQUID (dispositivos superconductores de interferencia cuántica, el acrónimo proviene de las siglas en inglés, *superconducting quantum interference device*). Un diapasón piezoeléctrico, hecho de billones de átomos, ha sido colocado en una superposición de estados vibrando y no vibrando. Todavía nada de gatos, pero aun así increíble y contrario al sentido común. Acercándose a las criaturas vivas, Oriol Romero-Isart y sus colegas propusieron en 2009 crear un virus de la gripe de Schröndinger.[8] Colocaron un virus en un vacío, lo enfriaron hasta su estado cuántico de menor energía y lo golpearon con un láser. El virus de la gripe es lo suficientemente duro como para sobrevivir a dicho trato y debería acabar en una superposición de ese estado y un estado de excitación de mayor energía.

Este experimento no se ha llevado a cabo todavía, pero incluso si alguien consigue que funcione, un virus no es un gato. Los estados cuánticos de objetos a gran escala difieren de los de los objetos de pequeña escala como electrones y SQUID, porque las superposiciones de estados de sistemas grandes son mucho más frágiles. Puedes poner un electrón en una combinación de giro en sentido de las agujas del reloj y en sentido contrario y mantenerlo ahí casi indefinidamente aislándolo del mundo exterior. Si lo intentas con un gato, la superposición tiene decoherencia: su delicada estructura matemática se desmorona rápidamente. Cuanto más complejo es el sistema, más rápido sufre decoherencia. La conclusión es que incluso en el modelo cuántico, un gato se comporta como un objeto clásico a menos que lo observes por un período de tiempo tan corto que no sea observable. El destino del gato de Schrödinger no es más misterioso que no saber cuál es el regalo de Navidad de la tía Vera hasta que lo desenvuelves. Sí, siempre envía calcetines o una bufanda, pero eso no significa que su regalo sea una superposición de los dos.

Diseccionando la función de onda cuántica del universo en superposiciones de narraciones humanas, que Hitler ganara o no la guerra fue siempre un sin sentido. Los estados cuánticos no cuentan historias de los seres humanos. Si pudieras observar la función de onda cuántica del universo, no serías capaz de identificar a Hitler. Incluso las partículas que lo integran seguirían cambiando cuando perdiese pelo o se quitara el polvo de su abrigo. De manera similar, no hay modo de decir a partir de la función de una onda cuántica de un gato si está vivo, muerto o se ha convertido en un cactus.

Incluso en el sistema de referencia de la mecánica cuántica, hay también un problema matemático con el enfoque habitual de la paradoja del gato de Schrödinger. En 2014, Jaykov Foukzon, Alexander Potapov y Stanislaw Podosenov[9] desarrollaron un enfoque alternativo nuevo. Sus cálculos indican que, incluso cuando el gato está en un estado superpuesto, el estado observado cuando la caja se abre tiene «resultados de medidas predecibles y definitivas». Concluyen que «En contra de [otras] opiniones, "observar" el resultado no cambia nada, más allá de informar al observador de qué ha pasado ya». En otras palabras, el gato está definitivamente vivo o muerto antes de que nadie abra la caja, pero un observador externo no lo sabe hasta ese momento.

El núcleo de sus cálculos es una distinción sutil. La representación habitual del estado superpuesto del gato es:

$$|\text{gato}\rangle = |\text{vivo}\rangle + |\text{muerto}\rangle$$

Donde los símbolos | y ⟩ son la forma con que los físicos cuánticos escriben un tipo de estado particular,[10] de modo que puedes leerlo como «estado de». He dejado fuera algunas constantes (amplitud de probabilidad) por las que se multiplican los estados.

Sin embargo, esta formulación es inconsistente con la evolución del tiempo de estados cuánticos. El modelo Ghirardi-Rimini-Weber, una técnica matemática para analizar el colapso de la función de onda,[11] necesita la introducción del tiempo explícita. La causalidad prohíbe combinar estados que se dan en momentos diferentes, de modo que debemos escribir el estado como:

|gato en el momento *t*⟩ = |gato vivo en el momento *t* y átomo no desintegrado en el momento *t*⟩ + |gato muerto en el momento *t* y átomo no desintegrado en el momento *t*⟩

Este es un estado entrelazado en jerga cuántica. No es una superposición de estados «puros» como «gato vivo» o «átomo no desintegrado», sino una superposición de estados mezclados, estado del gato y estado del átomo, que representa el estado colapsado del sistema par gato/átomo. Nos dice que antes de que abramos la caja, o bien el átomo ya se ha desintegrado y (totalmente predecible) matado al gato, o no se ha desintegrado y no lo ha matado, que es lo que esperaría de un modelo del proceso de observación clásico y no es paradójico.

En 2015, Igor Pikovski, Magdalena Zych, Fabio Costa y Časlav Brukner introdujeron un nuevo ingrediente al hallar que la gravedad hace que las superposiciones sufran una decoherencia todavía más rápida. La razón es la dilatación del tiempo relativista, el efecto que provoca que el tiempo se congele en el horizonte de sucesos de un agujero negro. Incluso una pequeñísima dilatación del tiempo provocada por un campo gravitatorio débil interfiere con las superposiciones cuánticas. De modo que la gravedad provoca decoherencia casi instantánea en el gato de Schrödinger ya sea a «vivo» o «muerto». A menos que supongas que la caja es impermeable a la gravedad, lo cual es complicado puesto que no existe dicho material.

Hay probablemente más puntos de vista sobre el gato de Schrödinger y su asociada interpretación de múltiples mundos de la mecánica cuántica que físicos cuánticos. He discutido algunos intentos de resolver la paradoja, lo cual sugiere que el multiverso cuántico no es de ninguna manera un asunto cerrado. Así que, lector, puedes dejar de preocuparte de que en algún lugar paralelo a este universo haya otro en el cual otro tú esté vivo en un mundo en el que Hitler ha triunfado. Podría ser posible, pero la mecánica cuántica no proporciona razones convincentes para creer que esto es cierto.

Pero es cierto para un fotón, e incluso eso es extraordinario.

A estas alturas te habrás dado cuenta de que soy un poco escéptico en lo que se refiere a los multiversos. Me encantan sus matemáticas y los multiversos son fuente de historias de ciencia ficción imaginativas, pero suponen demasiadas conjeturas no corroboradas. Entre las diferentes versiones que he discutido, el multiverso paisaje destaca al tener algo a por lo que ir. No porque tengamos indicios de que realmente existe, sea lo que sea lo que eso signifique, sino porque parece resolver el problemático asunto del increíblemente poco probable ajuste fino de las constantes fundamentales.

Lo que me lleva finalmente a la opción cuatro.

El multiverso paisaje es un exceso filosófico. Intenta resolver una única cuestión que actualmente trae de cabeza a algunos seres humanos cósmicamente insignificantes, proponiendo un objeto extraordinariamente vasto y complejo que transciende totalmente la experiencia humana. Es como la cosmología geocéntrica, en la que el resto del vasto universo gira una vez al día alrededor de una Tierra fija y central. El físico Paul Steinhardt, que trabajó en la inflación cósmica en su comienzo, hizo un apunte similar sobre el multiverso inflacionario:[12] «Para poder explicar el único y sencillo universo que podemos ver, la hipótesis de multiverso inflacionario propone una variedad infinita de universos con cantidades arbitrarias de complejidad que no podemos ver».

Sería más sencillo admitir que no sabemos por qué ocurre el ajuste fino. Pero quizá no necesitamos ir tan lejos, porque hay otra posibilidad. En concreto, el problema del ajuste fino se ha exagerado enormemente y no existe en realidad. Esa es la opción cuatro. Si es correcta, los multiversos son espuma superflua.

El razonamiento está basado en un análisis más cuidadoso de los presuntos indicios para el ajuste fino, esa probabilidad de 10^{-47} de obtener una combinación de constantes fundamentales que es apropiada para la vida. El cálculo necesita algunas conjeturas firmes. Una es que el único modo de hacer un universo es escoger 26 constantes para insertar en nuestras ecuaciones actuales. Es cierto que matemáticamente estas constantes actúan como «parámetros» numéricos modificando las ecuaciones sin afectar a su forma matemática general; hasta donde podemos saber, cada modificación da un conjunto de ecuaciones viable que define un universo. Pero realmente no sabemos qué. Nunca observamos un universo modificado.

Al ser matemático, me preocupo por un montón de otros parámetros tácitamente incluidos en las ecuaciones pero que nunca se escriben, porque en nuestro universo resultan ser cero. ¿Por qué no pueden variar esos también? En otras palabras, ¿qué pasa si ponemos términos extra en las ecuaciones, diferentes de los que actualmente escribimos? Cada término extra de este tipo introduce todavía más ajuste fino que explicar. ¿Por qué no depende el estado del universo del número total de salchichas vendidas en el mercado de Smithfield en Londres en 1997? ¿O de la tercera derivada del campo karmabhumi, hasta ahora desconocido para la ciencia?

¡Cielos! Dos constantes más cuyos valores tienen que estar muy, muy, muy próximos a lo que sucede en este universo.

Es extraordinariamente poco imaginativo pensar que el único modo de hacer universos alternativos es variar las constantes fundamentales en las ecuaciones de modelos de moda actualmente. Es como los habitantes de una isla de los mares del sur del siglo XVI pensando que el único modo de mejorar la agricultura es cultivar un tipo mejor de coco.

Sin embargo, otorguemos a los devotos del ajuste fino el beneficio de la duda y demos por hecha esta particular conjetura. Seguramente entonces ese 10^{-47} entra en juego y ¿demanda una explicación? Para responder a esta pregunta, tenemos que saber un poco más sobre el cálculo. Hablando a grandes rasgos, el método se fija para todas las constantes fundamentales excepto una y hay que averiguar qué sucede cuando esa constante particular cambia. Entonces tomamos algún fenómeno importante del mundo real, como por ejemplo un átomo, y vemos qué efecto tendría el nuevo valor de esa constante sobre la descripción estándar del átomo. Y he aquí que las matemáticas usuales de los átomos se desmoronan a menos que el cambio en la constante sea muy pequeño.

Ahora hacemos lo mismo para otra constante fundamental. Quizá esta otra afecte a las estrellas. Dejamos todas las otras constantes con su valor en este universo, pero cambiamos esa. Esta vez nos encontramos con que los modelos de estrellas convencionales dejan de funcionar a menos que el cambio en esa constante sea muy pequeño. Es decir, cambiar cualquier constante más de una pequeñísima cantidad provoca que algo vaya mal. Conclusión: el único modo de obtener un universo con las características importantes de este es utilizar más o menos las mismas constantes que en este. Hacemos los cálculos y aparece 10^{-47}.

Suena convincente, especialmente si miras las impresionantes física y matemáticas incluidas en los cálculos. En *The Collapse of Chaos*, en 1994, Cohen y yo presentamos un argumento análogo donde el error conceptual es más obvio. Pensemos en un coche, por ejemplo, un Ford Fiesta. Y en alguna componente, por ejemplo, los tornillos que mantienen unido el motor, y preguntemonos qué sucede si cambiamos el diámetro de los tornillos y dejamos todo lo demás como está. Bien, si los tornillos son demasiado gruesos, no entrarán; si son demasiado finos, se quedarán sueltos y se caerán. Conclusión: para tener un coche viable, el diámetro de los tornillos tiene que ser muy parecido al que te encuentras en un Ford Fiesta. Lo mismo ocurre con las ruedas (cambia su tamaño y los neumáticos no se ajustarán), los neumáticos (cambia su tamaño y no encajarán en las ruedas), las bujías, cada rueda dentada de los mecanismos, etcétera. Une todo esto y las posibilidades de que partes seleccionadas puedan hacer un coche es mucho más pequeña que 10^{-47}. Ni siquiera puedes hacer una rueda.

En concreto, hay solo un coche posible, y tiene que ser el Ford Fiesta.

Ahora ponte de pie en una esquina de la calle y observa todos los Volkswagens, Toyotas, Audis, Nissans, Peugeots y Volvos que pasan. Algo está claramente mal.

El error es considerar variar las constantes una a una.

Si construyes un coche, no empiezas con un diseño que funciona y luego cambias todos los tamaños de los tornillos mientras dejas las tuercas igual que estaban. O cambias el tamaño de los neumáticos mientras dejas las ruedas fijas. Eso es una locura. Cuando cambias la especificación de un componente, hay un efecto colateral automático sobre los demás componentes. Para realizar un nuevo diseño de un coche que funcione, haces cambios coordinados de muchos números.

He encontrado una respuesta a esta crítica del ajuste fino que se reduce a «Oh, pero hacer los cálculos es mucho más difícil si varías varias constantes». Sí, lo es. Pero eso no justifica hacer un cálculo más sencillo si el cálculo es erróneo. Si vas a un banco y pides el saldo de tu cuenta y el empleado dice: «Lo siento, es demasiado difícil calcular tu saldo, pero el de la sra. Jones es de 142 libras», ¿te quedarías satisfecho?

En los cálculos utilizados para el ajuste fino también se tiende a ignorar una pregunta importante y muy interesante: si la física convencional no funciona al cambiar algunas constantes, ¿qué sucede en vez de esto? Quizá algo más pueda jugar un papel similar. En 2008, Fred Adams examinó esta posibilidad para una parte central del problema, la formación de estrellas.[13] (Por supuesto, las estrellas son solo parte del proceso que equipara un universo con formas de vida inteligente. Victor Stenger aborda otros muchos en su cuidadosamente argumentado *The Fallacy of Fine-Tuning.*[14] El resultado es el mismo: el ajuste fino es una exageración enorme.) Solo tres constantes son importantes para la formación de estrellas: la constante gravitacional, la constante de estructura fina y la constante que rige los ritmos de las reacciones nucleares. Las otras 23, lejos de necesitar un ajuste fino, pueden tomar cualquier valor sin provocar problemas en este contexto.

Adams trabajó luego con todas las posibles combinaciones de estas tres constantes importantes para averiguar cuándo producían «estrellas» factibles. No hay razón para limitar la definición de una estrella a las características exactas que se dan en nuestro universo. El ajuste fino no nos impresionaría si alguien nos dijese que predice estrellas que no pueden existir, pero sí pueden existir objetos ligeramente más calientes, un 1 % más grandes y que se parecen de manera extraordinaria a las estrellas. De modo que Adams define una estrella como cualquier objeto que se mantiene unido bajo su propia gravedad, es estable, sobrevive mucho tiempo y utiliza reacciones nucleares para producir energía. Sus cálculos demuestran que las estrellas en ese sentido existen en un rango enorme de constantes. Si el Hacedor del universo escogiera constantes aleatorias, tiene un 25 % de probabilidades de conseguir un universo que puede hacer estrellas.[15]

Eso no es un ajuste fino. Pero los resultados de Adams son todavía más firmes. ¿Por qué no permitir que también cuenten como «estrellas» objetos más exóticos? Su salida de energía todavía podría soportar una forma de vida. Quizá la energía provenga de procesos cuánticos en agujeros negros, o de montones de materia oscura que generan energía aniquilando materia ordinaria. Ahora la probabilidad se incrementa al 50 %. En lo que se refiere a las estrellas, nuestro universo no está peleando con probabilidades de 10 millones de billones de billones de billones contra uno. Simplemente se eligió «cara» y la moneda de la constante fundamental cayó de ese lado.

Epílogo

El universo es un gran lugar, quizá el más grande.

KILGORE TROUT (PHILIP JOSÉ FARMER),
Venus en la concha

Nuestro viaje matemático nos ha llevado desde la superficie de la Tierra hasta los límites más lejanos del cosmos, y desde el principio de los tiempos hasta el final del universo. Empezó en las profundidades de la prehistoria, cuando los primeros seres humanos miraron el cielo nocturno y se preguntaron qué pasaba ahí arriba. Todavía no vislumbramos cómo finaliza: cuanto más aprendemos sobre el cosmos, más fracasamos en entenderlo.

Las matemáticas han evolucionado junto con la astronomía y áreas relacionadas como la física nuclear, astrofísica, teoría cuántica, relatividad y teoría de cuerdas. La ciencia hace preguntas, las matemáticas intentan responderlas. A veces es al revés y los descubrimientos matemáticos predicen un nuevo fenómeno. Los esfuerzos de Newton por formular las leyes de la gravedad y el movimiento motivaron la teoría de las ecuaciones diferenciales y el problema de los *n*-cuerpos. A su vez, estos inspiraron cálculos que predijeron la existencia de Neptuno y las vueltas caóticas de Hiperión.

Como resultado, las matemáticas y la ciencia, y la astronomía en particular, son cada vez más sofisticadas ya que unas inspiran nuevas ideas a las otras. Los registros babilónicos del movimiento de los planetas requerían gran precisión aritmética. El modelo de Ptolomeo del sistema solar estaba basado en la geometría de las esferas y las circunferencias. La versión de Kepler requería de las secciones cónicas de los geómetras griegos. Cuando Newton reformuló todo el asunto como una ley universal, la presentó utilizando una geometría compleja, pero su pensamiento estaba conformado por cálculo y ecuaciones diferenciales.

El enfoque de la ecuación diferencial se adaptaba mejor a las complejidades de los fenómenos astronómicos. Con la comprensión del movimiento de dos cuerpos que gravitan mutuamente, los astrónomos y los matemáticos intentaron avanzar hacia tres o más cuerpos. Este intento fue obstaculizado por lo que ahora conocemos como dinámica caótica, de hecho, fue en el problema de los dos cuerpos y medio cuando apareció el caos por primera vez. Pero aún se podía progresar. Las ideas de Poincaré inspiraron un área totalmente nueva de las matemáticas: la topología. Él mismo fue importante para su desarrollo inicial. La topología es la geometría en un sentido muy flexible.

La sencilla pregunta de «¿Cómo brilla el Sol?» abrió la caja de Pandora cuando se descubrió que si utiliza una fuente de energía convencional, debería haberse carbonizado hace tiempo. El descubrimiento de la física nuclear explica cómo producen calor y luz las estrellas, y culmina en las predicciones precisas acerca de las cantidades que hay en nuestra galaxia de casi todos los elementos químicos.

La dinámica de las galaxias, con sus formas llamativas, inspiró nuevos modelos y conocimientos, pero también mostró un rompecabezas gigantesco: curvas de rotación que no concuerdan con las leyes de gravedad de Newton a menos que (como los cosmólogos reclaman) la mayoría de la materia del universo sea completamente diferente de cualquier cosa que jamás hayamos observado o creado en los aceleradores de partículas. O quizá, como algunos matemáticos han empezado a plantearse, el problema no recaiga en la física, sino en un modelo matemático inapropiado.

Cuando Einstein creó una revolución en física, y quería extenderla a la gravedad, otro tipo de geometría vino al rescate: la teoría de variedades de Riemann, que surge de la aproximación radical de Gauss a la curvatura. La teoría resultante de la relatividad general explica la precesión anómala del perihelio de Mercurio y la curvatura de la luz por el Sol. Cuando se aplicó a estrellas masivas, llamaron la atención características matemáticas extrañas de las soluciones a las que ahora nos referimos como agujeros negros. Ciertamente, el universo estaba empezando a tener un aspecto muy extraño.

Cuando la relatividad general se aplicó al universo como un todo, resultó todavía más extraño. El descubrimiento de Hubble de galaxias con corrimiento al rojo, lo que implicaba que el universo se expandía, llevó a Lemaître a su huevo cósmico en explosión, alias Big Bang. Comprender el Big Bang precisaba de física y matemáticas nuevas, y nuevos métodos computacionales potentes. Lo que a primera vista parecía una respuesta completa empezó a hacerse pedazos a medida que llegaban más datos, y se necesitaron tres extras diferentes: inflación cósmica, materia oscura y energía oscura. Los cosmólogos las promueven como descubrimientos profundos, lo cual es cierto si sus teorías sobreviven al escrutinio. Sin embargo, cada extra plantea sus propios problemas, y ninguno está respaldado por la confirmación independiente de las conjeturas trascendentales que se necesitan para que funcionen.

Los científicos constantemente refinan su comprensión del cosmos, y cada nuevo descubrimiento plantea cuestiones frescas. En junio de 2016, la NASA y la ESA utilizaron el telescopio Hubble para medir las distancias a las estrellas en diecinueve galaxias. Los resultados, obtenidos por un equipo dirigido por Adam Riess, se obtuvieron mediante el empleo de métodos estadísticos de alta precisión para revisar la constante de Hubble en ascenso a 73,2 kilómetros por segundo por megapársec.[1] Esto significa que el universo se expande un 5-9% más rápido de lo que previamente se pensaba. Con el modelo estándar de cosmología, esta cifra ya no concuerda con las observaciones de la radiación de fondo de microondas hechas por WMAP y el satélite Planck de la ESA. Este resultado inesperado podría ser una nueva pista sobre la naturaleza de la materia oscura y la energía oscura, o un signo de que no existe ninguna de las dos y de que nuestra imagen del universo necesita una revisión.

Así es como la ciencia real avanza, por supuesto. Tres pasos hacia delante, dos pasos hacia atrás. Los matemáticos disfrutan del lujo de vivir en una burbuja lógica, en la que cuando alguna vez se prueba que algo es cierto, permanece cierto. Las interpretaciones y las pruebas podrán cambiar, pero los teoremas no pasan a estar no-probados por descubrimientos posteriores, aunque podrían ser obsoletos o irrelevantes para las preocupaciones del momento. La ciencia es siempre provisional, solo tan buena como las evidencias del momento. En respuesta a dichas evidencias, los científicos se reservan el derecho a cambiar de opinión.

Incluso cuando pensamos que entendemos algo, aparecen problemas inesperados. Teóricamente, todo tipo de variaciones en nuestro universo tiene tanto sentido como esta. Cuando los cálculos parecían indicar que la mayoría de las variantes no permitirían la vida, o ni siquiera los átomos, el rompecabezas filosófico del ajuste fino hizo su gran entrada en escena. Los intentos de resolverlo llevaron a elaborar algunas de las ideas más imaginativas, aunque especulativas, que los físicos han concebido jamás. Sin embargo, ninguna de ellas es necesaria si, como un análisis del razonamiento más cercano sugiere, todo el problema es una pista falsa.

El principal sentido de *Las matemáticas del cosmos* es la necesidad, y el éxito sorprendente, del razonamiento matemático en astronomía y cosmología. Incluso cuando he criticado teorías populares, he empezado explicando el punto de vista convencional, y por qué tanta gente las acepta. Pero, cuando parece haber buenas razones para considerar alternativas, y especialmente cuando estas alternativas no se están tomando en serio, creo que merece la pena presentarlas, incluso aunque sean controvertidas o las rechacen muchos cosmólogos. No me gustaría que se aceptaran confiadamente declaraciones que afirman haber resuelto los acertijos del universo cuando muchos asuntos siguen sin resolver. Por otro lado, también desearía haber explicado las soluciones convencionales; son aplicaciones de las matemáticas bellas, que podrían ser correctas y que, si no lo son, pavimentan el camino hacia algo mejor.

Las alternativas a menudo parecen radicales: no hubo Big Bang, la materia oscura es una quimera... Pero hace solo unas décadas, tampoco estas teorías tenían defensor alguno. La investigación de las distantes fronteras del conocimiento es siempre difícil y no podemos instalar el universo en un laboratorio, ponerlo bajo un microscopio, destilarlo para averiguar de qué está hecho o tensarlo para ver cómo se rompe. Tenemos que emplear la inferencia y la imaginación. Y, además, nuestras facultades críticas, razón por la que he hecho más énfasis de lo habitual en ideas que no reflejan el conocimiento convencional. Estas partes del proceso científico también son válidas.

Nos hemos topado con docenas de teorías erróneas que parecían totalmente razonables no hace mucho tiempo. La Tierra es el centro del universo. Los planetas se formaron cuando una estrella pasajera arrancó del Sol una masa con forma de cigarro. Hay un planeta en órbita más cerca del

Sol que Mercurio. Saturno tiene orejas. El Sol es la única estrella con planetas. Nuestra galaxia está en reposo en el centro del universo rodeada por un vacío infinito. La distribución de las galaxias es regular. El universo ha existido siempre, pero se crea materia nueva en el vacío interestelar. En su época, estas teorías se creían de manera generalizada, y la mayoría estaban basadas en las mejores evidencias disponibles entonces. Algunas eran un poco tontas desde el principio, eso sí; los científicos a veces tienen ideas muy extrañas, reforzadas por un instinto de rebaño y un fervor casi religioso más que por las evidencias.

No veo por qué a las teorías apreciadas hoy les debería ir mejor. Quizá la Luna no fue creada por la Tierra al colisionar con un cuerpo del tamaño de Marte. Quizá no hubo un Big Bang. Quizá el corrimiento al rojo no es la evidencia de un universo en expansión. Quizá los agujeros negros no existen. Quizá la inflación cósmica nunca ha sucedido. Quizá la materia oscura es un error. Quizá la vida alienígena puede ser radicalmente diferente de cualquier cosa con la que nos hayamos encontrado, posiblemente diferente incluso de lo que podamos imaginar.

Quizá sí.

Quizá no.

La diversión está en averiguarlo.

Unidades y jerga

agujero negro: región del espacio desde la cual la luz no puede escapar, a menudo formada por una estrella masiva que colapsa bajo su propia gravedad.

antimateria: materia compuesta de antipartículas, que tienen la misma masa que las partículas ordinarias, pero carga opuesta.

año luz: distancia que recorre la luz en un año: $9{,}460528 \times 10^{15}$ metros o 9,46 billones de kilómetros.

asteroide: cuerpo pequeño rocoso o helado que orbita alrededor del Sol, principalmente entre Marte y Júpiter.

Big Bang: teoría de que el universo se originó a causa de una singularidad hace 13.800 millones de años

centauro: cuerpo situado en una órbita que cruza la eclíptica entre las órbitas de Júpiter y Neptuno.

cometa: pequeño cuerpo helado que se calienta cuando se acerca al Sol, mostrando una atmósfera visible (coma) y quizá una cola, provocada por el gas a chorro causado por el viendo solar.

cono de luz: región del espacio-tiempo accesible desde un suceso dado que sigue una curva como la del tiempo o una línea del universo.

constante de estructura fina, a: constante fundamental que caracteriza la fuerza de interacción entre partículas cargadas. Es igual a $7{,}297352 \times 10^{-3}$. (Es un número sin dimensión, independiente de las unidades de medida.)

constante de Planck, *h*: constante básica de la mecánica cuántica, que determina la cantidad mínima de energía que hay en una onda electromagnética (la cual es *h* veces la frecuencia). Es muy pequeña, equivale a 1,054571 × 10^{-34} julios-segundo.

constante gravitacional, *G*: constante de proporcionalidad de la ley de gravedad de Newton. Equivale a 6,674080 × 10^{-11} m^3 kg^{-1} s^{-2}.

curva de luz: gráfica de la radiación de la luz de una estrella en función del tiempo.

curvatura: medida intrínseca de la variación de una superficie respecto al espacio plano de Euclides.

eje mayor: el eje más largo de una elipse.

eje menor: el eje más corto de una elipse.

electronvoltio (eV): unidad de energía utilizada en la física de partículas igual a 1,6 × 10^{-19} julios. Véase julio.

elipse: curva ovalada cerrada que se forma al estirar una circunferencia uniformemente en una dirección.

espacio-tiempo: variedad de cuatro dimensiones con tres coordenadas del espacio y una coordinada del tiempo.

espectro: cantidad de radiación emitida por un cuerpo (normalmente una estrella) que varía según la longitud de onda. Los picos (líneas de emisión) y las caídas (líneas de absorción) son las características más importantes.

excentricidad: medida de la amplitud (ancha o estrecha) de una elipse. Nota 2 del capítulo 1.

exoluna: satélite natural de un planeta que orbita una estrella diferente al Sol.

exoplaneta: planeta que orbita alrededor de una estrella diferente al Sol.

GeV (gigaelectronvoltio): unidad de energía utilizada en la física de partículas. Equivale a 1.000 millones de electronvoltios. Véase electronvoltio.

grado: (ángulos) 360° equivalen a una circunferencia completa; (temperatura) las unidades utilizadas en este libro son Celsius (°C) y kelvin (K). Los grados Celsius oscilan entre 0 (agua congelada) y 100 (el agua se vaporiza). Kelvin es la temperatura en grados Celsius más 273,16, y 0 K (–273,16 °C) es la temperatura más baja posible, el cero absoluto.

horizonte de sucesos: límite de un agujero negro a través del cual la luz no puede escapar.

isótopo: variante de un elemento químico que se distingue por el número de neutrones que tiene su átomo.

julio (J): unidad de energía que produce un vatio de potencia por un segundo (una sola barra de una estufa eléctrica suele producir 1.000 vatios).

kelvin (K): véase grados.

ley de Dermott: el período orbital del enésimo satélite de un planeta es proporcional a la enésima potencia de una constante C, C^n. Diferentes sistemas de satélites pueden tener diferentes constantes.

ley de la gravedad de Newton: todo cuerpo atrae a todos los demás cuerpos con una fuerza proporcional a sus masas e inversamente proporcional al cuadrado de la distancia entre ellos. La constante de proporcionalidad se llama «constante gravitacional».

ley de Titius-Bode: la distancia desde el Sol al enésimo planeta es $0{,}075 \times 2^n + 0{,}4$ unidades astronómicas.

leyes de Kepler del movimiento planetario:

1. La órbita de un planeta es una elipse con el Sol en uno de los focos.
2. La línea entre el Sol y el planeta barre áreas iguales en períodos de tiempo iguales.
3. El cuadrado del período de revolución es proporcional al cubo de la distancia.

leyes del movimiento de Newton:

1. Los cuerpos continúan moviéndose en línea recta a una velocidad constante a menos que actúe sobre ellos una fuerza.
2. La aceleración de cualquier cuerpo, multiplicada por su masa, es igual a la fuerza que actúa sobre él.
3. Toda acción produce una reacción igual y de sentido opuesto.

luminosidad: energía total radiada por una estrella por unidad de tiempo. Se mide en julios por segundo (vatios). La luminosidad del Sol es de $3{,}846 \times 10^{26}$ vatios.

magnitud: medida logarítmica del brillo. La magnitud aparente es el brillo visto desde la Tierra; la magnitud absoluta es el brillo tal como debería verse desde una distancia de 10 pársecs (para las estrellas) y 1 unidad astronómica (para asteroides y planetas). Los objetos más brillantes tienen magnitudes más bajas que pueden ser negativas. El Sol tiene una magnitud aparente de –27, la Luna llena de –13, Venus de –5 y la estrella más brillante visible Sirius –1,5. Un descenso en la magnitud de 5 corresponde incrementar el brillo multiplicándolo por 100.

MeV (megaelectronvoltio): unidad de energía que se utiliza en la física de partículas. Un millón de electronvoltios. Véase electronvoltio.

minuto (de arco): 60 minutos = 1°.

objeto transneptuniano (TNO): asteroide u otro cuerpo pequeño que orbita el Sol a una distancia media mayor que la de Neptuno (30 UA).

oblato: aplanado por los polos.

ocultación: se produce cuando un objeto celeste es escondido por otro que parece pasar entre este y el observador. Se aplica en especial a las estrellas ocultadas por una luna o un planeta.

paralaje: la mitad de la diferencia entre las direcciones a una estrella desde puntos opuestos en la órbita de la Tierra- con la línea que va del Sol a la estrella.

pársec: distancia a una estrella con paralaje de un segundo de arco, o 3,26 años luz.

perihelio: punto de la aproximación más cercano al Sol.

período: tiempo en que periódicamente se repite un comportamiento recurrente. Ejemplos de ello son los períodos de revolución de un planeta sobre su primario (aproximadamente 365 días para la Tierra) o el período de rotación (24 horas para la Tierra).

planetesimal: cuerpos pequeños que pueden agregarse y formar planetas. Se cree que fueron comunes en los principios del sistema solar.

precesión: rotación lenta del eje en una órbita elíptica.

primario: cuerpo padre alrededor del cual orbita el cuerpo que nos ocupa. El primario de la Tierra es el Sol; el primario de la Luna es la Tierra.

progenitores de brotes de rayos gamma: fuente de repentinos brotes de rayos gamma. Se cree que hay de dos tipos: la formación de una estrella de neutrinos o un agujero negro, o la fusión de dos pares binarios de estrellas de neutrones.

radiación de cuerpo negro: espectro de radiación electromagnética de un cuerpo opaco no reflectante a una temperatura constante.

radiación de fondo de microondas (CMB): radiación casi uniforme a una temperatura de 3 K. Generalmente se cree que es una reliquia del Big Bang.

radio mayor: la mitad de la longitud del eje mayor de una elipse.

radio menor: la mitad de la longitud del eje menor de una elipse.

rayo gamma: forma de radiación electromagnética consistente en fotones de alta energía.

resonancia de giro orbital: relación fraccionaria entre el período de un cuerpo de rotación sobre su eje y su período de revolución sobre su primaria.

resonancia: coincidencia de tiempo en la cual los períodos de dos efectos que se repiten están en una relación fraccional sencilla. Véase nota 6 del capítulo 2.

satélite: (natural) cuerpo pequeño en órbita alrededor de un planeta, «luna»; (artificial) máquina hecha por el hombre en órbita alrededor de la Tierra o de algún otro cuerpo del sistema solar.

segundo (de arco): 60 segundos = 1 minuto.

tiempo de Liapunov: escala de tiempo en la cual un sistema dinámico es caótico. El tiempo para la distancia entre trayectorias cercanas aumenta en un factor de e ~ 2,178. A veces es reemplazado por 2 o 10. Está relacionado con el horizonte de predicción, más allá del cual los pronósticos pasan a ser poco fiables.

toro: superficie matemática con la forma de una rosquilla.

unidad astronómica (UA): distancia del Sol a la Tierra, 149.597.871 kilómetros.

variedad: espacio regular multidimensional como una superficie pero con un número de coordenadas.

velocidad de la luz, ***c*****:** igual a 299.792.458 metros por segundo.

Notas y referencias

PRÓLOGO

1. Mars Odyssey, Mars Express, MRO, Mars Orbiter Mission y MAVEN.

2. Los rovers *Opportunity* y *Curiosity* de la NASA. El rover *Spirit* dejó de funcionar en 2011.

3. «Esa idea tonta de disparar a la Luna es un ejemplo del absurdo al que la salvaje especialización llevará a los científicos. Para escapar de la gravitación terrestre un proyectil necesita una velocidad de 7 millas por segundo. La energía térmica a esta velocidad es de 15.180 calorías (por gramo). Por lo tanto, la proposición parece ser básicamente imposible.» Alexander Bickerton, catedrático de Química, 1926.

«Me atrevo a afirmar que a pesar de todos los avances científicos el hombre nunca viajará a la Luna.» Lee De Forest, inventor electrónico, 1957.

«No hay ninguna esperanza para la idea fantasiosa de alcanzar la Luna, debido a que las barreras para escapar de la gravedad terrestre son insalvables». Forest Moulton, astrónomo, 1932.

4. En un editorial de 1920, el *New York Times* publicó: «Professor Goddard ... no conoce la relación entre la acción y la reacción, y la necesidad de tener algo mejor que un vacío contra el que reaccionar». La tercera ley del movimiento de Newton afirma que para toda acción hay una reacción igual en sentido opuesto. La reacción proviene de la conservación del momento y no se necesita ningún medio contra el que reaccionar. Dicho medio impediría el progreso, no lo facilitaría. Para ser justos, el periódico pidió perdón en 1969 cuando los astronautas del *Apolo 11* iban de camino a la Luna. Para toda publicación, hay una retractación igual y en sentido opuesto.

5. Nicolas Bourbaki es el pseudónimo de un grupo de matemáticos en constante cambio, principalmente franceses, formado inicialmente en 1935, que escribieron una larga serie de libros en lo que reformularon las matemáticas con unas bases generales y abstractas. Esto resultó fantástico para los matemáticos investigadores, porque unificaba la asignatura, ordenando conceptos básicos y proporcionando pruebas rigurosas. Pero la adopción generalizada de una filosofía similar en la enseñanza de las matemáticas escolares, conocida como «matemática moderna», tuvo poco éxito y fue, cuando menos, controvertida.

1. Atracción a distancia

1. En 1726, Newton cenó una noche con William Stukeley en Londres. En un documento conservado en los archivos de la Royal Society, Stukeley escribió:

> Después de cenar, como hacía buen tiempo, salimos al jardín a tomar el té a la sombra de unos manzanos, él y yo solos. En la conversación me dijo que estaba en la misma situación que cuando le vino a la mente por primera vez la idea de la gravitación. La originó la caída de una manzana, mientras estaba sentado, reflexionando. Pensó para sí: ¿por qué tiene que caer la manzana siempre perpendicularmente al suelo? ¿Por qué no cae hacia arriba o hacia un lado, y no siempre hacia el centro de la Tierra? La razón tiene que ser que la Tierra la atrae. Debe de haber una fuerza de atracción en la materia; y la suma de la fuerza de atracción de la materia de la Tierra debe de estar en el centro de la Tierra, y no en otro lado. Por eso la manzana cae perpendicularmente, hacia el centro. Por tanto, si la materia atrae a la materia, debe de ser en proporción a su cantidad. La manzana atrae a la Tierra tanto como la Tierra atrae a la manzana.

Otras fuentes han confirmado que Newton contó esta historia, pero no prueban que sea cierta. Puede que Newton se la inventase para explicar sus ideas. Se dice que el árbol del que cayó la manzana todavía existe (de la variedad *flower of Kent,* una manzana para cocinar, en Woolsthorpe Manor).

2. Si una elipse tiene un radio mayor a y un radio menor b, entonces el foco dista del centro $f = \sqrt{a^2 - b^2}$. La excentricidad es $\varepsilon = f / a \sqrt{1 - b^2 / a^2}$.

3. A. Koyré, «Carta no publicada de Robert Hooke a Isaac Newton», *Isis* n.º 43 (1952), pp. 312-337.

4. A. Chenciner y R. Montgomery, «A remarkable periodic solution of the three-body problem in the case of equal masses», *Ann. Math.,* n.º 152 (2000), pp. 881-901.

Se puede encontrar una animación y más información sobre tipos de órbitas similares en: http://www.scholarpedia.org/article/N-body_choreographies

5. C. Simó, «New families of solutions in N-body problems», *Proc. European Congr. Math.*, Barcelona, 2000.

6. E. Oks, «Stable conic-helical orbits of planets around binary stars: analytical results», *Astrophys. J.*, n.° 804 (2015), p. 106.

7. Newton lo expuso de este modo en una carta a Richard Bentley, escrita en 1692 o 1693: «Es inconcebible que materia inanimada deba, sin la mediación de algo más, lo cual no es material, operar y afectar a otra materia sin contacto mutuo ... Ese cuerpo podría actuar sobre otro a cierta distancia a través del vacío, sin la mediación de nada más ... esto para mí es tan absurdo que no creo que ningún hombre que tenga una facultad de pensamiento competente en materia filosófica pueda aceptarlo jamás».

8. Esto es ligeramente simplista. Lo que está prohibido es pasar a través de la velocidad de la luz. Nada que se mueva más lento que la luz puede aumentar su velocidad y ser más rápido que la luz; si algo se mueve más rápido que la luz, no puede desacelerarse para ser más lento que la luz. Este tipo de partículas, completamente hipotéticas, se llaman «taquiones».

9. En una carta de 1907 a su amigo Conrad Habicht, Einstein escribió que estaba pensando en «una teoría relativista de la ley de la gravitación con la cual espero dar cuenta para el todavía inexplicable cambio secular en el movimiento del perihelio de Mercurio». Su primer intento significativo empezó en 1911.

10. En la actualidad, combinamos las ecuaciones de Einstein en una única ecuación tensorial (con diez componentes, un 4-tensor simétrico). Pero permanece «ecuaciones de campo» como nombre estándar.

2. Colapso de la nebulosa solar

1. Los minerales más antiguos encontrados en meteoritos, rastros modernos del primer material sólido de la nebulosa presolar, tienen 4.568,2 millones de años.

2. Lo escribió en 1662-1663, pero pospuso su publicación debido a la Inquisición. Apareció poco después de su muerte.

3. Una definición adecuada requiere vectores.

4. H. Levison, K. Kretke y M. Duncan, «Growing the gas-giant planets by the gradual accumulation of pebbles», *Nature,* n.° 524 (2015), pp. 322-324.

5. I. Stewart. «The second law of gravitics and the fourth law of thermodynamics», en *From Complexity to Life* (ed. N. H. Gregsen), Oxford University Press, 2003, pp. 114-150.

6. En este libro la notación *p:q* para una resonancia significa que el primer cuerpo mencionado va alrededor de *p* veces mientras que el segundo va a *q* veces. Los períodos están por lo tanto en la razón *q/p*. Por otro lado, sus frecuencias responden a la razón *p/q*. Algunos autores utilizan la convención opuesta, otros la notación «resonancia *p/q*». Invirtiendo el orden de los cuerpos, una resonancia *p:q* resulta una resonancia *q:p*.

7. Venus no tiene cráteres antiguos porque su superficie fue remodelada por volcanes hace menos de cien millones de años. Los planetas más allá de Júpiter son de gas y hielo, y todo lo que podemos ver es su atmósfera superior. Pero muchas de sus lunas tienen cráteres, algunos nuevos y otros antiguos. *New Horizons* reveló que Plutón y su luna Caronte tienen menos cráteres de lo esperado.

8. K. Batygin y G. Laughlin. «On the dynamical stability of the solar system», *Astrophys. J.*, n.° 683 (2008), pp. 1207-1216.

9. J. Laskar y M. Gastineau. «Existence of collisional trajectories of Mercury, Mars and Venus with the Earth», *Nature*, n.° 459 (2009), pp. 817-819.

10. G. Laughlin. «Planetary science: The Solar System's extended shelf life», *Nature*, n.° 459 (2009), pp. 781-782.

3. Luna inconstante

1. La química de los depósitos de uranio en Oklo, en Gabón, sugiere que en el Precámbrico constituyeron un reactor de fisión natural.

2. R. C. Paniello, J. M. D. Day y F. Moynier, «Zinc isotopic evidence for the origin of the Moon, *Nature*, n.° 490 (2012), pp. 376-379.

3. A. G. W. Cameron y W. R. Ward, «The origin of the Moon, Abstr. Lunar Planet», *Sci. Conf.*, n.° 7 (1976), pp. 120-122.

4. W. Benz, W. L. Slattery y A. G. W. Cameron, «The origin of the moon and the single impact hypothesis I», *Icarus*, n.° 66 (1986), pp. 515-535.

W. Benz, W. L. Slattery y A. G. W. Cameron, «The origin of the moon and the single impact hypothesis II, *Icarus*, n.° 71 (1987), pp. 30-45.

W. Benz, A. G. W. Cameron y H. J. Melosh, «The origin of the moon and the single impact hypothesis III», *Icarus*, n.° 81 (1989), pp. 113-131.

5. R. M. Canup y E. Asphaug, «Origin of the Moon in a giant impact near the end of the Earth's formation», *Nature*, n. ° 412 (2001), pp. 708-712.

6. A. Reufer, M. M. M. Meier y W. Benz, «A hit-and-run giant impact scenario», *Icarus*, n.° 221 (2012), pp. 296-299.

7. J. Zhang, N. Dauphas, A. M. Davis, I. Leya y A. Fedkin, «The proto-

Earth as a significant source of lunar material», *Nature Geosci.*, n.° 5 (2012), pp. 251-255.

8. R. M. Canup, «Simulations of a late lunar-forming impact», *Icarus*, n.° 168 (2004), pp. 433-456.

9. A. Mastrobuono-Battisti, H. B. Perets y S. N. Raymond, «A primordial origin for the compositional similarity between the Earth and the Moon», *Nature*, n.° 520 (2015), pp. 212-215.

4. El mecanismo de relojería del cosmos

1. Véase la nota 6 del capítulo 2 para consultar por qué no lo llamamos «resonancia 3:5».

2. La ley de Dermott, una fórmula empírica para el período orbital de los satélites en el sistema solar, fue identificada por Stanley Dermott en la década de 1960. Tiene la forma $T(n) = T(\mathrm{o})C^n$, donde $n = 1, 2, 3, 4,\dots$ donde $T(n)$ es el período orbital del n-ésimo satélite, $T(\mathrm{o})$ es una constante del orden de días y C es una constante del sistema de satélites en cuestión. Valores específicos son: Júpiter: $T(\mathrm{o}) = 0{,}444$ días, $C = 2{,}0$. Saturno: $T(\mathrm{o}) = 0{,}462$ días, $C = 1{,}59$. Urano: $T(\mathrm{o}) = 0{,}488$ días, $C = 2{,}24$.

S. F. Dermott, «On the origin of commensurabilities in the solar system II: the orbital period relation», *Mon. Not. RAS*, n.° 141 (1968), pp. 363-376.

S. F. Dermott, «On the origin of commensurabilities in the solar system III: the resonant structure of the solar system, *Mon. Not. RAS*, n.° 142 (1969), pp. 143-149.

3. F. Graner y B. Dubrulle. «Titius-Bode laws in the solar system. Part I: Scale invariance explains everything», *Astron. & Astrophys.*, n.° 282 (1994), pp. 262-268.

B. Dubrulle y F. Graner, «Titius-Bode laws in the solar system. Part II: Build your own law from disk models», *Astron. & Astrophys.*, n.° 282 (1994), pp. 269-276.

4. Proviene de «QB1-o», y este a su vez de (15760) 1992 QB1, el primer TNO descubierto.

5. Es difícil medir el diámetro de Plutón desde la Tierra, incluso con el telescopio Hubble, porque tiene una atmósfera delgada que hace que sus límites estén difusos. Eris no tiene atmósfera.

6. Proposiciones 43-45 del Libro I de *Philosophiae Naturalis Principia Mathematica.*

7. A. J. Steffl, N. J. Cunningham, A. B. Shinn y S. A. Stern, «A search for

Vulcanoids with the STEREO heliospheric imager», *Icarus*, n.º 233 (2013), pp. 48-56.

5. Policía celeste

1. El comentario de Wigner es malinterpretado a menudo. Es fácil explicar la efectividad de las matemáticas. En gran parte se debe a los problemas del mundo real, por lo que no es una sorpresa que a veces los solucione. La palabra que importa en la frase de Wigner es «irrazonable». Se refería al modo en que las matemáticas inventadas para un único propósito a menudo resultan ser útiles para un área totalmente diferente e inesperada. Ejemplos sencillos son la geometría griega de secciones cónicas, que resurgió en las órbitas planetarias dos mil años más tarde, o las especulaciones del Renacimiento sobre números imaginarios, fundamentales en física matemática e ingeniería. La generalización de este fenómeno no puede explicarse tan fácilmente.

2. Supongamos, para simplificar, que todos los asteroides están en el mismo plano, lo cual no difiere mucho de la realidad para la mayoría. El cinturón de asteroides está a una distancia de entre 2,2 y 3,3 UA del Sol, es decir, alrededor de entre 320 millones y 480 millones de kilómetros. Proyectado en el plano de la eclíptica, el área total ocupada por el cinturón de asteroides es $\pi(480^2 - 320^2)$ billones de kilómetros cuadrados, es decir, 4×10^{17} km^2. Dividido entre 150 millones de rocas da un área de $8{,}2 \times 10^8$ km^2 por roca. Esto es la misma área que la de un círculo de diámetro de 58.000 km. Si los asteroides están distribuidos más o menos uniformemente, esa es la distancia típica entre asteroides vecinos.

3. M. Moons y A. Morbidelli, «Secular resonances inside meanmotion commensurabilities: the 4/1, 3/1, 5/2 and 7/3 cases», *Icarus*, n.º 114 (1995), pp. 33-50.

M. Moons, A. Morbidelli y F. Migliorini, «Dynamical structure of the 2/1 commensurability with Jupiter and the origin of the resonant asteroids», *Icarus*, n.º 135 (1998), pp. 458-468.

4. Se puede consultar una animación que muestra la relación entre los cinco puntos de Lagrange y el potencial gravitatorio en: https://en.wikipedia.org/wiki/File:Lagrangian_points_equipotential.gif

5. Véase la animación de https://www.exploremars.org/trojan-asteroids-around-jupiter-explained

6. F. A. Franklin, «Hilda asteroids as possible probes of Jovian migration», *Astron. J.*, n.º 128 (2004), pp. 1391-1406.

7. http://www.solstation.com/stars/jupiter.htm

6. El planeta que se tragó a sus hijos

1. P. Goldreich y S. Tremaine, «Towards a theory for the Uranian rings», *Nature*, n.º 277 (1979), pp. 97-99.

2. M. Kenworthy y E. Mamajek, «Modeling giant extrasolar ring systems in eclipse and the case of J1407b: sculpting by exomoons?», arXiv:1501.05652 (2015).

3. F. Braga-Rivas y otros 63, «A ring system detected around Centaur (10199) Chariklo», *Nature*, n.º 508 (2014), pp. 72-75.

7. *Cosmica sidera*

1. E. J. Rivera, G. Laughlin, R. P. Butler, S. S. Vogt, N. Haghighipour y S. Meschiari, «The Lick-Carnegie exoplanet survey: a Uranus-mass fourth planet for GJ 876 in an extrasolar Laplace configuration», *Astrophys.* J., n.º 719 (2010), pp. 890-899.

2. B. E. Schmidt, D. D. Blankenship, G. W. Patterson y P. M. Schenk, «Active formation of 'chaos terrain' over shallow subsurface water on Europa», *Nature*, n.º 479 (2011), pp. 502-505.

3. P. C. Thomas, R. Tajeddine, M. S. Tiscareno, J. A. Burns, J. Joseph, T. J. Loredo, P. Helfenstein y C. Porco, «Enceladus's measured physical libration requires a global subsurface ocean», *Icarus* (2015) en prensa; doi:10.1016/j.icarus.2015.08.037.

4. S. Charnoz, J. Salmon y A. Crida, «The recent formation of Saturn's moonlets from viscous spreading of the main rings», *Nature*, n.º 465 (2010), pp. 752-754.

8. Viajes y aventuras a través del mundo solar

1. M. Massironi y otros 58, «Two independent and primitive envelopes of the bilobate nucleus of comet 67P», *Nature*, n.º 526 (2015), pp. 402-405.

2. A. Bieler y otros 33, «Abundant molecular oxygen in the coma of comet 67P/Churyumov-Gerasimenko», *Nature*, n.º 526 (2015), pp. 678-681.

3. P. Ward y D. Brownlee, *Rare Earth*, Springer, Nueva York, 2000.

4. J. Horner y B. W. Jones, «Jupiter – friend or foe? I: The asteroids», *Int. J. Astrobiol.*, n.º 7 (2008), pp. 251-261.

9. Caos en el cosmos

1. Véase el video en http://hubblesite.org/newscenter/archive/releases/2015/24/video/a/

2. J. R. Buchler, T. Serre, y Z. Kolláth, «A chaotic pulsating star: the case of R Scuti», *Phys. Rev. Lett.*, n.° 73 (1995), pp. 842-845.

3. No obstante, el 6 tiene la misma probabilidad que cualquier otro valor para un dado justo. A la larga, el número de 6 debería acercarse arbitrariamente a 1/6 del número de lanzamientos. Pero es instrutiva la manera en que esto sucede. Si en alguna etapa se han hecho, por ejemplo, 100 lanzamientos, con más 6 que cualquier otro número, el 6 no se convierte en más probable. El dado tan solo continúa generando más y más números. Después de, por ejemplo, cien millones más de lanzamientos, esos 100 extra afectan a la proporción de 6 solo en una parte de un millón. Las desviaciones no se cancelan porque el dado «sabe» que se han lanzado demasiados 6. Estos quedan diluidos por nuevos datos, generados por un dado que no tiene memoria.

4. Dinámicamente, un dado es un cubo sólido y su movimiento es caótico porque las aristas y vértices «amoldan» la dinámica. Pero hay otra fuente de aleatoriedad en el dado: las condiciones iniciales. Cómo se tiene el dado en la mano y cómo se lanza, hace aleatorio el resultado.

5. Lorenz no lo llamó mariposa, aunque sí dijo algo parecido sobre una gaviota. Lo de la mariposa se le ocurrió a otro investigador para el título de una conferencia pública que Lorenz pronunció en 1972. Y lo que Lorenz tenía inicialmente en mente probablemente no fuese este efecto mariposa, sino otro más sutil. Véase T. Palmer, «The real butterfly effect», *Nonlinearity*, n.° 27 (2014), R123-R141.

Nada de esto afecta a esta discusión y lo que he descrito es lo que ahora significa «efecto mariposa». Es real, característico del caos, pero sutil.

6. V. Hoffmann, S. L. Grimm, B. Moore y J. Stadel, «Chaos in terrestrial planet formation», *Mon. Not. RAS* (2015); arXiv: 1508.00917.

7. A. Milani y P. Farinella, «The age of the Veritas asteroid family deduced by chaotic chronology», *Nature*, n.° 370 (1994), pp. 40-42.

8. June Barrow-Green, *Poincaré and the Three Body Problem,* American Mathematical Society, Providence, 1997.

9. M. R. Showalter y D. P. Hamilton, «Resonant interactions and chaotic rotation of Pluto's small moons», *Nature*, n.° 522 (2015), pp. 45-49.

10. J. Wisdom, S. J. Peale y F. Mignard, The chaotic rotation of Hyperion, *Icarus*, n.° 58 (1984), pp. 137-152.

11. K = Kreide, «caliza» en alemán, se refiere al Cretácico y T = Terciario. ¿Por qué los científicos hacen este tipo de cosas? Ni idea.

12. M. A. Richards y otros nueve, «Triggering of the largest Deccan eruptions by the Chicxulub impact, *GSA Bull.* (2015), doi: 10.1130/B31167.1.

13. W. F. Bottke, D. Vokrouhlický y D. Nesvorný, «An asteroid breakup 160 Myr ago as the probable source of the K/T impactor», *Nature*, n.° 449 (2007), pp. 48-53.

10. La autopista interplanetaria

1. M. Minovitch, «A method for determining interplanetary free-fall reconnaissance trajectories», *JPL Tech. Memo,* TM-312-130 (1961), pp. 38-44.

2 M. Lo y S. Ross, «SURFing the solar system: invariant manifolds and the dynamics of the solar system», *JPL IOM* 312/97, 1997.

M. Lo y S. Ross, «The Lunar L1 gateway: portal to the stars and beyond», *AIAA Space 2001 Conf.*, Albuquerque, 2001.

3. http://sci.esa.int/where_is_rosetta/ ofrece una animación espectacular de esta ruta con rodeos.

4. Una causa (entre otras muchas) de la primera guerra mundial fue el asesinato del archiduque de Austria, Francisco Fernando durante una visita a Sarajevo. Seis asesinos hicieron un intento fallido al lanzarle una granada. Más tarde, uno de ellos, Gavrilo Princip, lo mató, junto a su esposa Sofía, disparándole con una pistola. Prácticamente no hubo ninguna reacción inicial de la población, pero el gobierno austríaco animó al alzamiento contra los serbios de Sarajevo, lo que lo intensificó.

5. W. S. Koon, M. W. Lo, J. E. Marsden y S. D. Ross, «The Genesis trajectory and heteroclinic connections», *Astrodynamics*, n.° 103 (1999), pp. 2327-2343.

11. Grandes bolas de fuego

1. Estrictamente hablando, este término se refiere a la salida de energía total, lo que está estrechamente relacionado con el brillo intrínseco.

2. Se puede encontrar una animación de la evolución estelar a través del diagrama de Hertzsprung-Russell en http://spiff.rit.edu/classes/phys230/lectures/star_age/evol_hr.swf

3. F. Hoyle, «Synthesis of the elements from hydrogen», *Mon. Not. RAS*, n.° 106 (1946), pp. 343-383.

4. E. M. Burbidge, G. R. Burbidge, W. A. Fowler y F. Hoyle, «Synthesis of the elements in stars», *Rev. Mod. Phys.*, n.° 29 (1957), pp. 547-650.

5. A. J. Korn, F. Grundahl, O. Richard, P. S. Barklem, L. Mashonkina, R. Collet, N. Piskunov y B. Gustafsson, «A probable stellar solution to the cosmological lithium discrepancy», *Nature*, n.° 442 (2006), pp. 657-659.

6. F. Hoyle, «On nuclear reactions occurring in very hot stars: the synthesis of the elements between carbon and nickel», *Astrophys. J. Suppl.* n.° 1 (1954), pp. 121-146.

7. F. Hoyle, «The universe: past and present reflections», *Eng. & Sci.* (noviembre de 1981), pp. 8-12.

8. G. H. Miller y otros 12, «Abrupt onset of the Little Ice Age triggered by volcanism and sustained by sea-ice/ocean feedbacks», *Geophys. Res. Lett.*, n.° 39 (2012), L02708.

9. H. W. Babcock, «The topology of the Sun's magnetic field and the 22-year cycle», *Astrophys. J.*, n.° 133 (1961), pp. 572-587.

10. E. Nesme-Ribes, S. L. Baliunas y D. Sokoloff, «The stellar dynamo», *Scientific American* (agosto de 1996), pp. 30-36.

Para los detalles matemáticos y un trabajo más reciente con modelos más realistas, véase: M. Proctor, « Dynamo action and the Sun», *EAS Publ. Ser.*, n.° 21 (2006), pp. 241-273.

12. El gran río del espacio

1. Es decir, $M(r) = rv(r)^2/G$. De modo que $v(r) = \sqrt{GM(r)/r}$. Donde $M(r)$ es la masa fuera del radio, $v(t)$ es la velocidad rotacional de la estrella en un radio r y G es la constante gravitatoria.

13. Mundos alienígenas

1. X. Dumusque y otros diez, «An Earth-mass planet orbiting α Centauri B», *Nature*, n.° 491 (2012), pp. 207-211.

2. V. Rajpaul, S. Aigrain y S. J. Roberts, «Ghost in the time series: no planet for Alpha Cen B», arXiv:1510.05598; *Mon. Not. RAS*, en prensa.

3. Z. K. Berta-Thompson y otros 20, «A rocky planet transiting a nearby low-mass star», *Nature*, n.° 527 (2015), pp. 204-207.

4. «Como la Tierra» significa aquí «planeta rocoso», con más o menos el mismo tamaño y masa que la Tierra, en una órbita que permitiría la existencia de agua líquida sin ningunas condiciones extra especiales. Luego también se necesita oxígeno.

5. E. Thommes, S. Matsumura y F. Rasio, «Gas disks to gas giants: Simulating the birth of planetary systems», *Nature*, 321 (2008), pp. 814-817.

6. M. Hippke y D. Angerhausen, «A statistical search for a population of exo-Trojans in the Kepler dataset», ArXiv:1508.00427 (2015).

7. En *Evolving the Alien,* Cohen y yo proponíamos que lo que realmente cuenta es la *exteligencia*: la habilidad de los seres inteligentes para compartir su conocimiento de un modo que todo el mundo pueda acceder a ella. Internet constituye un buen ejemplo. Se requiere exteligencia para construir naves espaciales.

8. M. Lachmann, M. E. J. Newman y C. Moore, «The physical limits of communication», Working paper 99-07-054, Santa Fe Institute, 2000.

9. I. N. Stewart, «Uninhabitable zone», *Nature*, n.° 524 (2015), p. 26.

10. P. S. Behroozi y M. Peeples, «On the history and future of cosmic planet formation», *Mon. Not. RAS* (2015); arXiv: 1508.01202.

11. D. Sasselov y D. Valencia. «Planets we could call home», *Scientific American*, n.° 303 (agosto de 2010), pp. 38-45.

12. S. A. Benner, A. Ricardo y M. A. Carrigan, «Is there a common chemical model for life in the universe?», *Current Opinion in Chemical Biology*, n.° 8 (2004), pp. 676-680.

13. J. Stevenson, J. Lunine y P. Clancy, «Membrane alternatives in worlds without oxygen: Creation of an azotosome», *Science Advances*, n.° 1 (2015), e1400067.

14. J. Cohen e I. Stewart, *Evolving the Alien*, Ebury Press, Londres, 2002.

15. W. Bains, «Many chemistries could be used to build living systems», *Astrobiology*, n.° 4 (2004), pp. 137-167.

16. J. von Neumann,*Theory of Self-Reproducing Automata*, University of Illinois Press, Urbana, 1966.

14. Estrellas negras

1. En unidades que hacen la velocidad de la luz igual a 1, por ejemplo años para el tiempo y años luz para el espacio.

2. R. Penrose, «Conformal treatment of infinity», en *Relativity, Groups and Topology* (ed. C. de Witt y B. de Witt), Gordon and Breach, Nueva York, 1964, pp. 563-584; *Gen. Rel. Grav.*, n.° 43 (2011), pp. 901-922.

3. Animaciones de lo que ocurriría al pasar a través de estos agujeros negros en: http://jila.colorado.edu/~ajsh/insidebh/penrose.html

4. B. L. Webster y P. Murdin, «Cygnus X-1 – a spectroscopic binary with a heavy companion?», *Nature*, n.° 235 (1972), pp. 37-38.

H. L. Shipman, Z. Yu y Y. W. Du, «The implausible history of triple star models for Cygnus X-1: Evidence for a black hole», *Astrophys. Lett.*, n.º 16 (1975), pp. 9-12.

5. P. Mazur y E. Mottola, «Gravitational condensate stars: An alternative to black holes», arXiv:gr-qc/0109035 (2001).

15. MADEJAS Y VACÍOS

1. Colin Stuart, «When worlds collide», *New Scientist* (24 de octubre de 2015), pp. 30-33.

2. Quizá se pueda objetar que «actualmente» no tiene significado en lo que a la relatividad se refiere, que los sucesos no tienen que suceder simultáneamente para todos los observadores. Es cierto, pero cuando digo «actualmente» me refiero a mi marco de referencia, conmigo como observador. Conceptualmente puedo ajustar relojes distantes haciendo cambios de un año por año luz. Visto desde aquí, estarán todos sincronizados. De manera más general, los observadores en marcos de «comovimiento» experimentan simultáneamente lo que se esperaría en la física clásica.

3. N. J. Cornish, D. N. Spergel y G. D. Starkman, «Circles in the sky: finding topology with the microwave background radiation», *Classical and Quantum Gravity*, n.º 15 (1998), pp. 2657-2670.

J. R. Weeks, «Reconstructing the global topology of the universe from the cosmic microwave background», *Classical and Quantum Gravity*, n.º 15 (1998), pp. 2599-2604.

16. EL HUEVO CÓSMICO

1. ¡Menos que eso! Según la NASA, es el 12% de un píxel.

2. Basado en supernovas del tipo Ia, las fluctuaciones de temperatura en la CMB y la función de correlación de galaxias, el universo tiene una edad estimada de 13.798 ± 37 millones de años. Véase «Planck collaboration» (varios autores), Planck 2013 results XVI: Cosmological parameters, *Astron. & Astrophys.*, n.º 571 (2014); arXiv:1303.5076.

3. M. Alcubierre. «The warp drive: hyper-fast travel within general relativity», *Classical and Quantum Gravity*, n.º 11 (1994), L73-L77.

S. Krasnikov, «The quantum inequalities do not forbid spacetime shortcuts», *Phys. Rev. D*, n.º 67 (2003), 104013.

4. Véase la nota 2 del capítulo 15 sobre la simultaneidad en un universo relativista.

17. El gran hinchable

1. La cifra actual para la temperatura es 2,72548 ± 0,00057 K; véase D. J. Fixsen, «The temperature of the cosmic microwave background», *Astrophys. J.*, n.° 707 (2009), pp. 916-920.

Otras cifras mencionadas en el texto son estimaciones históricas ahora obsoletas.

2. Esta frase se retoma de Terry Pratchett, Ian Stewart y Jack Cohen, *The Science of Discworld IV: Judgement Day*, Ebury, Londres, 2013.

3. El trabajo de Penrose está reseñado en Paul Davies, *La mente de Dios*, S. A., Mcgraw-Hill/Interamericana de España, 2006.

4. G. F. R. Ellis, «Patchy solutions», *Nature,* n.° 452 (2008), pp. 158-161.

G. F. R. Ellis, «The universe seen at different scales», *Phys. Lett. A,* n.° 347 (2005), pp. 38-46.

5. T. Buchert, «Dark energy from structure: a status report», *T. Gen. Rel. Gra v.*, n.° 40 (2008), pp. 467-527.

6. J. Smoller y B. Temple, «A one parameter family of expanding wave solutions of the Einstein equations that induces an anomalous acceleration into the standard model of cosmology», arXiv: 0901.1639.

7. R. R. Caldwell, «A gravitational puzzle», *Phil. Trans. R. Soc. London* A, n.° 369 (2011), pp. 4998-5002.

8. R. Durrer, «What do we really know about dark energy?», *Phil. Trans. R. Soc. London* A, n.° 369 (2011), pp. 5102-5114.

9. Marcus Chown, «End of the beginning», *New Scientist* (2 de julio de 2005), pp. 30-35.

10. D. J. Fixsen, «The temperature of the cosmic microwave background», *Astrophys. J.*, n.° 707 (2009), pp. 916-920.

11. En las galaxias, las estrellas están conectadas por la gravedad, la cual se cree que contrarresta la expansión.

12. S. Das, « Quantum Raychaudhuri equation », *Phys. Rev.D,* n.° 89 (2014), 084068.

A. F. Ali y S. Das, «Cosmology from quantum potential», *Phys. Lett.* B, n.° 741 (2015), pp. 276-279.

13. Jan Conrad, «Don't cry wolf», *Nature*, n.° 523 (2015), pp. 27-28.

18. El lado oscuro

1. K. N. Abazajian y E. Keeley, «A bright gamma-ray galactic center excess and dark dwarfs: strong tension for dark matter annihilation despite Milky Way halo profile and diffuse emission uncertainties», arXiv: 1510.06424 (2015).

2. G. R. Ruchti y otros 28, «The Gaia-ESO Survey: a quiescent Milky Way with no significant dark/stellar accreted disc», *Mon. Not. RAS*, n.° 450 (2015), pp. 2874-2887.

3. S. Clark, «Mystery of the missing matter», *New Scientist* (23 de abril de 2011), pp. 32-35.

G. Bertone, D. Hooper y J. Silk, «Particle dark matter: evidence, candidates and constraints», *Phys. Rep.*, n.° 405 (2005), pp. 279-390.

4. La segunda ley del movimiento de Newton es $F = ma$, donde F = fuerza, m = masa, a = aceleración. MOND reemplaza esto por $F = \mu(a/a_0)\ ma$, donde a_0 es una nueva constante fundamental que determina la aceleración bajo la cual la ley de Newton deja de aplicarse. El término $\mu(x)$ es una función no especificada que tiende a 1 a medida que x se hace más grande, de acuerdo con la ley de Newton, pero a x cuando x es pequeño, lo que modeliza las curvas de rotación galácticas observadas.

5. J. D. Bekenstein, «Relativistic gravitation theory for the modified Newtonian dynamics paradigm», *Physical Review* D, n.° 70 (2004), 083509.

6. D. Clowe, M. Bradač, A. H. Gonzalez, M. Markevitch, S. W. Randall, C. Jones y D. Zaritsky, «A direct empirical proof of the existence of dark matter», *Astrophys. J. Lett.*, n.° 648 (2006), L109.

7. http://www.astro.umd.edu/~ssm/mond/moti_bullet.html

8. S. Clark, «Mystery of the missing matter», *New Scientist* (23 de abril de 2011), pp. 32-35.

9. J. M. Ripalda, «Time reversal and negative energies in general relativity», arXiv: gr-qc/9906012 (1999).

10. Véanse los artículos detallados en http://msp.warwick.ac.uk/~cpr/paradigm/

11. D. G. Saari, «Mathematics and the 'dark matter' puzzle», *Am. Math. Mon.*, n.° 122 (2015), pp. 407-423.

12. La frase «la excepción confirma la regla» se saca a relucir muchas veces para descartar excepciones raras. Nunca entendí por qué la gente recurre a ella, a no ser como estratagema para un debate. No tiene sentido. La palabra «confirma» en ese contexto originariamente tenía el significado de «comprobar», igual que todavía se comprueba la masa del pan, para ver si tiene la consistencia correcta (véase https://es.wikipedia.org/wiki/La_excepci%C3%B3n_confirma_la_regla). La frase proviene del latín en un contexto legal *principle exceptio pro-*

bat regulam in casibus non exceptis, lo que significa que si una regla tiene excepciones, se necesita una regla diferente. Esto sí tiene sentido. El uso moderno de la frase omite la segunda mitad, dando lugar a un sinsentido.

19. Más allá del universo

1. Las verdaderas constantes fundamentales son combinaciones específicas de estas cantidades que no dependen de las unidades de medida: «constantes adimensionales» que son números puros. La constante de estructura fina es así. El valor numérico de la velocidad de la luz depende de las unidades, pero sabemos cómo convertir el número si utilizamos unidades diferentes. Nada de lo que digo depende de esta distinción.

2. B. Greene, *La realidad oculta*, Crítica, Barcelona, 2011.

3. Lo que importa es que hay algún número fijo mayor que el número de los estados de cualquier pieza. No se requiere una igualdad exacta

4. Los números con exponentes enormes como estos se comportan de una manera bastante extraña. Si buscas en la web, comprobarás que tu copia exacta más cercana está a alrededor de $10^{10^{128}}$ metros. Yo reemplacé esto con años luz, que son mucho más grandes que los metros. Pero en realidad cambiar las unidades no supone demasiada diferencia en el exponente porque $10^{10^{128}}$ es $10^{10^{128}-11}$ años luz, y el exponente $10^{10^{128}-11}$ es un número de 129 dígitos, justo como 10^{128}. Su razón es 1,000...00011 con 125 ceros.

5. B. Greene, *La realidad oculta*, Crítica, Barcelona, 2011.

6. L. Carroll, *La caza del Snark*, online gratuito en inglés en: https://www.gutenberg.org/files/13/13-h/13-h.htm

7. G. F. R. Ellis, «Does the multiverse really exist?», *Sci. Am.*, n.° 305 (agosto de 2011), pp. 38-43.

8. O. Romero-Isart, M. L. Juan, R. Quidant y J. I. Cirac, «Toward quantum superposition of living organisms», *New J. Phys.*, n.° 12 (2010), 033015.

9. J. Foukzon, A. A. Potapov y S. A. Podosenov, «Schrödinger's cat paradox resolution using GRW collapse model», *Int. J. Recent Adv. Phys.*, n.° 3 (2014), pp. 17-30.

10. Conocido como vector «ket» en el formalismo de Dirac para la mecánica cuántica. El extremo derecho de un *bracket* (en inglés, paréntesis). Matemáticamente es un vector más que un vector dual.

11. A. Bassi, K. Lochan, S. Satin, T. P. Singh y H. Ulbricht, «Models of wave-function collapse, underlying theories, and experimental tests», *Rev. Mod. Phys.*, n.° 85 (2013), p. 471.

12. J. Horgan, «Physicist slams cosmic theory he helped conceive», *Sci. Am.* (1 de diciembre de 2014); http://blogs.scientificamerican.com/cross-check/physicist-slams-cosmic-theory-he-helped-conceive/

13. F. C. Adams, «Stars in other universes: stellar structure with different fundamental constants», *J. Cosmol. Astroparticle Phys,* 08 (2008), 010.

14. V. Stenger, *The Fallacy of Fine-Tuning*, Prometheus, Amherst, 2011.

15. Es decir, en una escala logarítmica y en un rango de valores específico pero amplio, la región del espacio de parámetros para el cual las estrellas pueden formarse tiene alrededor de una cuarta parte del área de todo el espacio. Esto es una medida burda pero efectiva y es comparable a lo que hacen los defensores del ajuste fino. El asunto no es el 25 %, sino que cualquier cálculo de probabilidades sensible lo hace mucho más grande que 10^{-47}.

Epílogo

1. Adam G. Reiss y otros 14, «A 2.4 % determination of the local value of the Hubble constant», http://hubblesite.org/pubinfo/pdf/2016/17/pdf.pdf

Créditos de las imágenes

Las ilustraciones han sido reproducidas con el permiso de:

Ilustraciones en blanco y negro

Atacama Large Millimeter Array, pág. 43; E. Athanassoula, M. Romero-Gómez, A. Bosma & J. J. Masdemont. 'Rings and spirals in barred galaxies – II. Ring and spiral morphology', *Mon. Not. R. Astron. Soc.* 400 (2009) 1706–20, pág. 213; brucegary.net/XO1/x.htm, pág. 222; ESA, pág. 2; M. Harsoula & C. Kalapotharakos. 'Orbital structure in N-body models of barred-spiral galaxies', *Mon. Not. RAS* 394 (2009)1605-19, pág. 212 (abajo); M. Harsoula, C. Kalapotharakos & G. Contopoulos. 'Asymptotic orbits in barred spiral galaxies', *Mon. Not. RAS* 411 (2011) 1111-26, pág. 210; M. Hippke & D. Angerhausen. 'A statistical search for a population of exo-Trojans in the Kepler dataset', ArXiv: 1508.00427 (2015), pág. 224; W. S. Koon, M. Lo, S. Ross & J. Marsden, págs. 169, 170; C. D. Murray & S. F. Dermott, *Solar System Dynamics,* (Cambridge University Press 1999), pág. 109; NASA, págs. 10, 108, 119, 124, 138, 139, 163, 202 (izquierda), 208, 229, 288; M. Proctor. Dynamo action and the Sun, *EAS Publications Series* 21 (2006) 241-73, pág. 196; N. Voglis, P. Tsoutsis & C. Efthymiopoulos. 'Invariant manifolds, phase correlations of chaotic orbits and the spiral structure of galaxies', *Mon. Not. RAS* 373 (2006) 280-94, pág. 212 (arriba); Wikimedia commons, págs. 95, 173, 179, 182, 189, 194, 202 (derecha), 207, 215 (derecha); J. Wisdom, S. J. Peale & F. Mignard. 'The chaotic rotation of Hyperion', *Icarus* 58 (1984) 137-52, pág. 159; www.forestwander.com/2010/07/milky-way-galaxy-summit-lake-wv/ pág. 202 (arriba)

Imágenes en color

Im. 1 NASA/JHUAPL/SwRI; Im. 2 NASA/JHUAPL/SwRI; Im. 3 NASA/JPL/University of Arizona; Im. 4 NASA/JPL/DLR; Im. 5 NASA/JPL/Space Science Institute; Im. 6 NASA; Im. 7 NASA/SDO; Im. 8 M. Lemke y C. S. Jeffery; Im. 9 NGC; Im. 10 Hubble Heritage Team, ESA, NASA; Im. 11 https://www.eso.org/public/outreach/copyright/; Im. 12 Andrew Fruchter (STScI) et al., WFPC2, HST, NASA – NASA; Im. 13 'Simulations of the formation, evolution and clustering of galaxies and Quasars' Volker Springel, Simon D. M. White, Adrian Jenkins, Carlos S. Frenk, Naoki Yoshida, Liang Gao, Julio Navarro, Robert Thacker, Darren Croton, John Helly, John A. Peacock, Shaun Cole, Peter Thomas, Hugh Couchman, August Evrard, Joerg Colberg & Frazer Pearce, 2005, Nature, 435, 629 © Springel et al. (2005)

Aunque se han hecho todos los esfuerzos para contactar con los propietarios del copyright de las ilustraciones, el autor y la editorial agradecerán cualquier información sobre alguna ilustración de la que hayan sido incapaces de localizarlos, y estarán encantados de hacer correcciones en las ediciones futuras.

Índice alfabético

Los números de página en cursiva indican una ilustración relevante solo en páginas sin una discusión del texto.

Índice